国家级一流本科专业建设点配套教材
高等院校艺术与设计类专业“互联网+”创新规划教材
本书出版由重庆市教委科学技术研究项目（KJZD-K201901001）
与四川美术学院智能设计学科群经费资助

智能产品设计与思维

黄国梁　段胜峰　著

内容简介

本书是一本基于人工智能在产品设计领域的运用，系统阐述人工智能的概念、智能应用平台支撑技术、智能产品设计赋能应用与设计思维拓展的课程教材，旨在拓展学生在智能产品与服务设计活动中所学的前沿技术融合的知识与设计思维，以提高学生智能产品设计开发问题分析、规划、组织和设计创新与产品落地能力。

本书内容分为3个部分，共9章。第一部分，从科幻到现实：智能产品发展现况与变革冲击，包括开启智能生活、智能产品登堂入室、智能产品对产品设计的变革与冲击；第二部分，实现智能化的翅膀：从设计角度发现改变世界的技术，包括引领创新变革：人工智能核心技术、智能应用平台支撑技术；第三部分，智能产品设计思维与价值创造，包括人工智能时代如何为产品创造价值、智能产品设计思维模式及程序与方法、场景与数据驱动智能产品的设计、从系统观点看智能制造中产品服务系统。

本书知识横跨不同学科，内容新颖且深入浅出，能有效建构智能产品与服务设计知识体系。本书可作为高等院校产品设计及相关设计类专业的教材，也可作为相关行业爱好者的自学辅导用书。

图书在版编目（CIP）数据

智能产品设计与思维 / 黄国梁，段胜峰著．—北京：北京大学出版社，2023.1
高等院校艺术与设计类专业“互联网+”创新规划教材
ISBN 978-7-301-33799-8

Ⅰ．①智…　Ⅱ．①黄…　②段…　Ⅲ．①智能技术—应用—产品设计—高等学校—教材
Ⅳ．①TB472

中国国家版本馆CIP数据核字（2023）第037249号

书　　名　智能产品设计与思维
ZHINENG CHANPIN SHEJI YU SIWEI
著作责任者　黄国梁　段胜峰　著
策划编辑　孙　明　蔡华兵
责任编辑　孙　明
数字编辑　金常伟
标准书号　ISBN 978-7-301-33799-8
出版发行　北京大学出版社
地　　址　北京市海淀区成府路205号 100871
网　　址　http://www.pup.cn　新浪微博：@北京大学出版社
电子邮箱　编辑部 pup6@pup.cn　总编室 zpup@pup.cn
电　　话　邮购部 010-62752015　发行部 010-62750672　编辑部 010-62750667
印 刷 者　北京宏伟双华印刷有限公司
经 销 者　新华书店
889毫米×1194毫米　16开本　14.25印张　432千字
2023年1月第1版　2023年1月第1次印刷
定　　价　79.00元

前言

人工智能作为新一轮产业变革的核心驱动力，能加速推动智能经济发展和产业数字化转型，因此各国政府与企业纷纷部署相关发展战略以期占领制高点。在人工智能应用化身的智能产品与服务设计开发中需要两类人参与：一类是能针对问题场景，通过应用人工智能相关技术，提出相应场景解决方案的智能产品设计师；另一类是能根据设计方案，通过应用人工智能相关技术，具体实现解决方案的技术工程师，如算法工程师等。

党的二十大报告提出："人才是第一资源、创新是第一动力"。在智能创新浪潮汹涌的新时代，科技与技术是设计师展开想象翅膀并使其得以实现的最佳助力。智能产品设计师必须具备认识并理解人工智能及其相关支撑技术运行原理的素养，才能进行逻辑应用以解决问题，并能与技术工程师进行有效的对接和协作。此外，虽然智能产品设计本质与传统产品设计并无差异，但智能产品与服务设计强调场景化与数据驱动的设计思维，明显有别于传统产品设计，它涉及自然科学与人文社会科学中众多不同学科，其专业知识体系面广且庞杂。

目前，由于我国缺乏从智能产品设计师视角来撰写的专业教材，因此本书围绕从科幻到现实：智能产品发展现况与变革冲击、实现智能化的翅膀：从设计角度发现改变世界的技术、智能应用平台支撑技术等主要部分来撰写。作者尽可能以浅显易懂的表述，深入浅出地解构智能产品设计的相关概念，让读者轻松理解相关交叉学科下的领域知识，快速建构智能产品与服务设计知识体系。

此外，由于人工智能及其相关技术仍在飞速发展，智能产品与服务的新概念不断涌现。因此本书旨在涵盖从事智能产品设计行业所需的跨学科知识。为了呈现最全面、最新的发展前沿，本书融合了作者长期在教学及设计实践中累积的经验，还参阅了近3年来国内外相关论文、图书、报告等一手资料进行总结。

本书内容不仅新颖，而且系统地涵盖了智能产品设计不同的知识面。本书作为教材使用时，可依据章节顺序展开讲授，也可根据课程中课题实际需要非线性地讲授。此外，用书教师可根据每章的学习目标与学习要求，引导学生在学习时自主把握学习目标及自我能力检验要求。

由于目前智能产品设计在理论、技术和实践上都没有达到稳定成熟阶段，加上其知识领域涉及众多学科，以及作者撰写时间仓促，因此书中理论与应用实践难免存在疏漏与局限性，恳请广大读者不吝指教，电子邮箱：281573771@qq.com。

本书是在重庆市教委科学技术研究项目（KJZD-K201901001）与四川美术学院智能设计学科群经费资助下完成的，在此对这些项目支持表示衷心的感谢！同时，承蒙四川美术学院副校长段胜峰教授的鼓励和支持，以及设计学院院长吕曦教授的协助，本书才能如期顺利完成，在此表示衷心的感谢！

作者
四川美术学院设计学院
2023 年 1 月

资源索引

目录

第一部分

从科幻到现实：智能产品发展现状与变革冲击

好莱坞电影中那些充满科幻的电影情节，让我们对未来科技充满无限的想象。近年来，大数据、芯片运算力及复杂算法的突破，正加速人工智能从科幻电影走进现实生活的脚步，同时也将带来颠覆你我的全新智能生活模式。智能生活是一种具有新内涵的生活方式，是指利用现代科技赋予人们新的可能性，将科技广泛地融入人们日常的生活、工作、学习及娱乐中，实现吃、穿、住、行等智能化。

在这个全新的智慧世界，人工智能（Artificial Intelligence，AI）将融入我们既有的生活体系。产品通过智能化赋能成为智能产品，深入我们的生活，并改变着世界的样貌。在家居生活中，智能产品带来更多的便利，让生活变得更加高效、轻松；在工作中，智能产品助力我们应对重复且琐碎的事务，使我们从低价值感中解脱出来，让我们更加专注于有意义的事务；在学习中，智能辅助帮助人们打破能力边界，赋予人们新的“能力”；在人际与休闲中，智能产品建立起新的连接关系、虚实交错的社交空间、可共享多模态感官感受的深层次互动，让人生更有质感。

那么在未来，人工智能产品真的能达到上述境界吗？

今天，你我正站在科幻与现实世界的交叉口，期待一起发挥自身能力与影响力，携手共创美好智能生活。基于此，本书在第一部分试图带给读者几个必要的内容：认识人工智能及其发展；人工智能如何赋能，与我们生活有何关联；智能产品的概念、内涵与特性；智能产品的构建；智能产品的发展现况；智能产品为产品设计带来哪些变革与冲击；智能产品的发展趋势。

第 1 章
开启智能生活

自从计算机被发明以来，人类就一直渴望让计算机拥有与人类相似的智能与行为，20 世纪 50 年代的人工智能便在这样的背景下拉开发展序幕。经过 70 多年的不懈努力与突破，加上互联网、物联网（Internet of Things，IoT）、大数据（Big Data）、5G 通信、云计算（Cloud Computing）等技术的蓬勃发展与融合，人工智能的相关概念已从科幻走进人们的现实生活，并且迸发出无限生机，并为各个产业的升级带来了新的机遇。如今，人们对智能产品（Smart Product）的想象与热情已迅速被点燃，创新智能产品设计开发在此契机下正蓄势待发并将改变我们未来的生活样貌。

学习目标

- 了解四次工业革命分别引发了哪些重要革新；
- 理解人工智能的概念、定义及涉及的核心问题；
- 掌握人工智能的发展现状与等级；
- 了解人工智能为何重要。

学习要求

知识要点	能力要求
人工智能	理解人工智能的概念、定义及涉及的核心问题
智能表征	理解人类智能表征与人工智能的对应关系
人工智能基本框架	了解人工智能的基本框架
人工智能发展方向	了解人工智能的主要发展方向
人工智能发展等级及应用	列举人工智能发展的 3 个等级及应用实例

1.1 人工智能浪潮

回顾过去，自 18 世纪蒸汽机被发明以来，人类经历了机械化、电气化、信息化和智能化四次工业革命历程，如图 1-1 所示。

工业 1.0 是动力机械化的第一次工业革命，即由火力与蒸汽作为驱动力，用机器代替生产所需的人力、畜力，以大规模的工厂生产取代个体手工生产，社会经济从以手工业、农业为主的小农经济逐渐发展成为以工业和机械制造等带动经济快速发展的新模式。

工业 2.0 是制造电气化的第二次工业革命，内燃机和发电机被发明出来，电器被广泛使用，进入由继电器、电气自动化控制机械设备生产的年代，制造标准化使产品得以大量生产。

工业 3.0 是生产信息化的第三次工业革命，随着互联网的发展，可通过在各种精密机器中导入信息可编程的逻辑控制，实现了生产的自动化，大幅提升了工业生产的效率与质量。

工业 4.0 是产销用智能化的第四次工业革命，以人工智能为核心，以信息物理系统（Cyber-Physical Systems，CPS）为基础，利用虚实整合系统将互联网、大数据、云计算、物联网等新技术与工业生产相结合，最终实现智能化生产，让生产直接与消费需求、使用对接，以智能制造贯穿“设计、生产、管理、服务”等活动环节，并具有信息深度自感知、智慧优化、自决策、精准控制与自动执行等功能的智能化目标。

第一次、第二次和第三次工业革命分别通过使用蒸汽动力、电力和自动化改变了行业的车间，但第四次工业革命是关于信息物理系统之间的通信。在第四次工业革命期间，计算能力、智能控制和连接的进步不仅促进了智能产品的发展，而且允许其他几个领域发生根本性的变化。与以往的工业革命一样，工厂的彻底变化通过价值链中的所有流程带来了变化的连锁反应，从而支持创建新的业务模式，允许生产改进产品。从生产力的角

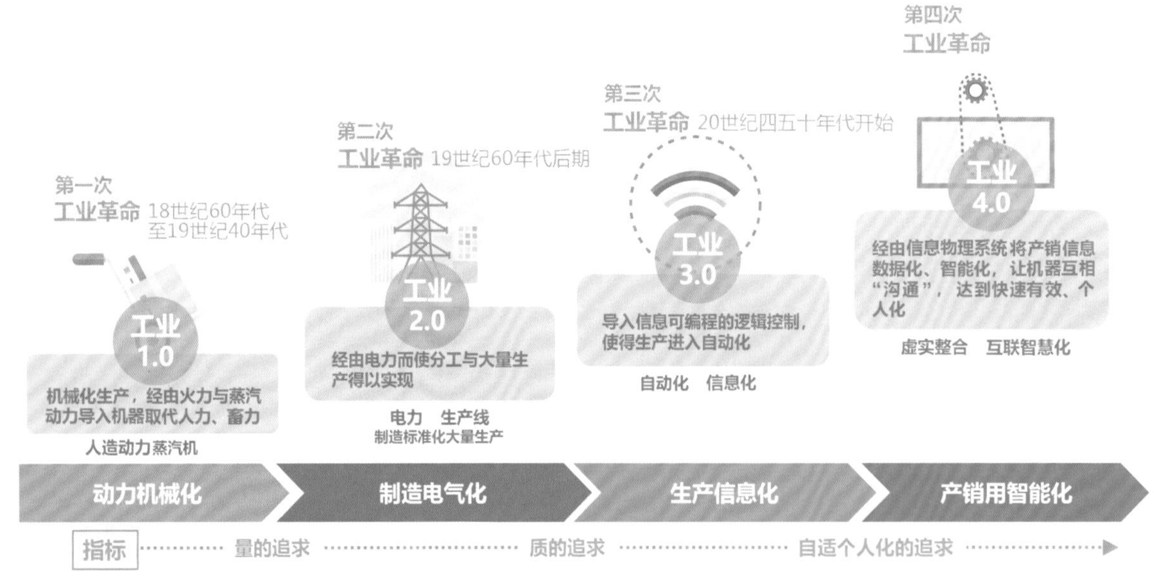

图 1-1 四次工业革命历程

度来看，如同蒸汽时代的蒸汽机、电气时代的发电机、信息时代的计算机和互联网一样，人工智能正成为推动人类迈入智能时代的决定性力量。

从产品开发的角度来看，过去一个创新产品的诞生多半先由技术取得突破再驱动创新产品的设计开发，此种情况我们称之为技术驱动(Technology Driven)。例如，1880 年爱迪生改良了灯丝材料，其后爱迪生与其团队发明碳丝白炽灯，开发出全新概念的电灯泡；接着，为了将电灯泡产品商业化，人们又通过建立发电系统让千家万户的普通家庭用上了电灯，进而电灯成功取代煤气灯。但科技始终源自人性，还需由技术驱动迁移到设计驱动(Design Driven)，通过设计将技术、社会、经济、人文艺术等融合，产品才能真正走入现实生活为人们所用，并满足人们的体验需求。

人工智能浪潮正席卷全球，为何这次来真的?

1950 年，英国计算机科学家 Alan Turing 发表了一篇名为《计算工具与智能》(*Computing Machinery and Intelligence*)的学术论文，提出了著名的图灵测试(The Turing Test)，并介绍了一种关于可操作全智能的定义。1956 年的达沃斯会议进一步催生了人工智能，自此人工智能技术的发展掀起了 3 次浪潮，如图 1-2 所示。

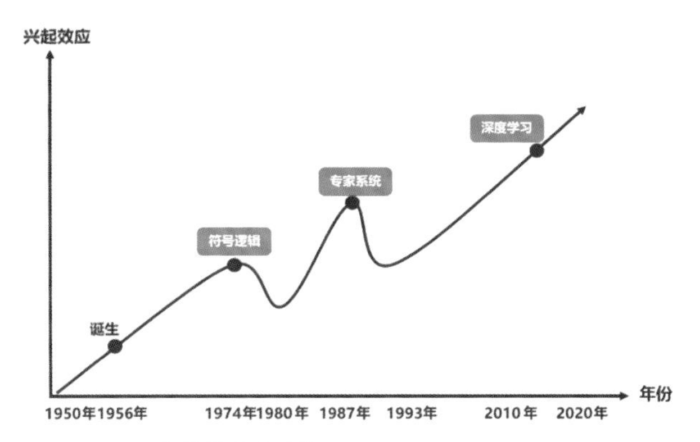

图 1-2　人工智能的 3 次浪潮

第一次浪潮兴起于 1956—1980 年，这时期使用一些符号来定义思考逻辑。这些符号逻辑成为日后专家系统与深度学习的雏形，但定义的符号不完全是人类的思维，当时计算机的算力不足以处理大量的资料且无法支撑后续的发展。

第二次浪潮兴起于 1980—1993 年，这时期是以灌输专家知识作为准则，以协助解决特定问题的专家系统为主，在语音识别、机器翻译与人工神经网络等技术上取得突破，但由于其适用范围有限，并不能完全满足人们对人工智能的期待，所以这次浪潮也就渐渐退去。

第三次浪潮是从 2010 年至今，随着高性能计算机、互联网、大数据、传感器的普及，以及计算机速度的大幅提升和计算成本的下降，让计算机大量学习数据与训练数据，机器学习随之兴起。例如，阿尔法围棋(AlphaGo)被认为是人工智能的一项指标性发展。

人工智能的 3 次浪潮与重点摘要如表 1-1 所示。

表 1-1　人工智能的 3 次浪潮与重点摘要

浪　潮	时　间	重点摘要
第一次浪潮	1956—1980 年	由于出现在网络之前，因此又被称为古典人工智能。这时期使用的符号逻辑成为日后专家系统与深度学习的雏形，只不过，虽然当时的成果已能解开拼图或简单的游戏，却几乎无法解决实用的问题
第二次浪潮	1980—1993 年	以灌输专家知识作为准则，以协助解决特定问题的专家系统为主。然而，即使当时有商业应用的实例，应用范畴也很有限，浪潮因此逐渐消退
第三次浪潮	2010 年至今	伴随着高性能计算机、互联网、大数据、传感器的普及，以及云计算的算力提升等，机器学习(Machine Learning)随之兴起。所谓机器学习，是指让计算机大量学习数据，使其可以像人类一样辨识声音及影像，或针对问题做出合适的判断

今天的人工智能热潮主要表现为在大数据、大算力芯片、算法的支持下发挥出的巨大威力，特别是机器学习中的深度学习（Deep Learning）技术，因算法取得巨大进展进而走出实验室，具备在各行业落地的可能。因此，在人工智能技术应用中，以数据、算法、算力作为输入，只有在实际的场景中进行输出，才能体现出实际的价值。人工智能运作的三大核心元素如图 1-3 所示。

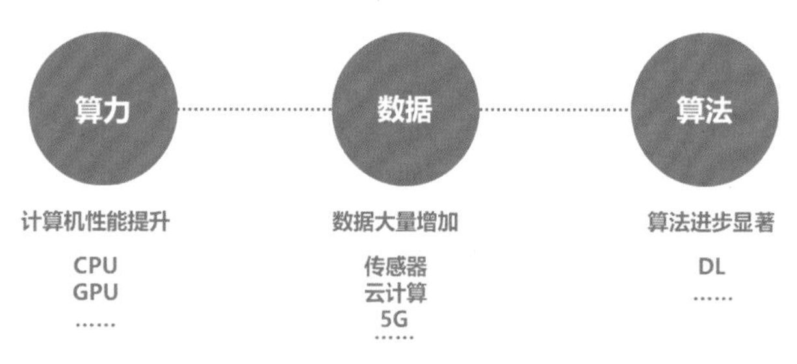

图 1-3　人工智能运作的三大核心元素

数据：智能含量蕴含在大量数据中。

在物联网时代，人、事物中移动设备、照相机、无处不在的传感器等无时无刻不在产生并积累大量数据。这些数据蕴含着人类活动的经验与规律，若适当地进行大数据挖掘、洞察趋势、掌握数据中蕴含的规律，便能丰富对人、事物的洞见与掌握。

算法：算法是实现人工智能的根本途径，是挖掘数据智能的有效方法。

在人工智能方面，我们必须将现实中的问题抽象为数学问题，然后由机器来解决这些问题。由于近年来深度学习取得重大突破，神经网络算法发展迅速，基于底层技术的融合，可以设计出适合于实际场景的具体应用算法，从而最大限度地利用底层技术的潜在价值。

算力：算力是计算问题的能力，为人工智能提供了基本的计算能力支撑。

有了数据之后，需要不断地进行重复的训练和推理，进而拥有智能。而训练和推理都需要强大算力的支撑。在硬件上，算力典型的部署方案是由 CPU 提供算力，配合加速芯片提升算力并助推算法的产生的模式。常见的人工智能加速芯片按照技术路线可以分为 GPU、FPGA、ASIC（表 1-2），其中应用于图形、图像处理领域的 GPU 可以并行处理大量数据，非常适合深度学习的高并行、高本地化数据场景，是目前主流的人工智能计算架构。

目前，许多国家的政府和企业，正大举投资人工智能并将其视为引领技术与产业发展的重大方向，同时将其视为国家增强综合国力、实现后发赶超的关键手段及必要的发展新兴科技的手段，从而掀起人工智能的第三次浪潮。而且，此次浪潮仍在上扬，未有消退迹象。

表 1-2　常见的人工智能加速芯片

GPU	用于大量重复计算，由数以千计的更小、更高效的核心计算单元组成大规模并行计算架构。配备 GPU 的服务器可取代数百台通用 CPU 服务器来处理高性能计算和人工智能业务
FPGA	一种半定制芯片，灵活性强、集成度高，但运算量小、量产成本高，适用于算法更新频繁或市场规模小的专用领域
ASIC	专用性强，适合市场需求量大的专用领域，但开发周期较长且难度极高

1.2　从科幻到现实的人工智能

在过去的 10 年中，“人工智能”一词由专家学者经媒体不断地被提及并席卷了世界的各个角落。而近年来，智能产品已从科幻电影渐渐地进入我们的现实生活，并且在未来几年中智能生活（Smart Life）将颠覆过去人们的生活形态。

每个人都在谈论人工智能，但人工智能究竟是什么呢？

人工智能相对的概念是人类或动物具有的自然智能（Natural Intelligence，NI）。简单来说，人工智能就是用计算机程序来模拟自然智能或人的智能。人工智能体现在利用计算机或者由计算机控制的机器感知环境，系统正确地阐释，从外部数据中进行学习获取知识，使用知识分析获得最佳结果的方法、技术，利用学习的成果来自适应实现特定目标和任务的能力，可以模拟、延伸和扩展人类智能并进一步取得相关应用，其可以是理论、系统、技术或应用。

人工智能是关于计算机怎样表示知识，以及怎样获得知识并使用知识的科学，其理论内涵现已延展至不同学科范畴。人工智能是一门自然科学、社会科学和技术的交叉科学，涉及计算机科学、数学、神经科学、社会科学、认知心理学、信息学、语言学、哲学等学科，是研究如何使计算机去做过去只有人才能做的智能工作及应用系统，其中数学、神经科学、认知心理学对人工智能发展的影响如表 1-3 所示。目前，在医疗、科研、金融、教育和国防等垂直领域人工智能有着广泛的应用。

1. 人工智能的定义

基于前文可知，人工智能是研究用于模仿、延伸和扩展人类智能的理论、方法、技术及应用系统的新技术，目标是模拟和延伸人的感知（识别）、理解、推论、决策、学习、交流、移动和操作物体的能力等，其相关概念总结如表 1-4 所示。

表 1-3　数学、神经科学、认知心理学对人工智能发展的影响

学　科	对人工智能发展的影响
数学	逻辑学：研究得出正确结论的规则是什么？揭示逻辑中的对象与对象进行关联的方法。 计算：研究什么内容可被计算；借助计算机的相关理论与计算能力，可以让计算机利用数字来认识和分析世界，并做出判断与决策；人工智能中的大部分算法都是数学理论在计算机学科的应用。 概率：研究如何根据不确定信息进行推断，为人工智能提供随机性计算，为预测提供基础
神经科学	神经科学主要研究大脑是如何处理信息的，科学家也试图通过神经科学全面揭示人和动物在感知、语言、信息推理、决策等方面的一些细节内容。脑科学的研究会极大地推进人工神经元网络的研究与实践，进而推动人工智能的发展
认知心理学	认知心理学是研究认知及行为背后的心智处理，其目标是研究大脑如何对外部信息进行接收和处理的，具体研究内容包括注意机制、语言运用、记忆、感知、问题求解、创造力、思考等。通过对认知心理学和认知科学的学习，可以了解智能产品设计中的底层逻辑知识，了解智能产品是如何实现感知、语言交互及判断的

参考视频：“UPCOMING SMARTPHONE”

表 1-4 人工智能相关概念总结

概念	人工智能是研究如何使计算机模拟、延伸和扩展人的某些思维过程和智能理论、方法、技术、行为及应用的学科。从本质上来看，智能主体是指一个可以感知周遭环境，模仿人类智能并做出相应行为以达到系统目的的技术
定义	人工智能是指通过计算机控制的机器模拟、延伸和扩展人的智能系统，可模仿人类感知收集的数据，具备从数据中学习并能正确解释外部数据获得知识，能利用这些知识通过灵活自适应实现特定目标和任务的能力，获得最佳结果的理论、方法、技术及应用
核心问题	如何使机器能像人类一样拥有感知、推理、规划、学习、知识、交流、行为、使用工具和操控的能力，甚至进一步超越人类

在人工智能时代，人人都需要了解人工智能的基础知识，以便理解这个新时代，并跟上这个新时代的发展。如果将人工智能视为一些技术总称，将其比作一个人的智体表现，那么从 IPO（输入—处理—输出）的角度来看，人们可以感知外界刺激信息输入能力（计算机视觉、机器视觉、语音识别），思考及记忆处理能力（深度学习、知识图谱、迁移学习、自然语言处理），表达与行为输出能力（语音合成、人机交互、智能机器人），也即人工智能的最终目标是构建能够像人类一样智能地处理信息的机器。IPO 是人工智能基本框架，如图 1-4 所示。人类智能类比人工智能如图 1-5 所示。

IPO
INPUT—PROCESS—OUTPUT
输入 处理（学习机） 输出

图 1-4 IPO 是人工智能基本框架

图 1-5 人类智能类比人工智能

人类有语言，才有概念、推理，所以概念、意识、观念等都是人类认知智能的表现，但目前在智能机器实现上还有漫长的路程需要探索。人工智能的主要发展方向如表 1-5 所示。

人工智能模拟人类智能的能力，还包括如下 3 个方面：

（1）学习与自适应能力。通过观察、试错、记忆、构想等来表征心智；通过心智模型总结知识内容，形成认知的知识图谱；通过操练实践，获得、习得结果。

（2）创造力。综合知识、智力、人格的因素，产生新思想并发现创造新事物的能力。创造力在关联、预测和想象三者的共同作用之下，形成独特地从内隐到外显的心理活动，将已知内容转化为新的思想与概念方法，并在技术工具的支持下，提供解决问题的产物。

（3）行为能力。例如，机器手术、采摘水果、剪枝、巷道掘进、侦查、排雷等行为能力，包括空间机器人、潜海机器人等。

表 1-5 人工智能的主要发展方向

计算智能	以生物进化的观点认识和模拟智能
感知智能	以视觉、听觉、触觉等感知能力辅助机器，让机器能听懂人类的语言及看懂世界万物。与人类的感知能力相比，机器可以通过传感器获取更多信息，如温度传感器、湿度传感器、红外雷达、激光雷达等
认知智能	机器具有主动思考和理解的能力，不用人类事先编程就可以实现自我学习，能有目的地推理并与人类自然交互

2. 人类智能表征与人工智能表征

人类智能表征主要分为感知、学习、思考及表达 4 个部分，其与人工智能表征对照关系如图 1-6 所示。

由表 1-6 所示的人工智能主要表征及内涵可知，人工智能正快速成为创新的基石，其核心的原则是复制并超越人类感知世界、学习、思考及表达与反应的方式。它让机器能够通过各种学习技术，从数据中学习经验，及时配合新的输入信息识别出信息模式，并进行自适应调整及预测，以执行并完成模仿人类的工作。

图 1-6　人类智能表征与人工智能表征对照关系

3. 人工智能的发展现况

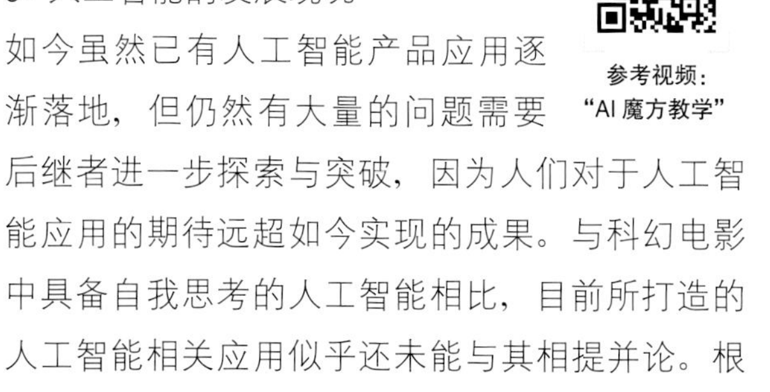

参考视频：
“AI 魔方教学”

如今虽然已有人工智能产品应用逐渐落地，但仍然有大量的问题需要后继者进一步探索与突破，因为人们对于人工智能应用的期待远超如今实现的成果。与科幻电影中具备自我思考的人工智能相比，目前所打造的人工智能相关应用似乎还未能与其相提并论。根据人工智能的发展阶段，相关学者将其分为弱人工智能（Weak Artificial Intelligence）、强人工智能（Strong Artificial Intelligence）、超人工智能（Ultra Artificial Intelligence）3 个等级（表 1-7），而目前我们所接触到的人工智能产品基本属于弱人工智能的等级范畴。

表 1-6　人工智能主要表征及内涵

表　征	内　涵
感知：感知智能	已能够实现图像、视频、声音、文字等多源异构数据的提取、处理和模式识别，在诸多单一任务上的表现已经接近或者超越人类水平
学习、思考：认知智能	实现了像人脑那样，对外界的信息进行加工、理解和推理，从而弥补人类在数据处理方面的缺陷，并大大降低了一些烦琐工作的工作量；同时，通过收集大量数据对行业知识进行学习，使大量烦琐却重要的工作变得更加高效精准，相关应用更人性化。而且，能够挖掘隐形关系，洞见仅通过感知能力无法发现的关系和逻辑，用于最终的业务决策，实现更深层次的业务场景落地。认知智能相关技术，如语义理解、知识表达、联想推理、智能问答、自主学习等，已逐渐在各行各业中发挥出重要作用
表达：行为智能	在智能的基础上，可以在复杂的情况下进行数据的推理，使人类智能、人工智能、组织智能有机地结合起来，达到人机协作的目的。目前，虚拟机器人等移动智能技术已经在一些关键领域得到了广泛的应用，它可以将自动编排与人工智能相结合；可以模拟各种不同的系统，完成许多“固定规则、高重复性”的任务，从而解放劳动力、提高工作效率；可以了解人类的意图，并对其进行反馈

表 1-7　人工智能发展的 3 个等级及内涵

阶　段	内　涵
弱人工智能	限定领域，只能处理较为特定的和单一的问题
强人工智能	通用领域，能处理存在不确定性因素时进行推理，通过策略解决问题及制定决策等能力；具有自主心智、独立意识、机器情感等方面能力
超人工智能	智能表现中“学习—理解—行为”能力都比最聪明的人类大脑有更好的表现，包括通识能力、科学创新能力和社交技能

4. 人工智能的重要性

如今，人类和计算机所制造的资料数量之多，已经超过了人类能够吸收、解释和做出复杂决定的能力。传统计算机软件和人工智能都是工具，是为了解决实际问题而存在的。人工智能有别于传统计算机软件，是因为它大大扩展了传统计算机软件的能力边界，它可以完成很多传统计算机软件做不了的事情，我们可从以下 6 点特殊性得知其无可替代的重要性:

(1) 为现有的产品加入人工智能。在大多数的情况下，人工智能不会以单独应用程序的形式销售，而是将使用中的产品核心智能化，使其具备感知、自动化、自适应等能力。

(2) 会自动透过数据进行重复学习和探索。人工智能与硬件导向的机器人自动化不同，人工智能并非自动完成人工操作，而是能可靠地执行大量、频繁的计算机化工作，且永远不会疲劳。这类自动化作业仍需要人为的探究，以设置系统和提出对的问题。

(3) 会通过渐进式学习算法，让数据进行程序设计。人工智能会找出数据中的结构与规律性，让算法获得技能（算法成为分类器或预测器）。模型会通过新增的数据和训练来进行自适化调整。

(4) 会利用许多隐藏层的类神经网络，来分析更多和更深度的数据。例如，在几年前，建设一个具有 5 个隐藏层的欺诈检测系统几乎是不可能的事；如今，计算机运算能力和大数据改变了这一切。现在，通过大量的数据来训练深度学习模型，提供给模型的数据越多，这些模型就会变得越精确。

(5) 会通过深度类神经网络实现出色的精确度，这在之前是不可能做到的事。深度学习技术使用越频繁，这些服务就会变得越精确。例如，在医疗领域中，通过深度学习进行影像分类和物体辨识，可以用来在核磁共振成像的影像中发现肿瘤，其准确率与经过专业培训的医学放射科医师相差无几。

(6) 会让数据发挥最大的作用。如今，数据的作用越来越重要，它也是建立竞争优势的关键。如果运算法则可以自行学习，那么资料就是智慧的财产，而知识的答案就在资料里。

习　　题

一、填空题

1. 人类智能表征主要分为 4 个部分: ________、________、________及________。

2. 人工智能发展的 3 个等级分别为: ________、________及________。

3. 人工智能运作的三大核心元素分别为: ________、________及________。

二、思考题

1. 请总结一下人工智能涉及的核心问题有哪些。

2. 请分析一下人工智能的特点。

3. 请以人工智能的基本框架 IPO 列举一个既有的智能产品实例，并说明其运作逻辑。

4. 党的二十大报告提出: “坚持把发展经济的着力点放在实体经济上，推进新型工业化，加快建设制造强国……数字中国。”为了响应制造强国的号召，智能产品设计师该如何及时奋起?

第 2 章
智能产品登堂入室

目前正处于智能时代的起步阶段，技术在不断进步，智能产品正面临着政策、技术、社会等方面的发展机遇。人工智能技术中的语音识别、计算机视觉、语音合成、自然语言处理等领域的理论逐渐被应用到实践中，如在工业、金融、安防、电商等行业人工智能技术都有相关应用，并且各种产品逐步融入人们的生活场景，真正地实现了落地。智能产品的实现逻辑仍处于从感知到认知，从识别到理解、决策的逻辑过程，然而当前有相当一部分标榜智能的产品实质上仅停留在数字化、网络化的阶段，并不具备以新一代人工智能技术为核心的自主感知、认知和决策能力。

社会对于智能产品的需求也发生了变化，不再停留在对人类个体的模拟以实现辅助功能上，而是需要其发挥人工智能的优势来解决系统化的问题。面对未来，智能产品设计开发该如何运用科技预想未来的智慧生活情境，为未来提升生活便利与应对可持续环境的挑战，创变谋划出全新的生活面貌呢？回归原点，令人不免好奇地想问，在整个新时代变革中，究竟什么是智能产品呢？智能产品的内涵与传统产品相比有哪些具体的特征或差异呢？

学习目标

- 理解智能、智能化及智能产品的内涵；
- 了解智能产品是基于数据的学习，其特征包括定义和涉及的核心问题；
- 理解智能产品系统构成及内涵；
- 了解人工智能赋能的主要落地形态及发展现状。

学习要求

知识要点	能力要求
智能、智能化及智能产品	理解智能、智能化及智能产品的概念及内涵
智能产品系统构成	理解智能产品通常由 3 个主要核心组件组成； 理解智能产品系统构成及内涵
智能产品框架	了解智能产品可以被概念化为 4 个特征及内涵； 了解人工智能产品层级框架
人工智能赋能智能产品	了解人工智能赋能的主要落地形态及发展现状

2.1 智能产品的内涵

人工智能技术正在逐步走向成熟，但这并不意味着人工智能产品也已走向成熟。虽然许多公司的新产品都带上“智能”两个字以彰显差异，但是在许多方面智能产品究竟是什么，并没有真正的共识或明确性。现有的定义通常基于看似随意的特性或功能的捆绑，如果要推进对智能产品的理解，不仅要对智能产品究竟是怎么达成共识，而且要从智能产品提供的服务、功能或相关概念等方面进行区分。在这些方面，智能产品实际上是一种产品，即一种信息物理系统设备，它不仅具有基于软件的数字能力的智能化，而且具有独特的物理性质。

1. 智能与智能化

智能产品所指的智能究竟为何呢？它一般是指个体事物对客观事物能够进行判断、有效合理分析、处理周围环境事物的能力，并且做出有目的行动的综合能力。随着“智能”成为日常，典型的以生产为导向的制造环境的格局即将转变为更加以数据为导向、自动化和智能的。“智能”几乎被用作任何概念的同义词，表示“聪明”甚至只是“高级”，“智能产品”概念也包含更广泛的内涵。

简而言之，智能具体表征是指事物具有物理感知、信息存储、决策判断并产生有目的性行为的综合能力。为了让智能概念更加清晰，在此先对与智能相关的概念进行界定。

(1) 自动化。自动化是指机器代替人工处理一些体力消耗大或者精度要求高的工作任务。

(2) 智能化。智能化由现代通信与信息技术、计算机网络技术、行业技术、智能控制技术汇集而成，针对某一个方面，将智能的特性赋予某装置让其能像人一样展现相似于人类智能“感知—知觉—认知—学习—推理—行为”的应用能力，使个体具有自主、自适应、多功能、自监控的拟人交互功能。对于智能产品核心，其智能化的过程是：先问一个问题（用创意来提问），找到一个好问题；把问题化成函数形式；收集历史数据；打造一个函数学习机；进行学习与训练。

(3) 自动化与智能化的差异。自动化：确定性，结构化，固定模式，局部；智能化：整体联系，不确定性，非结构化，非固定模式，系统优化

（李培根、高亮，2021）。相对于自动化时代的产品而言，智能产品是充分利用先进技术（如计算机视觉技术、网络通信技术、自然语言处理技术、机器学习技术等）开发的产品。

2. 智能产品

智能产品主要是指利用人工智能技术开发的一系列产品，即用计算机模拟人的智能，使产品具备智能化。因此，智能产品是人工智能技术与产品的结合，使产品具有智能感知、智能分析、智能决策和智能控制的特点，即指运用人工智能的理论、方法和技术处理问题的产品或系统，具备信息采集和处理，就是将观察、认知和学习的能力赋予产品，使产品具有感知、识别、自适应、自学习和自主性特征，是人工智能的重要载体。智能产品构成元素如图 2-1 所示。智能产品在各个领域的发展方向如图 2-2 所示。

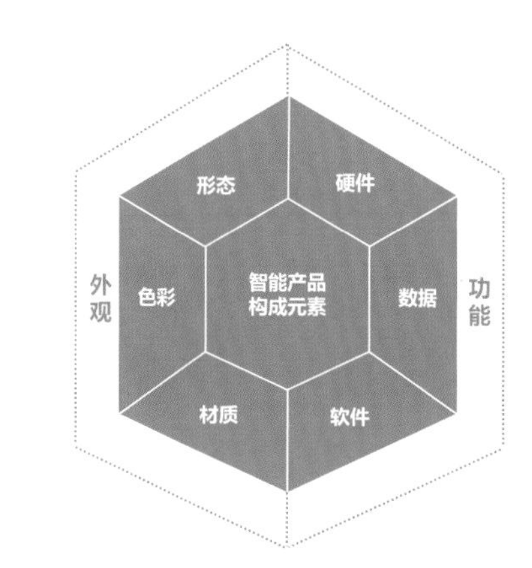

图 2-1　智能产品构成元素

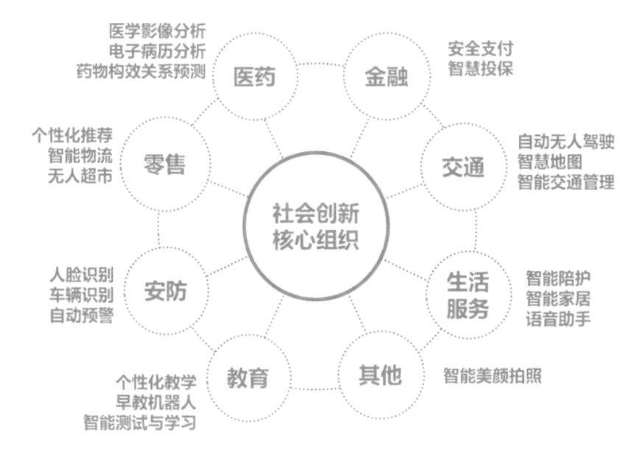

图 2-2　智能产品在各个领域的发展方向

人工智能技术在产品中的应用是以数据为基础，其核心是算法模型。智能产品的背后，依赖的绝不仅是一项技术，而是一个针对解决实际问题而呈现的最优方案，其产品特点包括以下 3 个方面。

（1）一个目标或者一个系统。利用先进的计算机、网络通信、自动控制等技术，将与生活有关的各种应用子系统有机地结合在一起，通过综合管理，让用户使用产品的过程更舒适、安全、有效和节能。与普通产品相比，智能产品不仅具有传统产品的功能，而且能提供舒适安全、高效节能，以及具有高度人性化的体验；将一批原来被动静止的产品转变为具有“智慧”的工具，提供全方位的信息交换功能，帮助用户与外部保持信息交流畅通，优化人们的生活方式，帮助人们有效地安排时间等。

（2）具有自动控制能力和自我调节能力。不单单依靠人的操作被动地处理信息，能够主动地思考并提供人类所需要的有效信息，展现能力类似于人类智能：感知—知觉—认知—学习—推理—行为。简而言之，就是能够采集信息、处理信息、反馈信息，能够和人实现平等有效的沟通。例如，智能空调能够根据外界环境自动调节室内温度。又如，京东快递 Y-3 三轴共桨六旋翼无人机具有感知和视觉导航及主动避障防撞击功能，能自主航迹规划及分布式空中交通管理，如图 2-3 所示。

图 2-3　京东快递 Y-3 三轴共桨六旋翼无人机

(3) 具有独立的操作系统。可以由用户安装软件、服务商提供程序，可通过语音或动作操控完成添加日程、地图导航、与好友互动、拍摄照片和视频，以及与朋友展开视频通话等功能，并可通过移动通信网络来实现无线网络接入。

智能产品是基于数据的学习，其特征包括类人的思考、物联网、云计算、多模态交互（Multimodal Interaction）。其创新是由数据驱动的，因此数据成为影响产品设计开发的重要因素（图 2-4）。

通过此手环可以输入各种个人资料，以便迪士尼员工定制更符合游客的个人化互动方式，如游乐园隐藏的传感器会读取手环内的信息，提供个性化问候（童话人物可能不需提醒就能说“我知道今天是你的生日”），还包含房间钥匙、公园门票、快速通行证和信用卡的功能。

图 2-4　美国佛罗里达州奥兰多迪士尼世界魔力手环

3. 智能产品系统构成

国外学者 Porter 和 Heppelmann 认为智能产品通常由 3 个主要核心组件组成：物理组件（Physical Components）、智能组件（Smart Components）及连接组件（Connectivity Components）。物理组件是传统产品的组成部分，包括产品的机械和电气部分。智能组件由传感器、软件和数据存储等组成，可以增加物理组件的价值。连接组件是连接性组件，包括端口、天线和协议等，使智能产品能够连接到其操作环境。智能产品可以专注于 3 种类型的数据收集并进行分析：智能产品本身的数据，如其功能和状态；有关其潜在和当前环境的数据；有关其用户的数据。此外，智能产品可以根据其自主性进行分类：半自主智能产品——需要用户交互才能运行；全自主智能产品——能在没有人工输入的情况下运行并与其他设备交互。

智能产品系统构成包括硬件终端、软件系统、计算平台、传感设备和数据平台，如图 2-5 所示。

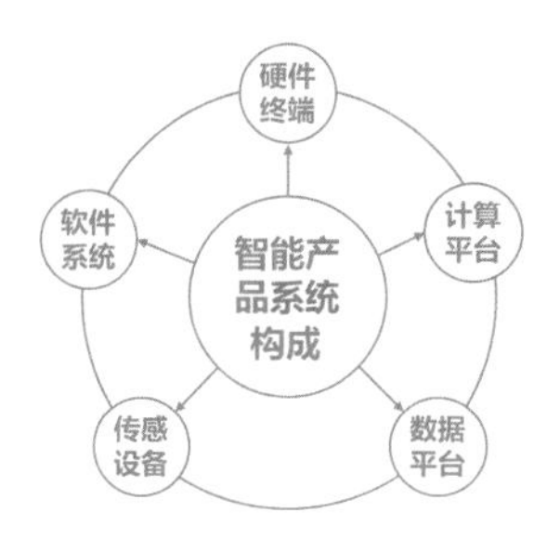

图 2-5　智能产品系统构成

智能产品系统构成及内涵如表 2-1 所示。

基于以上内容可知，智能产品相对于非智能产品而言，智能产品可以根据外界环境或特定场景下的需求进行调节，具有自我调控的能力，不仅只是被动地处理信息，而且能够主动感知并提供用户所需要的有效信息。总而言之，智能产品就是能够采集数据、处理信息、反馈信息、主动调控，实现与人实时有效的互动与交互的产品。

4. 智能产品产业层级框架

人工智能发展日趋成熟，其产业结构也更加趋于合理和完善。根据当前人工智能产业链结构划分，人

表 2-1　智能产品系统构成及内涵

硬件终端	相当于人类的肢体，负责执行产品的决策行为
软件系统与计算平台	相当于人类的左右脑，负责数据分析与决策判断
传感设备	相当于人类的感觉器官，负责数据的采集与反馈
数据平台	相当于人类的心脏，是智能产品运行的驱动核心

工智能产业链基本形成了应用层、AI 核心技术层、基础平台层和核心层，各层之间彼此协同，互为助力，如图 2-6 所示。

其中，应用层是智能产品化应用，可分为消费终端产品与行业场景应用两个类别；AI 核心技术层是人工智能发展的核心技术，从底层到应用分别为算法应用、技术平台、框架系统；基础平台层是整个产业的上游，为整体产业提供算力，是支撑人工智能应用的前提，也是提供智能产品中核心感知、计算与数据基础平台；核心层分为数据、计算、感知。

智能产品有一个显著的特征，就是载体中的智能硬件。常见的智能产品硬件和作用如表 2-2 所示。

5. 智能产品框架

目前，“智能产品”的定义和界定标准还没有达成一致，现有的定义通常是基于看似随意的特性或功能的捆绑。学者 Porter 和 Heppelmann 定义了智能产品的 3 个核心元素：物理组件、智能组件和连接组件。

由于智能产品领域本质上是跨学科的，学者 Raff 等认为要推进对智能产品的理解，不仅要对智能产品究竟是什么达成共识，而且要从智能产品提供的服务、功能或相关概念等方面进行区分，因此就要针对智能产品的定义进行研究。在 Web of Science（WoS）数据库中，学者以 1998—2019 年为时间范围，搜寻 28730 篇文献，对文献内容研究领域、研究视角和各自的定义方法进行归纳分析，将智能产品概念化为 4 个特征框架（图 2-7）。

依据学者 Raff 等的研究结果，智能产品可以被概念化为 4 个特征：数字化，IT 配备、数据存储和传输、数据处理和分析；连接的，与其他设备装置之间互联，能通信和信息交换、交互，发挥物联网合作效益；响应式，产品配有连接器、传感器和制动器，能即时感知、上下文分析、自动驱动和定制做出反应和适应；智能化，具备主动性推理与决策能力，能够自我学习、预测和运行。接下来，我们通过汽车实例，进一步理解该框架，如表 2-3 所示。

图 2-6　智能产品产业层级框架

表 2-2　常见的智能产品硬件和作用

硬　件	作　用
传感器	传感器为感知检测设备，能感受到被测量的信息，并能将感受到的信息按一定规律变换为所需形式的信息输出，以满足信息的传输、处理、存储、显示、记录和控制等要求
控制器	控制器负责根据指令完成硬件相关动作控制的单元，包括启动、调速、制动、反向等流程，一般控制器包含程序计数器、指令寄存器、指令译码器、时序产生器和操作控制器
芯片	芯片为智能产品处理器，是用来执行智能产品运作中各种关键程序的，目前人工智能主流的芯片以 GPU、FPGA、ASIC 及类脑芯片为主

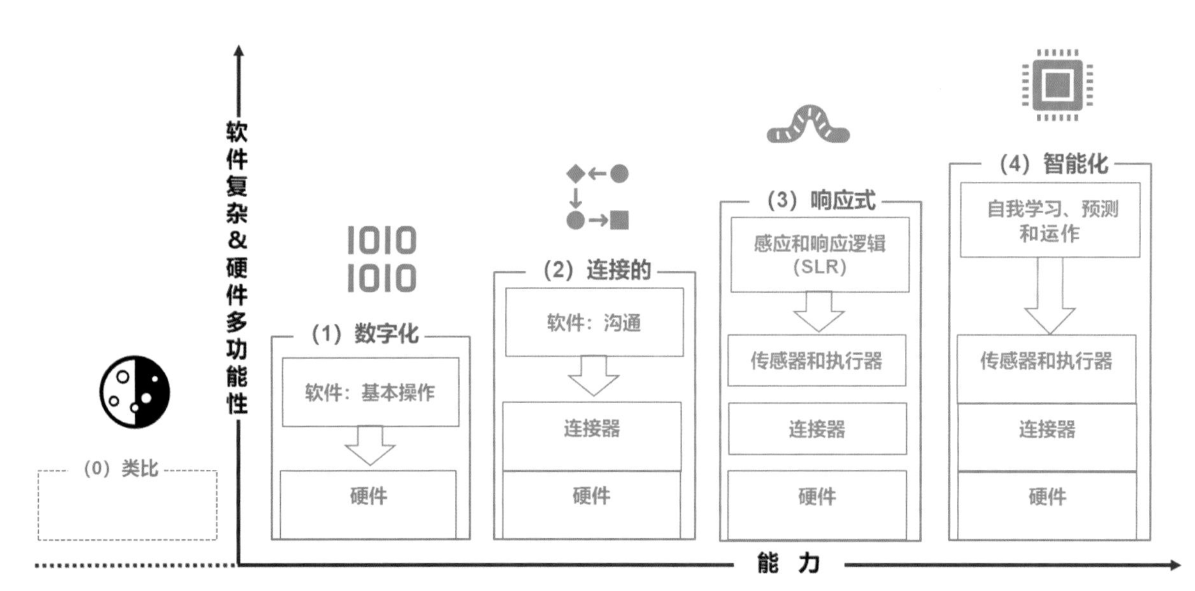

图 2-7 智能产品概念化的 4 个特征框架

表 2-3 智能产品被概念化的 4 个特征及内涵与实例

特 征	数 字 化	连 接 的	响 应 式	智 能 化
概念化	配备有能够处理信息，并且经由其操作软件支持基本数据管理的硬件离散产物。数字产品与模拟产品的本质区别在于它是由 IT 启用的	连接的产品配有连接器，并通过授权通信软件，因此它能无线地连接、接合并创建实体的更大的网络的值，如物联网。连接产品的主要价值来自数据的发送和接收。与其他设备相结合，互联网产品可以发挥其最高功能	配有连接器、传感器和制动器。这使响应式产品不仅能够连接到更大的网络，而且能够感知和获得意识并对输入信号做出反应，并与它们保持一致	能够学习、预测和具有独立作用的，以及推理和做出自己的决定的能力是使产品智能化的核心
硬件	基础硬件	基础硬件 + 连接器	基础硬件 + 连接器 + 传感器和执行器	基础硬件 + 连接器 + 传感器和执行器
软件	基本操作软件	通信软件	用于预定义传感和响应逻辑（SRL）或可编程 SRL 的软件	用于学习、改进和预测的 AI 软件
汽车实例	奥迪 A8（第一代，1994—2002 年）	带有嵌入式 Audi Connect 的奥迪 A8（自 2013 年起）	带有嵌入式中央驾驶辅助控制器“zFAS”的奥迪 A8（自 2017 年起）。 特斯拉 Model S	奥迪 AI：CON（计划于 2024 年上市）。 特斯拉 Model S（自 2017 年起）
功能和示例	用于基本操作的硬件和软件（如带有发动机控制软件或信息娱乐系统的发动机控制单元）。 信息娱乐系统的预定义输入和输出操作及基本设置（如跳过歌曲标题、改变音量等）。 信息的输入、存储和显示（如广播电台的输入、存储、显示、播放的歌曲或数字屏幕上的时间指示）	添加了用于网络的连接器和接口（如利用 SIM 卡和 Wi-Fi 热点链接智能手机、基础设施或其他车辆）。 通过通信软件启用（如奥迪连接软件）。 发送和接收数据（如远程监控电池和燃料状态，以及远程解锁）。 联网汽车只有与其他实体结合和合作才能发挥其全部潜力（如通过智能手机远程开锁等）	内置连接器、传感器和执行器可以感知并获得感知（如汽车中的超声波传感器使汽车能够感知附近的汽车和障碍物）。 响应式汽车能够根据感应和响应逻辑运行的软件（如车道辅助系统，包括奥迪“主动车道辅助”或制动辅助“预感 360°”和“预感城市”）。 响应式汽车包含通过虚拟升级进化为智能产品的所有硬件要求（如需要升级软件以升级奥迪 A8 的中央驾驶辅助控制单元，使其成为软件控制的自动驾驶汽车）	通过人工智能软件支持的响应式产品的完整硬件堆栈（如近期生产的所有特斯拉车型都配备了用于完全自动驾驶的自动驾驶仪，可以通过软件升级激活）。 智能汽车能够对环境变化做出反应、产生模式、进行推理和学习（如用于自动驾驶奥迪汽车的 Argo AI 软件使用机器学习算法不断了解汽车环境并改进使用情况）。 智能汽车能够预测事件并做出决策（如预测其他驾驶员和行人的行为并采取相应行动；或“PIA”，安装在奥迪 AI：CON 中的个人智能助手，能够预测乘客的意愿）

由于智能产品框架涉及一些专业名词，接下来对这些专业名词进行说明。

(1) 自感应。自感应是对信号的智能感知和识别的技术。传感器是一种检测装置，能感受到被测量的信息，并能将感受到的信息按一定规律变换成为电信号或其他所需形式的信息输出，以满足信息的传输、处理、存储、显示、记录和控制等要求。自感应是自适应、自学习和自主性的基础。

(2) 自适应。自适应是对复杂任务的多任务情况环境的智能适应，是对多机协同的集群化交互与控制的智能适应。自适应能够修正自身特性以适应对象和扰动的动特性的变化。自适应可在系统运行中依靠不断采集控制过程信息，确定被控对象的当前实际工作状态，优化性能准则，产生自适应控制规律，从而实时地调整机械系统的结构或参数，使系统始终自动地工作在最优或次最优的运行状态。

(3) 自学习。自学习是指能够按照自身运行过程中的经验来改进控制算法的能力，它是自适应系统的一个延伸和发展。自学习在系统运行过程中，通过评估已有行为的正确性或优良度自动修改系统结构或参数以改进自身品质的系统。自学习与自适应系统不同之处在于，经学习而得到的改进可以保存并固定在系统结构之中，从而较易实现，并可作为智能设计或调整的一种方法。

(4) 自主性。自主性是指可在没有人的干预下，把自主控制系统的感知能力、决策能力、协同能力和行动能力有机地结合起来，在非结构化环境下根据一定的控制策略自我决策并持续执行一系列控制功能完成预定目标的能力。自主决策的智能是以人工智能为基础的，包括机器全自主、机主人辅、人机协商、人主机辅和人类全手动等自主决策方式。

现在绝大多数的人工智能仍然是弱人工智能，其能力局限于某一特定领域，与理想状况下可以解决不同领域中的各种复杂问题的通用人工智能(Artificial General Intelligence) 仍有较大距离。因此，无论人工智能程度的强弱还是其应用领域的范围，均属于本文中人工智能产品的范畴。

6. 智能化层次

(1) 识别。识别本质上属于感知范畴，人和机器一样，都需要从对环境及客体的识别开始，进而对识别到的东西做出判断，即上升到认知范畴。只不过，人类是通过视觉器官和听觉器官来分别对光学信息和声学信息进行识别的，而计算机则是通过各种复杂的算法实现这个过程的。由于神经网络和深度学习算法的快速发展，目前模式识别在计算机视觉（如医学图像分析、文字识别）、自然语言处理（如语音识别、手写识别）、生物特征识别（如人脸、指纹、虹膜识别）等领域已经展现出超越人类的表现。

(2) 理解和推理。识别更强调人对于环境感知的分类、打标签、召回数据的能力；而理解和推理则更强调明确地区分、深层次地解释和归纳总结数据的能力。对于人类来说，理解一件事要远比识别一件事——信息处理的周期和逻辑更复杂。

(3) 做决策。无论对于人类还是人工智能产品来说，做决策都是基于对外界客体、事物、环境的理解和判断来决定采取什么样的行动。其本质上是一个认知过程，但侧重点在于寻找哪些可供选择的方案，以及应采取什么样的行动。做决策最终都会展现为对待某件事采取某种行为或意见，只不过人类在做决策的过程中，会受到人本身的需求和价值观的影响，而机器往往并不具备这样复杂的决策依据。在当前阶段，人工智能大多数以弱人工智能辅助人类做决定，而不是以替代人类独立做决策的形式被应用到各种场景中。目前，在绝大多数客服系统中，还是以机器辅助人类的方式运行着。

7. 智能产品的特征

西北工业大学学者李韬奋等学者对智能产品的关键智能要素进行了实证研究指出，智能消费品具有实时监测、智能交互、自治性、优化能力和移动互联 5 个关键要素。通过对当前典型人工智能产品的分析，他们总结出人工智能产品的 4 个关键特征：情境感知、自适应学习、自主决策、主动交互与协同。把握好智能产品的关键特征，将为人工智能产品的设计研究与开发，以及智能产品的服务体系构建提供有效的指导。

(1) 情境感知。情境感知是指人工智能产品可以像人一样感知情境因素的变化，以支持在适当的时机，以适当的方式向用户提供适当的反馈。情境因素既包括交互过程中与人有关的信息，又包括与物理环境及其他实体相关的状态信息。获取更多的情境信息有助于人工智能产品更有效地完成任务，前提是对感知到的信息进行有效处理而不被过量信息干扰。因此，对于人工智能产品而言，如何利用其情境感知的能力获取并向用户提供合适的信息，有助于支持其完成相应的任务目标，增强系统的可理解性与可控制性。Bellotti 和 Edwards 研究指出，情境感知特征的产品或系统的设计框架的设计原则为：使用户明确系统感知的功能和所理解的内容；提供前馈与反馈；加强身份和行为公开；允许用户控制。

(2) 自适应学习。自适应学习是指人工智能产品在执行复杂任务或与人交互的过程中，依靠不断地采集环境信息，或在用户反馈积累和向用户的主动询问中获取关键信息，以此支持模型不断学习与修正，提升模型预测的准确性。如何在复杂和动态的环境中进行自适应学习，一直是阻碍人工智能产品性能取得突破性进展的一个问题。有学者介绍了人工智能产品主动学习和询问的 3 种交互模式，即每轮都进行询问、仅在特定条件下询问、在用户明确要求时询问。其通过一项实验验证了每种交互模式的优势与不足，并提出了一些针对自适应学习的智能系统设计的指导原则。

(3) 自主决策。自主决策是指可以不受人的干预，在非结构环境下以一定的控制策略自主地进行决策，并持续执行一系列行为以完成预定目标。这是由于人工智能产品可以随着时间的推移而进行学习和变化，动态设置自己的目标，以及通过外部传感器信息或者输入数据以适应本地条件。与传统的通过执行预设的程序来代替用户完成设定的任务的自动系统不同，人工智能产品可以在无监督的状态下执行任务以完成用户目标，具有一定的自我管理与自我引导能力。因此，传统的自动化研究更多地关注于自动化对用户表现的影响，以及用户一定程度上的主观感受；而人工智能产品的自主性则会引起用户较高的情感反应。

(4) 主动交互与协同。在人与自主系统的交互中需要更多地考虑社交和心理因素。学者 Norman 建议在设计中加入保护措施（如验证步骤）或者控制产品或系统的自主程度，以防人工智能产品或系统产生不必要的自适应行为。学者 Höök 建议在智能用户界面设计中对用户期望进行管理，以免在与不可预测的人工智能系统交互中，对用户产生误导或使用户挫败。学者 Rader 等研究了用户如何使用算法决策系统并评判潜在后果，对人工智能系统的行为进行了解释以提升透明度，将有助于用户确定系统是否存在偏见或是否可以对其看到的内容进行控制。

根据学者 Ren 和 Bao 的研究，智能产品所呈现出的具体能力如表 2-4 所示。

由于智能产品包括基于物联网的解决方案的集成，包括计算云、大数据和人工智能，因此是企业数字化转型的关键驱动力。

8. 智能产品的类型

人工智能产品的智能化能力与作用范围是具有差异的，而当其与人进行交互时，将会呈现出拟人智能的特征，并且不同特征或能力与人的联系紧密性有区别。依据学者 Pardo 等的研究，可从智能程度、智能的可见性、系统化程度、自主性 4 个维度对智能产品进行分析。综合考虑功能挑战与网络工作行为这两个不同的维度，可以提出以下 B2B 上下文中定义的不同类型智能产品的可能分类表述。

我们从功能挑战和网络工作行为两个维度将智能产品分为 4 类：更高效的产品（MEP）、增强的产品（AP）、产品即节点（PN）和作为中心的产品（PH），如图 2-8 所示。正如我们所描述，在每个类别中，产品都获得了一定程度的“数字增强”“嵌入性”和“变革性”。

更高效的产品是一种商业产品，只有通过新的信

表 2-4　智能产品所呈现出的具体能力

能力指标	内　涵
感知能力	可以感知并获取外部世界的信息
记忆和思维能力	可以对感知到的信息进行存储，并用类似人的思维进行加工，产生知识并支持决策
学习能力和自适应能力	可以在与环境的相互作用中通过学习积累知识，以适应变化的环境
行为决策能力	可以对外界刺激做出反应，形成决策并产生相应行为

图 2-8　智能产品的类型

息通信能力（点对点）才能变得更有效率。同时，这些智能产品并没有提供新的功能，只能捕获有限的信息并将其发送给有限数量的连接实体（即智能卡车轮胎、智能泵）。增强的产品是那些智能带来新的附加功能，但与其他产品孤立的商业产品（如智能头盔或智能叉车）。产品即节点是指在功能上没有变化的产品，从大量实体（即智能工业车辆或协作机器人）中获取信息或向其发送信息。作为中心的产品是成为系统中心的产品，它们不仅提供新功能，而且与许多不同的实体（即智能会议室或智能风电公司）进行通信。

产品变得智能时获得的 3 个关键属性如下:

(1) 产品变得“厚”。这个概念强调这样一种想法，即智能产品在大多数情况下通过它们的“愚蠢”和“智能”维度中的一个或另一个出现并且可以用于它们。数字增强是指任何智能产品都有一些不是“物理”而是“信息”的东西，这是其身份的组成部分，除了其愚蠢 / 物理性质。

(2) 产品变得“深”。智能产品充当通往其他实体的大门，每个智能产品都与其他实体相连。连接意味着智能产品收集的信息可以传输到另一个实体（另一个设备、另一个对象、另一个系统、另一个人），而且该对象可以从另一个实体（一个设备、一个对象、一个系统、一个人）获取信息。这意味着产品的边界在“插入”系统中时被推回，被认为是“产品”的东西变成了更广泛概念中的“组件”。

(3) 产品具有变革性。将“变革性”定义为智能产品将任何用户（包括人类）转化为数据的能力。传感器只捕获“数据”，它们捕捉的不是“真实世界”，而是对这个世界的量化。智能产品收集有关其工作方式、环境及人类使用方式的数据。因此，产品的智能创造了扩展“经典用户—产品”关系的情况，在这种关系中，用户只“使用”产品。在人类将智能产品用于特定目的的意义上，使用变得互惠，但与此同时，智能产品（在某些情况下）将人类用作数据来源。

在技术的发展基础上，智能产品出现在越来越多的细分领域，其分类如表 2-5 所示。

表 2-5　智能产品分类

根据应用场景分类	应用场景包括智能出行、智慧医疗、智慧物流、智能家居、智慧社区、智慧农业、智慧金融等
根据产品硬件形态分类	大致分为智能穿戴设备、机器人、汽车、家电产品的智能化，以及生产领域的智能设备
根据智能技术分类	主要包括机器学习、人机交互、模式识别、云计算、大数据、计算机技术及传感器等

2.2 智能产品特性与产品构建要点

智能产品特性为自主性、适应性、反应性、多功能性、协同合作能力、人性化交互和个性等维度的组合，如表 2-6 所示。

智能服务（Intelligent Services）经常被智能产品包裹。在智能产品中设备收集、解释及与无数代理共享数据，以创造个性化价值。因此，虽然智能服务可能变得越来越重要，但提供这些服务经常需要消费者建立关系并与物理设备互动。学者 Lim 和 Maglio 利用文本挖掘技术分析了 5378 篇科学文章，认为智能服务的特征应该包括 5C，即连接（Connection）、收集（Collection）、计算（Computation）、通信（Communication）和共创（Creation）。

智能产品表现出多种独特的功能能力和技术特征，使其与传统产品区分开来。智能产品具有一些与传统产品不同的共同功能，而这些功能能力源于各种技术特征，如有连通性、传感能力和可重构性支持的智能和弹性。下面列出智能产品的一些特性。

（1）智能。智能对于智能产品至关重要，因为这是构成其他（次要）功能的基础。例如，当智能产品与人类用户交互时，它们的智能特性起着关键作用。而智能特性是智能产品最显著的特性之一，包括识别（如语音、视觉、语言等）、推理、学习（或改进）等能力。相比之下，智能产品的自主性显然离不开智能。

（2）连通性。连通性解决了智能产品通过网络与其他产品、人员、数据和服务的连通，并能够收集数据，有助于自我识别（即来自他人）和位置的确定，但也意味着网络攻击的潜在威胁和隐私数据保护的必要性。

（3）服务集成。智能和连通性对于智能产品创造新的“服务”是必不可少的，通过传感器收集操作和使用数据以增强服务目的。例如，自动驾驶汽车的移动服务就是智能和互联支持的新型服务。

表 2-6 智能产品特性及内涵

特 性	内 涵
自主性	指能够以独立和以目标为导向的方式运行而不受用户干扰的程度
适应性	指产品改善其功能与环境匹配的能力，增加了兼容性和可观察性，更好地满足消费者的需求
反应性	指产品对其环境变化做出反应的能力
多功能性	指单一产品实现多种功能的现象
协同合作能力	指与其他设备合作以实现共同目标的能力
人性化交互	指关注产品以自然、人性化的方式与用户交流和交互的程度
个性	智能产品展现可信特性的能力

(4) 数据驱动。通过网络连接的智能产品形成一个平台，通过传感能力收集数据和信息；然后，收集到的数据可以使用数据分析技术进行处理，用于技术和商业目的。例如，通过网络收集的数据可用于做出与生命周期相关的决策，如维护；可用于提取具有商业重要性的用户偏好和配置文件。

(5) 传感器和传感。智能产品通过大规模部署的传感器收集有关其环境状态及自身状态的信息。这些类型的信息在短期内用于控制及在长期内使用，如用于自主操作。

(6) 自主属性。产品开发应该得到一整套新设计原则的支持，以通过持续的产品开发来支持对市场需求的更快响应，如自我配置、自我监控和自我修复。

(7) 智能人机交互。高度自治是智能产品的一个关键特征，自治需要最少的人机交互。也可解释为，最好的智能产品只需要以非常智能的方式与人类用户进行最少的沟通。

(8) 定制、个性化。在智能产品的背景下，定制或个性化是为客户创造更多价值的关键。可重构性是可以支持定制或个性化以满足明确或隐含的用户需求。

智能技术的产品化可大大改善操作者的作业环境，减轻工作强度；提高作业质量和工作效率；一些危险场合或重点施工应用得到解决；提高机器的自动化程度及智能化水平，使其环保、节能；通过智能化实现状态诊断，提高了设备的可靠性，降低了维护成本，增强了产品的竞争力。

1. 智能产品构建的要点

智能产品具备万物互联的能力，连接功能是智能产品的基本要求，实现沟通的基础是数据共享，数据是实现智能产品互联的媒介，基于数据连接与物联网的智能产品能够使产品与产品、用户与用户、用户与产品之间实现连接。智能产品设计开发层次可大概分为运算智能产品、感知智能产品、认知智能产品、类脑智能产品 4 个发展层级，如图 2-9 所示。

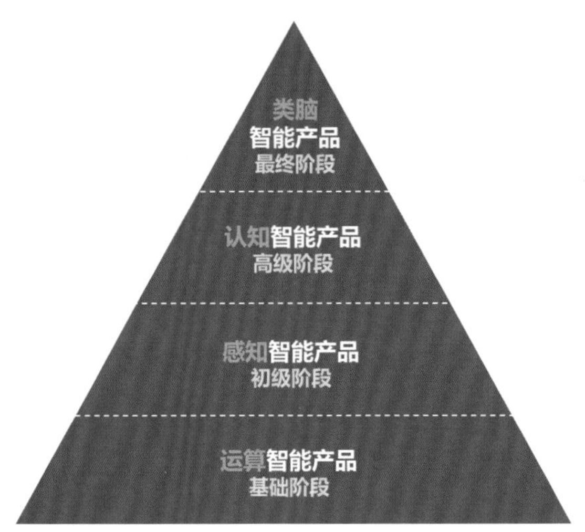

图 2-9 人工智能产品的层级框架

(1) 运算智能产品。运算智能产品依靠大数据平台、云平台和物联网等计算资源来获得智能，如智能音箱语音交互。

(2) 感知智能产品。感知智能产品用来替代重复性劳动，涉及少量演绎、归纳等复杂逻辑。当前主流的人工智能产品都处于这个阶段，如图像识别、机器翻译、人脸识别、语音识别等。

(3) 认知智能产品。认知智能产品解决概念理解、语义分析等问题，当前语义分析类产品被看作认知智能产品的开端，并朝向让机器有人性的方向发展。

(4) 类脑智能产品。类脑智能产品具有与人脑类似的思维，能够模拟人的一切思维活动。目前，此阶段还是梦想，有赖于生物神经科学领域技术的发展。

从目前来看，产品应用部分主要集中在感知智能产品层面，包括语音识别、自然语言处理、语音合成和计算机视觉 4 个方面，通过赋予机器感知能力，来提升整体的效率。智能产品构建需要根据不同的使用场景和功能属性，实现人们对产品使用的一个感知升级，要求产品至少有获取和传输信息的能力，自我诊断、自我调节和适应环境的能力，理解问题、分析问题和解决问题的能力，总结问题、推理归纳的能力，等等。

2. 智能产品建构的分层与设计重点

智能产品相对于传统产品不再是单一的物质形态，而是多种智能技术的高度集成。通过对智能产品的调研分析，复杂的智能产品系统具备多种特征，学者 Mühlhäuser 按照智能化水平将智能产品特征划分为 3 个层次（感知层、学习层、智慧层）来进行智能产品设计分析，如图 2-10 所示。

(1) 感知层的智能产品特征。感知层的智能产品特征包括场景感知和连接属性，主要表现形式是实时监控。场景感知特征是指具有能够感知外部世界、获取外部信息的能力；连接属性特征是指具备连接产品与产品的能力，数据是智能产品的基本构成，智能产品既是数据采集的关键，又是数据交换的媒介，数据的采集与交换是万物互联与场景感知的基础。万物互联是智能产品的基本要求，具备连接属性特征的智能产品能够实现产品与产品、人与产品、人与人的沟通。具备场景感知特征的智能产品能够通过摄像头、传感器等技术监控产品环境与用户使用情境，并及时获取用户与场景信息，并基于不同的场景进行产品行为的决策。基于连接属性和场景感知特征的智能产品使产品处于一种动态，多场景应用拓展赋予产品以无限的可能。

对用户来说，体验产品的时候会有种特别的安全、方便、自由的感觉；对于生产者来说，产品感知的实时监控能够帮助生产者获取产品消费和使用过程中的一手资料，然后通过对用户个性化消费特征进行统计研究总结，可以精准地对用户的行为进行分析，及时准确了解产品的优势和劣势，也可以对旧产品进行改进和优化、对新产品进行宣传，从而切实提升用户的体验、增强用户黏性。

(2) 学习层的智能产品特征。学习层的智能产品特征包括个性化和自适应。个性化特征是指同一品类的智能产品能够满足不同用户的个性化需求，而能够识别用户是实现智能产品个性化服务的前

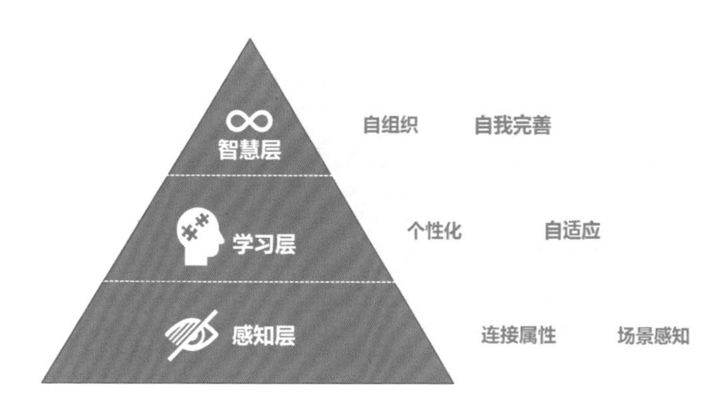

图 2-10　智能产品特征的 3 个层次

提；自适应特征是指智能产品能够依据用户的实时反应与目的对产品行为进行改变，基于数据的学习是智能产品实现用户需求个性化满足与产品行为自适应改变的关键。个性化服务是智能产品的商业逻辑，具备个性化特征的智能产品能够提升用户的产品体验，能够拓展更多的商业应用场景，将用户群体进行最大化拓展并满足他们的个性化需求。自适应特征是智能产品相对于传统产品的本质属性，传统产品不具备自我决策和改变产品行为的能力，而具备自适应特征的智能产品能够基于数据学习与用户行为分析，进行自适应调整并满足用户特定场景下的需求。

(3）智慧层的智能产品特征。智慧层的智能产品特征包括自组织和自我完善。自组织特征是指智能产品系统在某种内在机制的驱动下，各尽其责而又协调地、自动地形成有序结构，并有目的性地完成某项任务；自我完善特征是指智能产品基于大量数据的自我学习，不断地优化智能系统与产品功能。自组织特征是智能产品的高级特征，具备自组织特征的智能产品不仅能够对用户可能产生的动作或行为进行预测，而且具备拟人化思维，能够探索未知的领域，提升人类对世界的认知。自我完善的目的是实现智能产品的可持续发展，不断地自我学习是延长产品生命周期的重要手段，基于行为预测与可持续学习的智能产品生态系统是未来的发展趋势。

2.3 AI 赋能主要落地形态与现今发展

我们知道，智能产品系统可以实现人—物—环境的相关信息数据的自动处理，协同（代理人）提供自动化（高效）、自适应（自我学习）、个性化（个人化）价值，从而满足用户的需求。随着算法和算力的发展，在语音、自然语言处理、可视化等领域的应用也越来越多，其中最具代表性的就是语音交互产品（如智能音箱、智能语音助理、智能车载系统）、智能机器人、无人机、无人驾驶汽车等。在产业解决方案上，人工智能的应用范围更为广阔，目前已应用于医疗、金融、教育、安全、商业、智能家居等多个垂直领域。现今，智能产品已进入我们的生活中，以不同形式落地到各个领域。接下来将简要介绍常见的、已落地的智能产品的形态与发展现状。

1. 智能家居（Smart Home）

20 世纪初期，随着机械化时代的开始，智能家居（也称为智能家居或家庭自动化）的概念就已经出现，物联网、人工智能、大数据和5G通信等技术在改善用户生活质量方面展示其巨大潜力和有用性。智能家居是一种将家庭生活过程与物联网技术结合起来的综合解决方案，旨在提高家居的安全性和节能性，让日常生活更为便利、舒适（图 2-11）。目前，智能家居越来越受到企业、社区和研究人员的关注，并逐渐进入我们的日常

图 2-11　D-Link 公司智能家居室内 Wi-Fi 摄像头（左）和 Wi-Fi 漏水传感器（右）

生活。智能家居以住宅为平台，在物联网技术的基础上，通过硬件（如智能家电、智能硬件、安全控制设备、家具）、软件系统和云计算平台构成家居生态圈，家中的设备不再是一个个孤零零的个体，而是可以相互连通、相互协作的智能设备，可实现远程控制设备、设备间互联互通、设备自我学习等功能，并可以通过收集、分析用户行为数据为用户提供个性化生活服务，从而提供丰富的功能。

自从 1984 年美国首个智能化大楼问世后，全球各大 IT 企业、企业集团、风险投资公司和电子企业纷纷投资于智能家居的各个领域。它们一起发起了对智能家居的研究和开发，并且在这方面进行了大量的投资。现在，英特尔、微软、苹果、谷歌、索尼、三星、华为、海尔等公司纷纷建立了自己的团队、分公司或部门，对智能家居的技术与应用进行了探索，从它们的网站上不难看出它们的野心和成绩。同时，许多大型、中型、小型企业也开始涉足智能家居，从底层硬件到系统软件，再到应用、服务，无所不包。根据 2018 年度 Strategy Analytics 的预测，智能家居在 2023 年将达到 1550 亿美元。

智能家居的六大特征包括：①实现用户与智能电网的交互；②引导合理科学用电；③提供舒适、安全、便捷的生活方式；④监测；⑤发现异常及时处理；⑥提供智能服务。智能家居可以提供各种自动化场景，让我们的生活舒适、高效、便捷，帮助我们提高智能空间的舒适性和安全性。

（1）发展现况。

家居是人最重要的生活社交场所之一，传统的家居生活场景碎片化程度较高，很难系统地进行服务，在相对狭小的空间内需要满足不同家庭成员的需求，集成了就寝、烹饪、学习、娱乐等场景。随着人们对居家体验个性化追求的不断增长，基于信息与通信技术（Information and Communications Technology，ICT）的智能家居概念普及，智能家居近年来已为大众所接受，其追求的是安全、舒适、节能、个性化的智能家居环境（图 2-12、图 2-13）。

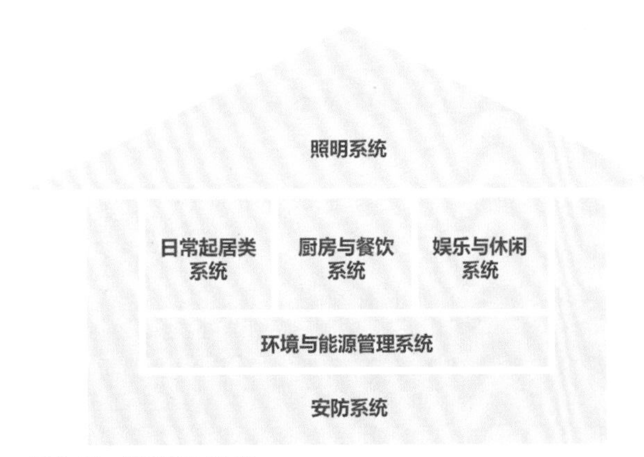

图 2-12 智能家居系统

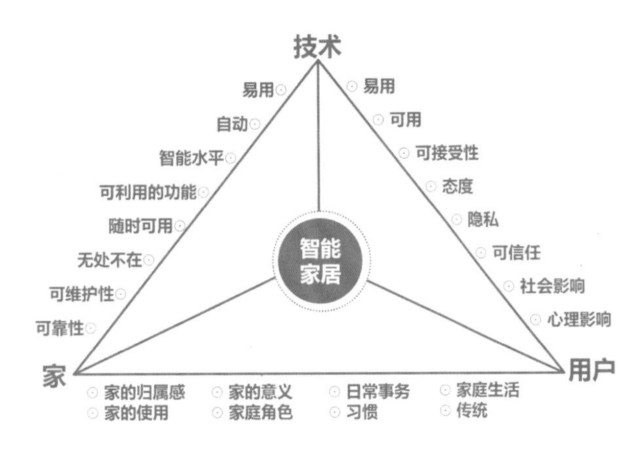

图 2-13 智能家居的整体框架

当前，人们对于智能家庭的认识和使用主要是基于物联网，而且在产品设计中，智能更多地体现在屏幕和 app 的操控上，似乎随着屏幕的数量和功能的增加而增加。在这个信息爆炸的年代，用户的共同特点是注意力不集中、时间碎片化、注意力难以集中等，太多、太复杂、太不符合实际情况会严重影响用户使用产品的学习与体验，最终使设计初衷与产品最终评价背离。智能家居产品在经历了数年的发展后，逐步摆脱了手机 app 遥控、多个产品之间的微弱智能，开始与人工智能进行深度融合，实现自主学习、主动记忆、自主决策，为家居空间的用户提供个性化的服务。

(2) 主要解决的核心问题和应用案例。
核心问题：远程设备控制，设备间互联互通，家居环境的安全性、节能性、便捷性等。应用案例：小米在智能家居方面布局多年，以人工智能驱动的智能家居业务已初步形成完整的生态；以路由器为中心，将智能家居硬件联网，以手机 app 和智能音箱作为双入口和控制中心控制联网的硬件，从而打造完整的智能家居系统；可与其他智能家居产品连接（包括电视、电风扇、台灯、空调等硬件），实现场景化智能家居控制。

(3) 智能家居的运作。
在物联网技术的基础上，以家庭住宅为平台，以硬件、软件、云平台为基础，构建了一个完整的家庭生态系统。通过远程控制、人机交互、设备互联、用户行为分析、用户画像等功能，为用户提供个性化的生活服务，让生活更加便捷、舒适、安全。利用多种感知技术，在收到检测信号后，根据不同的检测结果下达命令，让家庭中的通信设备、家电设备、安防设备、照明设备等，为用户提供更好的服务，降低用户的工作量。综合运用计算机、网络通信、家电控制等技术，将家庭智能控制、信息交流、消费服务等功能有机地结合在一起，使家庭设备与居住环境保持和谐、协调，创造出高效、舒适、安全、便捷的个性化家居生活。

参考视频：“智能家居——做饭”

大量的智能家居设备与感应器需要稳定可靠、高效连接、高速全覆盖的网络，把采集到的信息传输给家庭智能“大脑”。人工智能引擎会与场景模式相结合，实现全屋环境、用户行为及系统设备的实时分布，从而实现智能决策。在调整各种家庭设备的操作与协作状况中，负责与用户即时体验需求相匹配，从而为用户带来沉浸式、个性化等全方位智能体验（图 2-14）。而在人机交互模式中，用户可以与智能家庭进行多种模态交互，包括从传统的面板和 app 到智能语音和手势交互，乃至无意识交互。

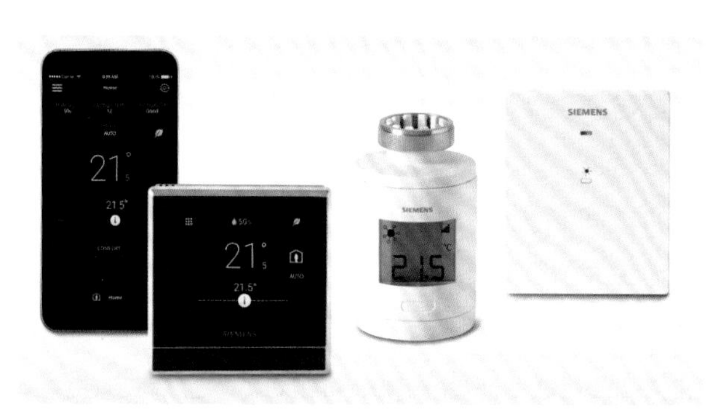

此产品借助 6 个强大而准确的传感器，让家居周围环境温度、湿度、光线始终保持最佳状态。

图 2-14 法国 SIEMENS 无线智能温控器及其配件

(4) 常见智能家居产品。

我国智能家居产品共分为几种类型：智能照明系统、电器控制系统、家庭影院系统、对讲系统、视频监控、防盗报警、暖通空调系统、太阳能节能设备、智能家居软件、厨卫电视系统、花草自动浇灌、宠物照看与管制等。各种智能家庭装置，以各种方式结合，创造出各种智能场景。如智能床、智能枕、智能卧室灯光、智能音效等，为人体构建一套辅助睡眠的系统，其可以根据个人的身体状况和睡眠习惯，自动调整床垫、枕头的柔软程度，创造有利于睡眠的环境，促进褪黑激素的分泌，播放助眠的音乐，让人放松；可以根据室内湿度、温度、氧气浓度等因素，提供恒温、恒湿、恒净、恒氧的睡眠环境。

就目前的智能家居产品种类而言，数量庞大、品牌众多，但又各自为政、缺乏联系。我们在使用不同品牌的产品甚至在使用同一品牌不同的产品时需要使用多个控制应用，导致用户负担增加，困难重重。因此，品牌之间应该尽可能达成相关协议，降低用户的使用难度，帮助智能家居设备更好地进入每个家庭。另外，在产品的功能设计上，应该更好地进行用户需求的研究并及时进行功能迭代，将一些产品中冗余的功能和操作进行精简或者与其他产品进行整合，或开发出更多新的实用功能，从而提升易用性并改善产品的实际用户体验（图 2-15）。

“米家 App”依托小米生态链体系，是小米生态链产品的控制中枢和电商平台，集设备操控、电商营销、众筹平台、场景分享于一体，是以智能硬件为主，涵盖硬件及家庭服务产品的用户智能生活整体解决方案。

图 2-15 米家免洗扫拖机器人 Pro

(5) 未来展望。

智能家居行业的发展还存在很多问题，如标准不完善、供应链薄弱、产品成本高、专业技术发展缓慢、用户喜好多变、市场瞬息万变等，这些都是未来智能家居行业发展的难点。面对这些问题，家居行业的从业者已经开始了快速的调整，相信用不了多久，我们就会看到整个行业的飞速发展，到那时，绝大多数的家庭都将会拥有更先进、更便捷、更安全的家居环境，而智能家居将会给人类的生活带来革命性的变化。丰富的智能家居设备和传感器，需要稳定可靠、高连接、高速全覆盖的网络，将收集到的数据传递到家庭智慧大脑。其中的人工智能引擎，将结合场景模型，对全屋环境、用户行为及系统设备实时地分布式处理和计算，以形成智能决策；然后，通过调节各类家居设备的运行和协同状态，以匹配用户的实时体验需求，最终给用户带来沉浸式、个性化、可成长的全场景智慧体验。

未来的房子将会是个好伴侣，它会逐渐了解你，懂得你的意思，如当你忙碌一天疲惫地回家后，你喜欢的灯光、音乐、香水、电视都会自动打开；当你进入厨房时，冰箱会根据你的身体情况制定健康的膳食方案；当你进入卧室时，空调会自动监测室内的空气，调整室内的温度和湿度。

2. 智慧城市（Smart City）与智慧社区（Smart Community）

党的二十大报告提出，“建成现代化经济体系，形成新发展格局，基本实现新型工业化、信息化、城镇化、农业现代化”，而智慧城市是新型城镇化的完美体现。智慧城市的总体本质和动机是为其居民提供最高质量的生活，同时优化资源和能源效率，帮助城市的整体可持续性发展，以及社会和经济快速发展。在城市化快速发展的今天，世界各地的城市管理都面临着城市规模不断扩大和各类资源匮乏的矛盾，以及城市能耗、环境污染、交通拥堵、信息基础建设不平衡等问题。近 10 年来，世界各地纷纷加速城市数字化，期望利用现代科学技术，探寻城市可持续发展的路径（图 2-16），通过智慧城市的概念来满足未来城市人口的需求，如美国的智慧城市计划、欧盟 H2020 智慧城市和社区项目、新加坡的智慧国家计划及联合国的全球资源高效城市倡议等。

现有的资料显示，智慧城市的概念（图 2-17）并无统一的或标准化的定义。然而，中心主题通常围绕信息和数字技术的应用，以提供智能和创新的解决方案，以满足城市生态系统的苛刻要求，包括基础设施、交通、医疗保健、治理和安全。在现代都市，交通便利度与运输效率是衡量一个城市经营状况的一个重要指标。但随着人口的增加，城市的规模也在不断扩大，如何建立高效、舒适、快捷的运输体系，已成为各城市管理者的一大难题。智慧城市是利用信息和通信技术解决城市问题，优化城市管理和治理，提高城市可居住性和可持续发展能力。

社区是一个重要的社会单元，其所承载的人口虽然不同，但是其需求的多样性和层次都很高，涵盖社会的各个方面。由于各种利益相关者之间的

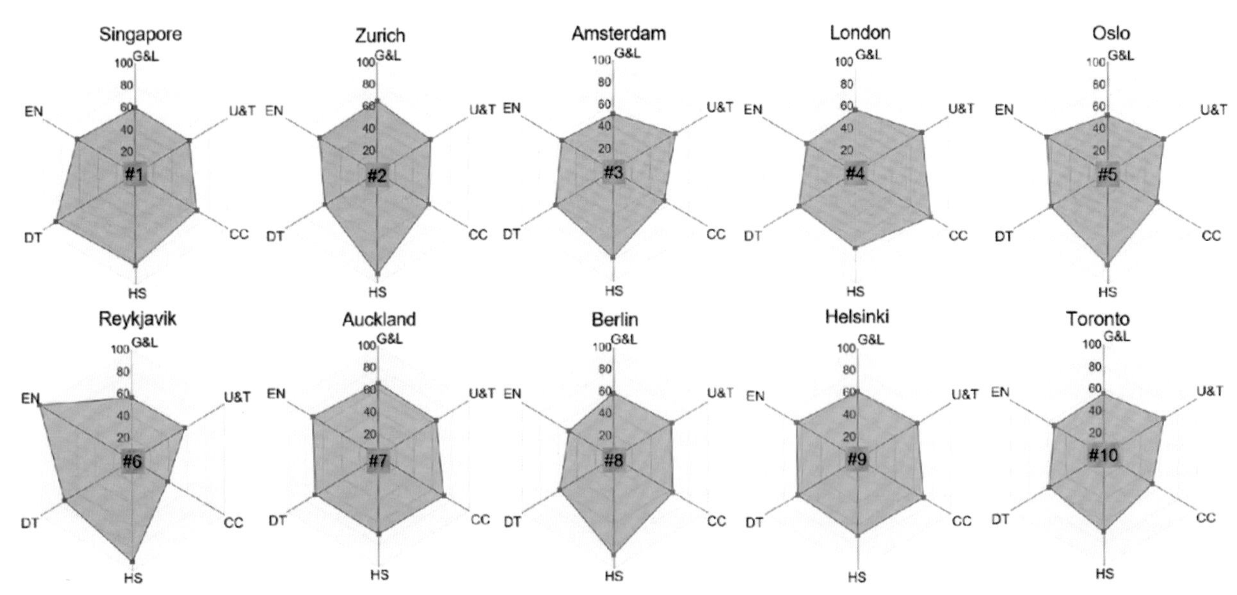

基于 2019 年智慧城市排名的 6 项指标，其中包括城市规划与交通（U&T）、以公民为中心（CC）、健康与安全（HS）、数字技术（DT）、环境（EN）及政府和领导力总和（G&L）。IESE 12 的动态城市指数和 IMD-SUTD 15 的智能城市指数报告的前 20 名智慧城市，2019 年它们各自的总分首次被确定，将两个报告中每个城市的个人总分乘以“排名因素”以创建加权分数，然后将两份报告中列出的城市的加权分数取平均值以创建加权平均分数，从而根据两份报告中确定的最高加权平均分数计算最终排名。在两份报告中，新加坡、苏黎世、阿姆斯特丹、伦敦、奥斯陆和多伦多均跻身智慧城市前 20 名。

图 2-16　全球十大智慧城市名单

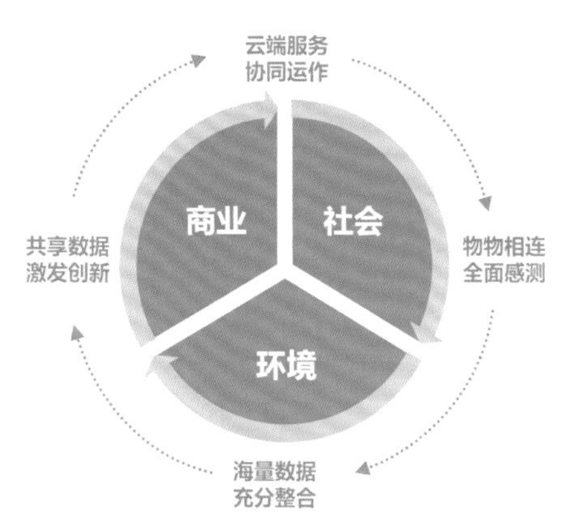

智慧城市结合了社会、环境、商业等核心，包括组织（人）、业务、政务、交通、通信、生态环境与资源利用（如水和能源）。

图 2-17　智慧城市的概念

关系错综复杂，使得在传统的公共管理与服务工作中，存在多个职能部门沟通不畅、人力资源浪费、决策缺乏数据支撑等问题。在某种程度上，社区可以被视为一个城市的微型化，因此，人工智能产品与服务体系的运用，可以扩展到城市的各个方面。它可以有效地支持企业的信息感知与分析、全局管理与协调、自主决策和专业化服务。如果运算法则可以自行学习，那么资料就是智慧的财产，而知识的答案就在资料里。如今，数据的作用越来越重要，数据也是建立竞争优势的关键。

在智慧城市和智慧社区服务方案的研究中，学者Kim和Keum提出了一个一体化的社区服务平台体系结构。这个体系结构能够为智慧城市和智能住宅等公共智能社区服务，如能源、水电、公共安全、公共健康等，将个人空间、社区空间与城市空间有机地融合在一起，为智慧城市服务的生态体系建设做出贡献。在公共空间中，居民与智能产品的关联互动可以分为专注型、象征型、社会化网络型 3 类，它们对智慧社区甚至是智慧城市的建设起到了支撑作用。

(1) 智慧城市涵盖领域。

智慧城市涵盖政务、交通（图 2-18）、金融、工业、医疗、应急、资源七大领域，而城市管理覆盖观、管、防、服四大领域，各领域和各环节又存在众多细分领域和环节，使得智慧城市建设内容范围广、涉及领域多。但在推进智慧城市建设的过程中，由于缺少顶层设计、规划不明确、盲目模仿、不能适应自身建设要求和地域特点，因此导致城市的地区性、应用场景的分散、城市建设的重心不集中、运营管理不到位、“智慧化”和“智能化”程度不高等问题。

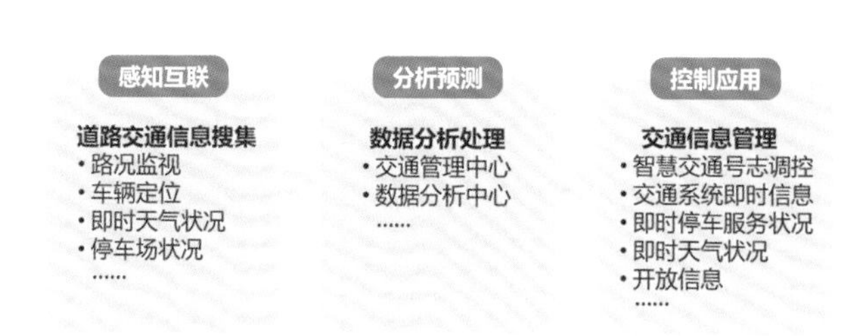

图 2-18　智慧城市交通主要应用系统关系

人工智能将成为新一轮产业变革的主要推动力，通过在实体经济中寻找新的应用场景，来提高生产率，从而推动产业智能化和新旧动能转换。通过运用人工智能对生产、分配、交换、消费等经济活动进行重构，促进新技术、新产品、新工业的诞生，使城市运行效率得到提升，资源利用率得到有效利用，真正实现城市的智慧。运用人工智能技术赋能智慧城市，是积极响应社会和经济发展、城市发展趋势、探索城市管理模式的一种有效途径。党的二十大报告提出：“必须牢固树立和践行绿水青山就是金山银山的理念，站在人与自然和谐共生的高度谋划发展。”未来，智慧城市将以人工智能为先导，以创新驱动城市发展，以“绿水青山就是金山银山”，让城市更加美好。

(2) 人工智能赋能城市升级可分为 3 个阶段。

第一阶段，场景应用突破；第二阶段，跨区域场景协同，打通数据，整合算力，构建算法，学习知识；第三阶段，全智能覆盖，实现全方位的智能感知，跨场景的智能计算和全流程智能操作，如表 2-7 所示。

例如，华为智慧城市创新平台架构（图 2-19）包括智慧应用、智能中枢、智能连接和智能交互 4 个部分。

① 智慧应用。通过不断地在交通、政务、医疗、应急、资源、金融等行业领域进行深入的探索，以城市治理、民生服务、产业互联为核心，将人

表 2-7　人工智能赋能城市升级的 3 个阶段

第一阶段，场景应用突破	针对过去存在的局部问题，在顶层设计的指引下，以实际场景为中心，识别频率高、流量大、价值提升明显的场景，如信号灯优化、采暖优化、市民热线感知、河道巡查、基层治理优化、智能审批等场景应用，建立标杆和样板，积累能力和经验，探索人工智能场景建设模式。选择单部门、单场景项目，利用先进技术对项目进行风险管理，基于场景价值构建场景的智能能力。现在，资料的重要性与日俱增，对企业的竞争至关重要
第二阶段，跨区域场景协同	通过技术的融合和革新，促进数据的集成和场景的革新，使智慧城市从观念走向现实，为政府、市民和社会创造价值。搭建城市人工智能平台，搭建可重用的人工智能底层能力，支持更加复杂的跨域场景；通过人工智能平台打通跨区域智慧场景，覆盖感知、认知、决策等多层次人工智能需求；在城市政务、交通、金融、工业、医疗、应急、资源、工业等领域落地跨区域场景；构建人工智能全生命周期管控能力
第三阶段，全面智能覆盖	提高智能感知和决策能力，实现多场景协作和全面覆盖；以成熟人工智能平台，有序推进各行业、各场景人工智能的价值；建立完善的人工智能反馈闭环，不断积累数据，不断完善人工智能的自我迭代、自我演化；锤炼智能决策，逐步实现自主决策

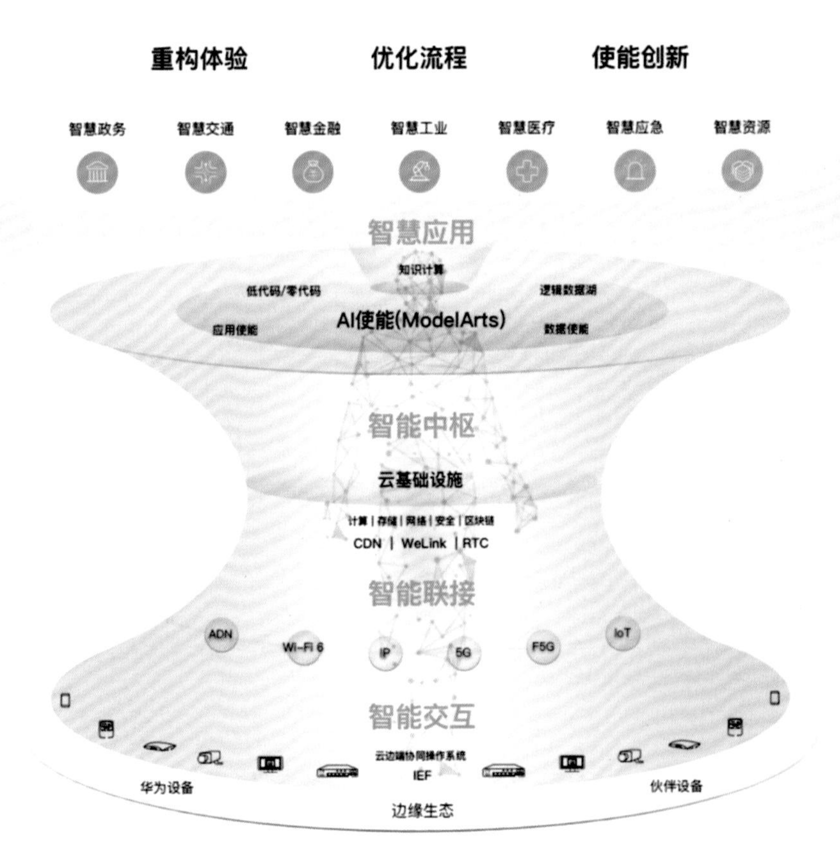

图 2-19　华为智慧城市创新平台架构

工智能技术融入城市发展，为城市发展注入新的动能，让城市焕发新的生机。

② 智能中枢。智能中枢是城市的核心和决策系统，它包含一个基本的云端系统和三大职能。云计算是一个城市数字化转型的最佳平台，可以将城市中的数据隔离开来，实现数据的共享和流动，开发者可以轻松地开发软件，同时也可以将新的和老的程序连接起来。人工智能是城市智能的核心，将人工智能技术和工业知识融合在一起，为各个领域的企业提供创新和决策支持。

③ 智能连接。以 5G、F5G（固定网络第五代）、千兆 Wi-Fi 为代表的新一代连接技术，将会使一个城市实现高速网络覆盖，真正做到万物互联，并为千行百业的创新赋能。

④ 智能交互。智能交互是物理世界和数字世界的联接点，是一种能够全方位感知城市的神经细胞，可以通过多种智能终端，实时感知城市的运转，感知城市中的人和物，并与之进行实时互动。

未来的城市将由局部感知转变为全局感知，以不同的通信手段将分布于不同传感器节点的数据进行联系，并对大量的数据进行全面的分析，从而对城市的变化做出更加准确的预测。

(3) 城市数字孪生。

城市数字孪生技术是近几年在城市建设中的一种新的尝试。城市数字孪生的概念是伴随着城市发展观念的变化及与之相适应的技术发展而产生的。城市数字孪生技术是通过对城市物理实体进行数字化的虚拟映射，通过历史数据、实时数据、空间数据和算法模型等对城市物理实体进行仿真、预测和控制。城市数字孪生的概念模型包括物理空间、社会空间、数字空间三大类，能够在数字空间中实现物理实体对象及关系、活动等多维度的映射与连接，如图 2-20 所示。通过物联网、人工智能、区块链等新一代技术实现三元空间的协同演进和共生共智，进一步满足“人”在城市生活、生产、生态的各类需求，服务“以人为本”的智慧城市建设初心。

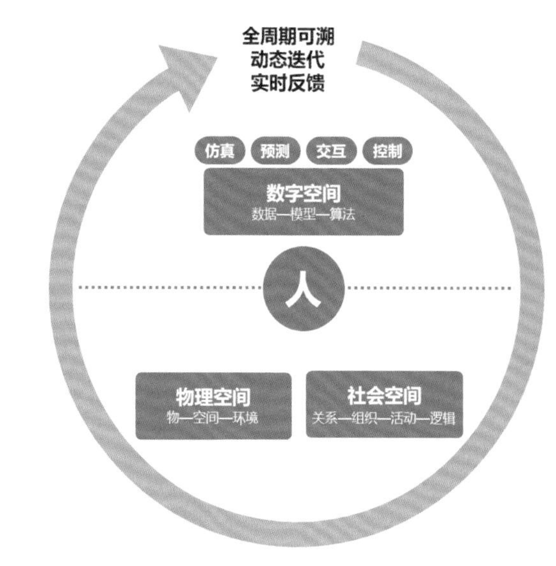

图 2-20　城市数字孪生的概念模型

① 物理空间。物理空间是指城市的时空位置、城市的要素、城市的生态环境。时空位置包括时间、坐标、高度等；城市的要素是构成城市各种物理实体的统称，包括道路、交通、能源、信息等；城市生态环境是构成城市自然环境的要素，包括土壤、植被、大气、水资源、物候、天气等。因此，城市数字孪生物理空间是保障城市经济社会发展重要支撑。

② 社会空间。社会空间是指城市组织、活动、关系、逻辑等，用以描述个体与个体、个体与群体、群体与群体之间的关系与活动。多元参与主体是城市发展和社会管理的组织要素；多元参与主体对城市生活、生产、生态等活动构成活动要素；多元参与主体间相互作用并产生多维层次关系构

成关系要素；社会关系变化和迁移过程所遵循的规律构成逻辑要素。

③ 数字空间。数字空间是指由实体与社交空间的映射构成的第三大关键性空间。数字空间是都市中孪生的一种载体。通过采集、收集、建模、分析和反馈等数据，对城市的各个要素和活动进行全周期的可追溯、动态迭代及实时反馈，从而实现城市多维仿真、智能预测、虚实交互、精准控制。

城市数字孪生丰富的内涵和特征决定了它的实现具有高度复杂性。在这些技术中，感知互联技术、实体映射技术、多维建模技术、时空计算技术、仿真推理技术、可视化技术和虚拟现实交互技术组成了城市数字孪生系统的核心技术系统。另外，“数字孪生”与基础网络、5G通信、大数据、人工智能、云计算、区块链等技术的支持是密不可分的。目前，城市数字孪生的典型应用领域包括城市规划、城市建设、城市治理、智慧园区、智慧交通、智慧能源等。

① 城市规划。在城市规划方面，构建全要素、全空间的城市规划模式，包括总规、控规、专规、城市设计、地下空间等。根据城市规划的建设能力，运用专题分析、模拟、动态评估、深度学习等手段，动态监控城市的发展与更新，提出市域城乡一体化发展战略，确保在规划建筑、绿地、道路、桥梁、公共设施等各环节时，达到最佳的综合效益，促进统筹规划、提前规划。

② 城市建设。在城市建设方面，围绕“人”“安全”“进度”“协同”“环境”等关键要素，建设“数字健康”信息系统，将“人”“机”“料”“法”“环”等生产要素数字化，对项目施工、项目进度、重大事件进行实时更新，同时将“人”组织结构、“智能权限”结合各类子系统应用实现信息有效触达、问题及时跟进、工地有序管理，为建设方、施工方、监理方、设计方及相关人员提供应用服务，有效解决城市及新区建设过程中的复杂性和不确定性等行业痛点，打造安全可靠、绿色环保的城市建设。

③ 城市治理。城市治理是城市管理、生态治理、交通治理、市场监管、应急管理、公共安全等不同领域系统，以GIS、影像、工程、OSGB、BIM、专题数据等多维时空数据，对接城市管理、生态治理、交通治理、市场监管、应急管理、公共安全等不同领域系统，以城市平台综合管理、重大事件和特殊场景需求为驱动，将自学习、自适化功能融入城市治理过程之中，制订全域一体的闭环流程和处置预案，“对症下药”精准施策，更好地把影响城市生命体健康的风险隐患察觉于酝酿之中、发现在萌芽之时、化解于成灾之前，实现引导城市规划建设，达到精准化治理效果。

④ 智慧园区。园区作为一个城市的中心，其建设已经成为当前城市规划与社会发展的重点，同时也是一个工业园区与社区的发展方向。以“数字孪生”感知、互联、平台、一体化为基础，实现对园区总体情况、设备运维、物业管理、安全管控、运营服务等数据，构建基于园区实时运行状态的数字孪生场景，融合园区数字孪生、运营管理、业务管理于一体，实现对园区总体情况、设备运维、物业管理、安全管控、运营服务等全要素、全流程可查、可管、可控、可追溯，打造“安全、智慧、绿色”的园区，提升园区的社会和经济价值，开创智慧园区的立体多维管理新模式，从而实现园区经济可持续发展的目标。

⑤ 智慧交通。在智能交通领域，利用基础交通设施、动态交通、时空、地理等基础设施，结合物联网、云计算、大数据、移动互联等前沿IT技术，汇集各类交通资讯，提供实时交通数据下的交通信息服务。通过运用仿真

参考视频：“看不见的城市交警”

算法等技术，使智慧交通具有系统性、实时性、信息交流的交互性、服务的广泛性，有效解决了交通感知难、出行难、治理难、维护难的行业痛点，进一步提升交通能力，助力建成便捷顺畅、经济高效、绿色节约、智能先进、安全可靠的现代化品质国家综合立体交通网，实现“交通强国”的目标。

⑥ 智慧能源。在智慧能源方面，整合大数据、人工智能、物联网等新一代以资讯科技为基础，构筑符合实体都市能量的数字化都市能量体系，发掘真实数据需求，建立科学决策流程，以数据分析为导向，以数字化、虚拟化、全态实时化、可视化、协同运行管理、智能化，实现实体与数字城市的虚实互动。“智能化”技术提高了能源转换效率，提高了能源传输效率，提高了能源基础设施的利用效率，提高了能源与经济社会的融合效率，促进了能源系统的高效、清洁、低碳。

(4) 智慧医疗。

党的二十大报告提出，“加快实施创新驱动发展战略。”“坚持面向世界科技前沿”“面向人民生命健康，加快实现高水平科技自立自强。”智慧医疗以创新人工智能技术为底，以解决医院、患者及亚健康人群、社区公共卫生、制药在医疗场景中的痛点为目的，其目前已经成为各国的重要战略。在未来的发展中，如何降低医疗费用，丰富医疗资源和形式，创新防治方法，将有助于缓解看病贵、看病难的问题，减少疾病，提高生活质量。人工智能技术是近几年快速成熟的产物，在医疗卫生领域得到了广泛的应用，包括智能诊断、影像分析、数据治理、健康管理、精准医疗、新药开发等。过去，医生根据自己的医疗知识和临床经验，根据病人的体征来判断病情、病程。如今，人工智能应用于医学诊断，使计算机能够“学习”医学知识，“记忆”大量的历史案例，识别医学图像，构建智能的医疗诊断系统，如图 2-21 所示。

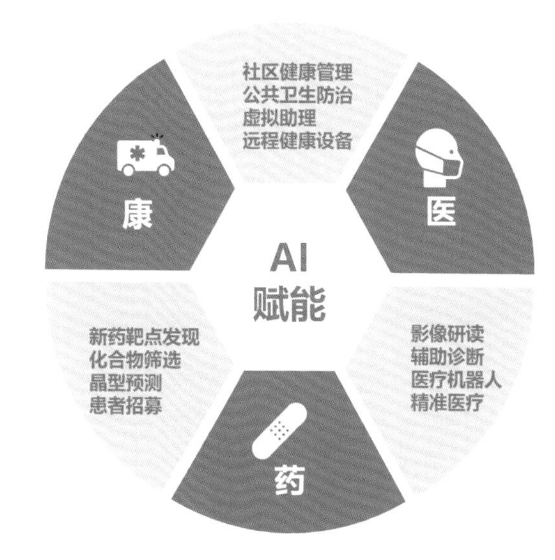

图 2-21　AI 赋能“医、药、康”环节

在当前的医学诊断行业，虽然人工智能无法代替医生，但它可以帮助医生提高诊断的效率和减少错误率，同时也可以缓解边远地区的医生短缺问题。此外，其衍生应用能够增强人们对疾病的认知，创造出更多的健康场景，推动医学影像诊断、药物研发和临床试验、公共卫生防治、居民健康管理等方面的发展，对传统医学的智能化变革产生了深远的影响。

由于互联网、物联网、人工智能等技术的不断发展，加上可穿戴设备、家用监控设备等的广泛应用，人们对人体的健康进行建模已不再是一种奢望。具体而言，就是利用大数据和物联网技术，对用户的身体指标、临床反应、医疗诊断结果进行实时分析，从而构建健康知识图谱；通过比较和分析，为客户提供个性化的医疗服务；通过对营养、运动、睡眠等多维度的介入，逐步改变不良的生活方式，使其养成良好的生活习惯，减少患病。另外，我们还可以把健康知识图谱和医学知识图谱相结合。通过这种方式，用户不仅能了解疾病的风险和发展趋势，而且能提供更准确的症状、药物、危险因素、医生诊断等信息。在信息与通信技术的推动下，将来的治疗方法将不会是一成不变的。例如，拥有强大的计算能力，以及高度智能化的深度学习系统，将会深入药物治疗、靶区自适应放射治疗、康复机器人的精确控制等领域。其相关技术应用可有效提高就医治疗效能，如下所述。

① 互联网：互联网平台的打造使得民众可以借助线上平台挂号、预诊分诊，尤其是为慢性病病人提供常规的诊疗，节约了很多时间，为就医提供了便利。

② 大数据：医学大数据的应用越来越广泛，在满足人们健康需要的同时，也在不断创造新的价值，成为保障全周期、全方位健康的重要突破口。

③ 5G 通信：为医学应用提供一个很好的网络传输环境。

④ 人工智能：全方位模拟人工，智能化管理系统大大提升了工作的效率和准确度。

其主要解决的核心问题和典型智慧医疗应用场景如下所述。

① 核心问题：医疗数据的积累，快速准确、低成本的诊断，安全的治疗方案，结合基因技术的精准医疗。当下人工智能在医疗领域应用广泛，从最开始的药物研发到操刀做手术，现今人工智能都可以做到。医疗领域的人工智能可划分为 8 个主要方向，包括医学影像与诊断、医学研究、医疗风险分析、药物挖掘、虚拟护士助理、健康管理监控、精神健康及营养学。

② 典型智慧医疗应用场景：在对“人工智能 + 医学”的基础技术进行分析的基础上，人工智能技术的发展为传统的医学产业提供了更高的运算能力、更深入的知识和更精确的数据分析，如图 2-22 所示。其中，机器学习、计算机视觉、自然语言处理、图神经网络等，在医学影像识别、辅助诊断、药物研发、医疗机器人、健康管理等方面都有很大的突破，如表 2-8 所示。

目前，人工智能技术在医疗领域的应用主要包括医学影像、临床辅助决策、精准医疗、健康管理、医疗信息化、药物研发及医疗机器人等，以助力降本增效、提升诊疗水平、改善患者体验、降低患病风险等为核心目的，全面赋能院前、院中、院后各个环节，如图 2-23 所示。

（5）智能制造。

2020 年，全球各地的企业都经历了前所未有的变化，人们发现数字技术的使用却在日益增加并且面临的冲击相对最小，促使更多的企业反思过去、审视当下并重新规划未来策略。对于智能制造的

数字管理
物联网与大数据
患者身份识别
工作人员身份识别
设备智能管理
环境检测
医疗运营管理
人工智能
智能药品储存管理
质控管理
健康监测评估管理

医学研究
物联网与大数据
移动平台协作
人工智能
临床研究数据计算
新药研发数据计算

医护教育
多媒体
全息投屏
医疗教育展区

智慧医疗服务管理
物联网与大数据
远程预约
数据采集记录
远程会诊
电子药方
病房管理
电子病历
多媒体与VR
数字化影像显示与诊疗
数字化病房管理
人工智能
机器人巡诊

图 2-22　典型智慧医疗应用场景

表 2-8　人工智能关键技术应用在智慧医疗

关键技术	介　绍	应用场景
机器学习	强化学习是智能系统从环境到行为映射的学习，以使奖励信号（强化信号）函数值最大，即最佳的行为或行动是由积极的回报来强化的	动态诊断策略、移动健康医疗检测策略、交互式 3D 医学图像分割等
	深度学习是学习样本数据的内在规律和表示层次，它的最终目标是让机器能够像人一样具有分析学习能力，能够识别文字、图像和声音等数据	病理检测与鉴别、影像结果纵向检测、自动生成报告等
计算机视觉	用计算机及其摄像系统模仿人眼对客观现实世界的三维场景的感知、识别和理解。使用计算机将图像信息处理成更适合人眼观察或传送给其他设备的图像数据	病理图像分割和配准、基于病理图像的三维建模、临床医生行为识别、病人临床生理信息检测等
自然语言处理	能实现人与计算机之间用自然语言进行有效通信的各种理论和方法。由于医疗信息和病人的病史以自由文本格式记录在病历里，自然语言处理可以帮助医生从庞大的记录中萃取出关键信息，并将文本转化为可使用的知识	新药研发中的患者招募、临床文献的语音识别、病历和报告的结构化呈现、生理数据分析、医学专业知识信息处理等
图神经网络	将图数据和神经网络进行结合，在图数据上面进行端对端的计算	脑活动分析，脑表面标示、解剖结构的分割和标记，多模态医学数据分析等

图 2-23　智慧医疗技术的架构

溯源，人们普遍认为，智能制造学术概念的提出源自美国纽约大学怀特教授和卡内基梅隆大学布恩教授于 1988 年发表的《制造智能》。近年来，智能制造越来越受到人们的重视，如美国已建立了“智能制造领导者联盟”，将智能制造（Smart Manufacturing，SM）定义为“对先进的智能系统的强化应用，以使得新产品迅速制造、产品需求的动态反应及对工业生产和供应链网络的实时优化成为可能”。在信息化大背景下，工业和信息化的融合，产业催生了新的工业发展形态。2013 年 4 月，德国政府宣布启动“工业 4.0”(Industry 4.0）国家级战略规划，意图在新一轮工业革命中抢占先机，奠定德国工业在国际上的领先地位(图 2-24)。而我国为实现制造强国的战略目标，作为主攻方向，于 2015 年由国务院发布了《中国制造 2025》战略规划。美德中智能制造业战略对比如表 2-9 所示。

表 2-9 美德中智能制造业战略对比

	美国 先进制造业发展计划	德国 工业 4.0	中国 制造 2025
发展基础	制造业信息化全球领先，尤其在软件和互联网方面，如全球 10 大互联网企业占有 6 个	工业自动化领域全球领先，精密制造能力强，高端装备可靠性水平高	制造业总量大，水平参差不齐。互联网应用基础好，如全球 10 大互联网企业占有 4 个
战略重点	关注设计、服务等价值链环节，强调智能设备与软件的集成和大数据分析	着眼高端装备，通过信息物理系统（Cyber-Physical System，CPS）推进智能制造	提高国家制造业创新能力，推进信息化与工业化深度融合，强化工业基础能力，加强质量品牌建设，全面推行绿色制造
重点方向	加大技术创新投资，建立智能制造体系，培育“再工业化”主体	建立智能工厂，实现智能生产	智能制造作为主攻方向
技术举措	工业互联网	信息物理系统	“CPS+工业互联网”

德国工业 4.0 是充分整合、优化虚拟和现实世界中的资源、人才和信息，致力于打造高灵活度、高资源利用率的“智能工厂”，实现从产品开发、采购、制造、分销、零售到终端客户的连续、实时信息流通。其目的是贯穿整个商业价值链的“数字线程”，提高信息透明度，实现运营成本大幅降低、产品高度个性化，以及灵活高效的制造与产品开发流程，并促进商业模式的创新。

图 2-24 德国“工业 4.0”所需要的技术基础

智能制造发展历经自动化、信息化、互联化、智能化 4 个阶段，分别为自动化（淘汰、改造低自动化水平的设备。制造高自动化水平的智能装备）、信息化（产品、服务由物理到信息网络，智能化组件参与提高产品信息处理能力）、互联化（建设工厂物联网、服务网、数据网、工厂间互联网，装备实现集成）、智能化（通过传感器和机器视觉等技术实现智能监控、决策）。“工业 4.0”也被称为工业物联网或智能制造，是一种把实体生产和操作与智能数字技术、机器学习和大数据结合起来的技术，为企业提供一个更加全面和互联的生态体系。

① 智能制造的定义。

根据中国工程院李培根院士在其最新出版《智能制造概论》一书中的定义，对智能制造的相关概念进行如下介绍。

智能制造：把机器智能融合于制造的各种活动中，以满足企业相应的目标。

智能制造系统：把机器智能融入包括人和资源形成的系统中，使制造活动能动态地适应需求和制造环境的变化，从而满足系统的优化目标。

相关概念节点及关联：制造活动，包括设计、工艺、加工、设备运维、购销、财务等；机器智能，包括物联网、智能传感、大数据、人工智能等。

智能制造的特征：融合、动态适应、需求、环境、优化。其中，融合包括人、制造活动、机器智能、社会、可持续发展等。

综合以上可知，智能制造是指通过制造业的信息化和智能化，完成从传统工厂到智慧工厂的升级，并实现商业流程和价值流程的优质整合。它具有自感知、自学习、自决策、自执行、自适应等功能的新型生产方式；与传统直线流程制造相比，智能制造可赋予制造业体系多组织协同。智能制造的核心价值包括降低成本、优化产出、降低能源消耗、改善用户体验、改善生产流程、全面提高制造业企业的价值，将其从单一制造商转变为服务供应商。

② 智能制造中的工业物联网。
工业物联网（Industrial Internet of Things, IIoT）是指将数以亿计的各种具有感知、监控功能的采集、控制传感器或控制器，内置到生产体系中的工业设备、运输、零售环节（如工厂里的机器、运送原料的发动机等）并连接到无线网络以收集和共享数据。工业物联网能够实时地提供非常详尽的数据，深入了解更广泛的供应链，从而帮助企业对自己的商业过程有更好掌握，并且能够通过对传感器的数据进行分析，提高企业的业务效率、质量、资源的利用率，或者创造新的利润。应用领域包括制造业供应链管理、生产过程工艺优化、生产设备监控管理、环保监测及能源管理、工业安全生产管理等方向。所以，工业物联网技术可以解决物流、制造、供应链等方面的难题。在现有的公司使用工业物联网是一种互补，可以减少运行费用，并保证在不同的行业生产过程中达到最好的品质。

③ 智能制造中的数据。
从数据处理的角度看，智能制造数据可以分为原始数据与衍生数据。从数据源的角度来看，可以将智能制造数据分为研发数据域（研发设计数据、开发测试数据等）、生产数据域（控制信息、工作状态、工艺参数、系统日志等）、运维数据域（物流数据、产品运行状态数据、产品售后服务数据等）、管理数据域（系统设备资产信息、客户与产品信息、产品供应链数据、业务统计数据等）、外部数据域（与其他主体共享的数据等）。从数据取得的角度来看，常用的数据获取技术以传感器为主，结合 RFID、条码扫描器、生产和监测设备、PDA、人机交互、智能终端等手段实现生产过程中的信息获取，并通过互联网或现场总线等技术实现原始数据的实时准确传输。在智能化的工业时代，通过应用信息物理系统，将供应信息、制造、销售等信息进行数据化，通过人工智能的运算，最终实现个性化的产品供应。

物联网技术、传感器技术、数据传输技术、数据治理技术等在整个体系中的应用，为实现工业智能化转型提供了坚实的数据和数据依据。工业智能产品能够有效地改善企业的生产工艺，减少企业的参与，并为企业提供智能化的解决方案。

④ 智能制造的发展现状。
20 世纪 90 年代，我国提出了“以信息化带动工业化、以工业化促信息化”的口号，并大力推行计算机辅助设计（CAD）、物料需求计划（MRP2）和企业资源计划（ERP），实现了数字化生产。随着我国网络的普及，人工智能技术的突破，制造业的数字化转型也在逐步深入和提升，并进入了一个真实的智能制造时代。据《2017—2018 中国智能制造发展年度报告》显示，我国已初步建成 208 个数字化车间和智能工厂，覆盖十大领域和 80 个行业，初步建立起与国际同步的智能制造标准体系。在全球的 44 座标杆工厂中，有 12 座工厂位于中国，并且其中有 7 座为端到端标杆工厂。

传统的工业机器人的运行路线、操作行为，都有专门的程序设计与编程语言，因此，其运行周期较长，运行费用较高。同时，协同机器人还能利用拖动示教、自然语言、可视化的程序设计，实现对新工作的快速编程和调试，并能很快地完成工作。在流水线上，自动移动机器人可以完成流水线的物流和无人化，如生产作业的无人化下料、取料、送料等。未来，消费者的观点和决策可以直接介入产品的设计，如用户可以根据客户的需求，自行选择合适的产品，然后开始生产。如此一来，整个生产模式就会真正地进入个人化的阶段，而随着产品的模块化，产品的种类也会变得更加精细，从而为消费者提供更多的选择空间，并实现个性化的生产。

⑤ 智能制造的应用。

人工智能在制造业中的应用广泛，围绕提升效率、降低成本、增加产品和服务价值及探索新业务模式等价值定位产生了不同的应用场景，如表 2-10 所示。其核心目标包括缩短生产周期、降低人工成本、提升良品率。因此，需要把机器智能融入制造的各种活动，融合机器智能、制造活动、组织目标，实现原物料与组件供应链、生产、服务、运营合一，使制造活动能动态地适应需求和制造环境的变化，从而满足系统的优化目标；通过持续改进，建立高效、安全的智能服务系统，实现服务和产品的实时、有效、智能化互动，为企业创造新价值。智能制造的应用有如下优势。

- 物品处理：各种全自动流水线、自动分拣、仓储和配送机器人都在逐渐地被运用。在人工智能的基础上，每一件物品都能在最短的时间内得到最好的运送。

- 生产规划：在给定工单、可用资源、约束条件和企业目标等条件下，如果在优化生产方案中添加了相关的信息和数据，则可以使系统执行许多假定任务，从而找到最优方案。

- 品质管理：如在质检中采用机器视觉，利用机器学习算法，在高精度产品质检上，可超越人类的视力，发现细微的瑕疵。

- 现场操作：包括工艺优化，如对生产状况的智能感知、自适应决策，以实现最佳的操作指标和自我修复。

- 预报维修：根据历史资料，与设备的工作状况相结合，对操作风险进行预测，协助分析故障的成因，指导维修保养。

- 其他：通过对工业机器人的赋能，提高焊接机器人的操作精度和效率，提高质量控制机器人的精度。

⑥ 智能制造的新蓝图。

随着人工智能、物联网、大数据分析和云平台等数字化技术与制造核心环节的融合应用，智能制造转型及发展随之迈入新数字技术使能的自动化、信息化、网络化、智能化征程，我们称之为智能制造新四化（简称“新四化”）。

“新四化”的终极目的是实现企业内外价值链的连接，实现动态的需求驱动型智能制造。在实现这一终极目标时，按照企业数字化技术与生产流程的融合程度，将其划分为不同的成熟期，如图 2-25 所示。

表 2-10 智能制造的应用

智能装备	包括加工、装配、工厂运行相关装备，如自动识别设备、人机交互系统、工业机器人
智能工厂	包括智能设计、智能生产、智能管理及集成优化
智能服务	包括云服务平台、大规模个性化定制、增值服务、远程运维及预测性维护等具体服务模式
智能供应链	通过泛在感知、系统集成、互联互通、信息融合等信息技术手段，将工业大数据分析和人工智能技术应用于产品的供销环节，实现科学的决策，提升运作效率，并为企业创造新价值

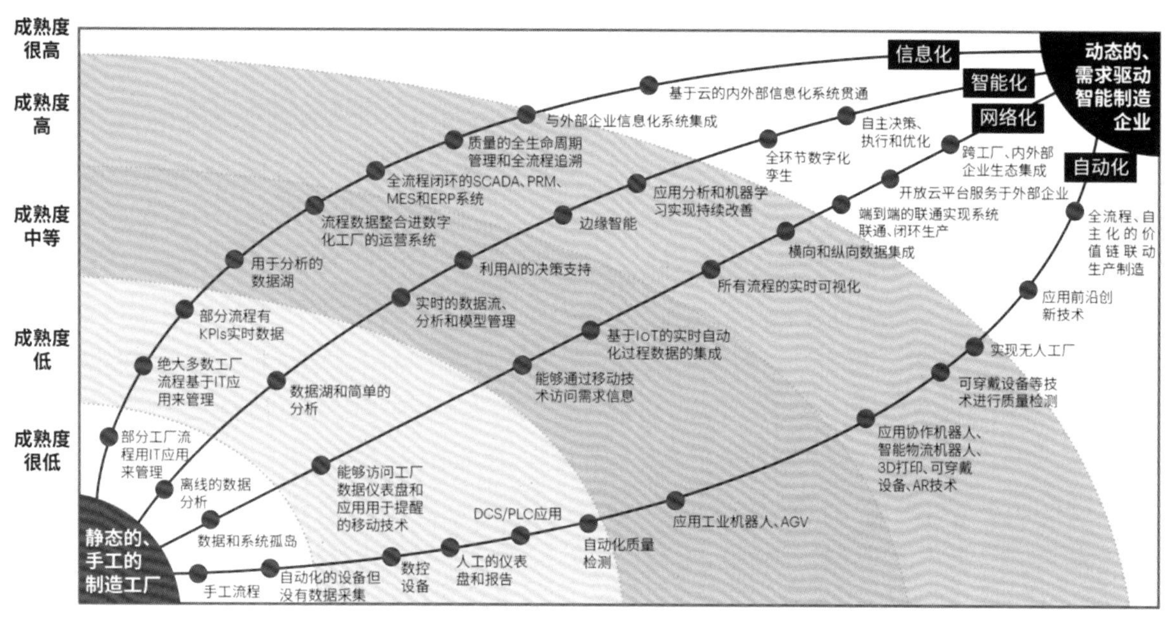

图 2-25　智造核心环节中的“新四化”成熟度模型

自动化：通过自动化生产线、数控机床、机器人、3D 打印等新技术的运用，使整个生产线和工厂的控制和流程得以优化，从而提高产品质量和生产效率，实现精细控制。

网络化：设备、系统、资料的连接是批量制造的关键。大规模的数字连接是基于物联网、云计算、5G 通信的大型数字连接，实现了工业、车间、工厂、内外客户的一体化。

智能化：在生产流程中进行智能的优化与决策。制造企业通过工业互联网和人工智能等新技术，实现智能决策，实现对核心环节的数字孪生和智能制造优化，实现自主决策、自主执行、自主优化。

信息化：在企业的生产流程中运用软件系统。随着企业自动化程度的提高，对软件系统提出了更高的要求。企业通过软件系统的连接，实现了对数据的集成与应用，使生产过程更加透明、可视、可控。在今后的发展中，制造业将进入高度成熟的信息化阶段，并实现大规模的内部和外部信息系统的互联。

人工智能为制造业的发展带来了新的机会，对制造业的转型升级起到了积极作用，对人工智能和商业场景的融合也起到了促进作用。制造业将进入一个更加广阔、更加成熟的生态系统，将发展出更加智能、更加网络化的新产品，从而推动整个行业的生产、服务和商业模式的提升。人工智能技术可以广泛地应用于生产的各个阶段，如产品的开发、生产的预测、生产线上的缺陷检测、生产的优化、机器的预见性维修。随着人工智能技术与制造业的结合，将会带动产品的智能化、网络化，“软件 + 网络”也将逐步形成其产品的重要组成部分。在未来，产品设计、任务分配、设备功能和物流配送等方面将得到灵活的重构，从而达到以人为本的新型制造方式。随着 3D 打印技术的不断完善，在产品生产甚至可以省去模具制造、流水线调整等过程，由顾客自行设计、自主制造，创造出一种全新的个性化制造模式。在数字化的帮助下，供应链也将变得可视化、网络化，从而提高企业适应多变的市场条件。面对未来，多元化的消费者需求也在改变着生产方式，推动着企业的生产方式变革。企业要想拓展业务，就必须抓住机会，实现企业在接到紧急订单后，迅速扩大生产。但是，由于缺乏劳动力，很多公司都白白地错过了机遇。这要求这些公司能够快速地利用新的生产力来填补空缺。从产品到消费的全过程，消费者的角色正在发生重大转变，决策重心逐步转向上游，而参与的范围也会不断扩大。例如，在传统的大批量生产时期，很多公司自行设计和制造，由顾客选择产品。由于这些公司对顾客的需要掌握得更加精确，所供应的商品种类也日益丰富，给消费者选择的余地更大，但同时也带来了大量的商品库存积压问题。

3. 智能出行：自动驾驶汽车

随着人工智能芯片、5G 车联网通信模块、光学雷达、驾驶人监测系统、车用视讯、GPS 卫星导航等技术臻于成熟，使智能出行成为现实。自动驾驶系统是通过车载传感器和高精地图收集处理信息，识别障碍物和标志信息，来判断选择适合的行驶路径。自动驾驶汽车是综合运用多种人工智能技术的代表性产品，通过自主规划、决策和控制，实现自主无人驾驶。无人车利用多种雷达、摄像头及高精地图等对周围环境建立感知，通过深度学习、计算机视觉等方法，对路况、信号灯和环境中的行人、车辆、障碍物等进行识别，最终通过智能规划与决策控制车辆的行为。自动驾驶汽车是通过车载环境感知系统感知道路环境、自动规划和识别行车路线并控制车辆到达预定目标的智能汽车，是汽车智能化和网络化的体现。车联网实际上是自动驾驶汽车发展的配套基础设施，也是智能交通的必要前提，整个过程由车辆位置、速度和路线信息、驾驶人信息、道路拥堵、事故信息及各种多媒体应用领域等重要信息元素组成，并且通过大数据和云计算实现网络化交互性控制。无人驾驶技术能够降低交通风险，提高驾驶安全性，同时提高道路交通效率，避免道路阻塞。此外，由于驾驶安全性及效率的提升，带来潜在的效益，如油耗的减低、保险维修费用的减少、环境污染排放物的减少、停车位需求的减少等。目前，代表性的自主式无人车有 Waymo 无人车、特斯拉 Autopilot 及百度 Apollo 等。如图 2-26 所示为 Hachi 无人驾驶通勤车。

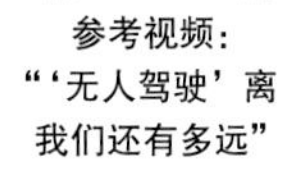

参考视频：
"'无人驾驶'离我们还有多远"

包含环境感知、控制决策，能自主规划路线和合理避障，以及能自主平稳行驶。

图 2-26 Hachi 无人驾驶通勤车

根据国际汽车工程师协会（Society of Automotive Engineers，SAE）分级制度，国际自动驾驶技术划分标准分为 6 级，如表 2-11 所示。一般来说，只有达到 Level 3 以上，才能实现无人驾驶（即无须人为操控），Level 4 车辆将全部交给系统。Level 4 与 Level 5 的区别主要在于是特定场景还是全场景应用。

表 2-11 国际自动驾驶技术划分标准

级 别	概 念
Level 0	无任何自动驾驶功能，但可提供定速巡航，该功能并不会因路况主动调整速度，必须通过驾驶员手动自行调整。这也意味着驾驶员必须全程操作方向盘、油门与刹车，也就是完全人为驾驶
Level 1	辅助驾驶主要操作仍由驾驶员负责，而系统会依据驾驶员提供的路况资讯，在特定状况下介入操作，其中包含防锁死刹车系统（ABS）与动态稳定系统（ESC），两者都是在驾驶员操作不慎时辅助介入，其他如上坡起步辅助（HAC）、循迹防滑控制（TRC）等功能，也都是为了确保驾驶员行车更加安全
Level 2	部分自动化 Level 2 自动驾驶功能目前是市面的主流技术，其定义说明与 Level 1 相同，依赖驾驶员提供资讯给车辆，不同的是 Level 2 可提供的安全辅助更加多元，如自动紧急刹车（AEB）、主动式巡航控制（ACC）、车道偏移辅助（LKA）等主动安全系统，尽可能提早避免因路况原因使驾驶员暴露在高风险的行车环境中
Level 3	有条件自动化 Level 3 自动驾驶功能类似特定驾驶模式，在 60km/h 以内，驾驶可以完全交由系统自行控制，但当超出规范，则必须回归至手动驾驶操作
Level 4	车辆将完全交由系统自动操控，驾驶员只需输入信息便可到达目的地。值得注意的是，就定义而言，系统仍有可能因为受限环境条件无法执行，因此车辆仍保有方向盘、油门与刹车等手动驾驶装置，便于人为切换操作
Level 5	目前都仅限于概念车展示，由于车辆已经可以配合所有环境条件，故座舱内完全取消人为操作装置，完全符合未来的科技化设定

全自动驾驶是国际汽车工程学会定义的Level 5自动驾驶水平，是指由车辆完成所有驾驶操作，人类驾驶员无须保持注意力。全自动驾驶的实现依赖于车本身的单体智能和车联网技术构造的群体智能，是实现智能交通的重要手段，也是人们生活高度智能化程度的一个重要特征。未来，在实现全自动驾驶后，车对于人来说，不再只是一个交通工具，更是一个办公场所或娱乐休闲场所，驾驶员可以彻底释放双手双脚，可将更多的时间和精力投入其他喜欢的事情上。

5G 通信技术的发展使互联网发展迈向新的高度，基于互联网发展的车联网也给各个产业带来革新。同时，5G 通信技术的产生将促进大数据管理从而使车联网成为可能。车联网是以车内网、车际网和车载移动互联网为基础，按照约定的通信协议和数据交互标准进行无线通信和信息交换的大系统网络，是能够实现智能化交通管理、智能动态信息服务和车辆智能化控制的一体化网络，也是物联网技术在交通系统领域的典型应用。车联网是物联网的具体应用及表现之一，它以车为节点和信息源，通过无线通信等技术手段获取车本身及车外部等属性，并加以有效利用，从而达到人—车—路—环境的和谐统一。在无人车逐渐落地、智能交通设施和云平台不断完善的背景下，以无人车为核心的服务体系能够在提升安全、减少拥堵、改善健康、提高生产力、共享交通等方面带来巨大好处，并将逐渐成为改变城市交通管理与运营方式的新的服务体系。

对受益于无人车服务体系的用户而言，其角色也发生了根本性的转变，用户不再注重驾驶任务的体验，而更多地考虑出行整个旅程的体验。因此，汽车不再作为单一的产品为驾乘人员提供服务，而是作为未来出行服务体验中的关键承载和核心接触点。目前，自动驾驶已经得到了全社会的关注并取得了部分进展，但距离实现全自动驾驶还有相当长的路要走。要实现全自动驾驶，需要依赖于网络技术、人工智能技术及各类传感技术等的共同进步，且需要有更多的政策支撑。对于车联网技术本身，随着 4G、5G、6G 通信的不断演进，为实现全自动驾驶提供更加优质的网络技术支撑。无人驾驶系统主要传感器性能对比如表 2-12 所示。

全自动驾驶在网络方面除了车联网技术本身对时延、可靠性等方面的持续演进，在线训练、实时更新、速率等方面有新的需求和挑战。其中在车联网技术中，低时延和高可靠是保证车辆安全的重要因素，可以依赖于路边设备实现超过目前车联网的性能，即低于1ms的传输时延和高于99.999%的可靠性。此外，在全自动驾驶的实现中，感知、通信、计算一体化是必不可少的。借助先进的人工智能算法，根据感知信息、设备状态及网络环境，实现个性化的行车规划，提升出行效率和保障出行安全。目前，无人驾驶典型应用场景如表2-13所示。

参考视频：“欧洲无人驾驶卡车技术”

参考视频：“亚马逊无人驾驶出租车”

随着Level 4的自动驾驶规模商用，数据被源源不断地送往数字孪生，在数字世界中不断学习训练，最终自动驾驶将变得越来越聪明，并将在应对复杂路况、极端天气时超越人类，实现更高级Level 5的完全自动驾驶。预计电动车将于5～10年取代传统的计算机、智能型手机与上网设备。未来的电动车可能并非你我所能想象的那样，其除了可以扮演交通工具、运送货物与传输各种信息外，也能连接家庭计算机与家用电器，像是人工智能与机器人合作，通过5G通信和物联网结合，还可以帮助育儿、做家事、购物等，如此方便的生活将成为一种新趋势。未来出行是一个多维的创新系统，通过电气化、自主化、共享化、网联化打造一个智能便捷低碳的出行体验，需要有新能源技术的创新应用，安全稳定的自动驾驶算法，低成本可靠的各类传感器、高速稳定的一体化

表2-12　无人驾驶系统主要传感器性能对比

指　标	激光雷达	毫米波雷达	超声波雷达	摄 像 头
探测距离	<150m	>150m	<10m	<100m
视角	1°	最小2°	90°	视镜头数量而定
分辨率	>1mm	10mm	差	差
整体精度	极高	较高	高	一般
温度适应性	好	好	一般	一般
脏/湿度影响	差	好	差	差
穿透力	强	强	强	差
成本	高	较高	低	一般
优势	测量精度高、可三维建模	不受气候影响、探测距离较远、测量精度高	测量精度高、成本低	成本低，还可识别行人和交通号标志
劣势	测量精度会受气候变数影响、成本高	难以识别行人、成本高	探测距离近	仰赖光源、受气候变数影响、不够精确

表2-13　无人驾驶典型应用场景

工程领域	如挖掘机、推土机等
城市维护	如扫地车、洒水车等
物流领域	如无人车物流配送、无人集装箱运输车等
安防领域	如巡逻车、消防车等

网络，以及基于强大算力交通管理大脑。通过移动第三空间，重塑出行体验，孵化创新的出行服务，带动周边行业的商业模式的更新迭代。例如，城市智能交通管理系统优化资源调配，通过提升交通工具的共享效率，帮助缓解交通拥堵，降低出行带来的环境污染，让不断激增的出行需求和环境对低碳的追求不再是一个矛盾体。

4. 智能可穿戴设备

科技的发展与完善及互联网、“互联网 +”的普遍应用，使得智能可穿戴（Smart Wearable）设备不断涌现，并且与其他各个领域广泛地结合。智能可穿戴设备是在生物传感技术、无线通信技术与智能分析软件支持下实现用户交互、人体健康监测、生活娱乐等功能的智能设备可穿戴技术为连通性、安全性和保健提供了全新的解决方案和特性。其不仅是一种硬件设备，而且可以通过特定的软件实现数据、云端等多个平台的交互，并与无线通信、GPS、多媒体等系统相结合。智能可穿戴设备的功能覆盖人体健康管理、运动检测、休闲娱乐等诸多领域。最为明显的是，它们可以和用户建立更私密的联系，其特征是轻便、智能、持久、美观（图 2-27）。

（1）智能可穿戴设备的定义。

智能可穿戴设备应具有良好的可穿戴性，其定义为“可穿戴设备的物理形态及其与人体形态的主动关系”。应用智能可穿戴式技术对人们日常的穿戴进行智能化配置，将各种传感、识别、连接和云服务等，植入人们的眼镜、手表、手环、服装、珠宝、护具、手表和鞋子等日常穿戴中。

由 Intel 公司和时尚品牌 Opening Ceremony 共同设计开发。
图 2-27　Intel 推出的 MICA 智能手环

智能可穿戴设备的底层核心技术是传感技术，而生物传感是行业内重要的传感应用技术，被广泛应用于各个领域和产品形态中。生物传感器通过采集生物的生理信号，将其转化为计算机可读取的电信号，相当于作为一个信号转换器的角色，帮助后台智能分析系统进行下一步数据分析。智能分析系统提供后端平台数据处理、分析、应用。智能分析系统一般作为软件对生物传感器输出的电信号进行处理得到数据汇总，再进入数据分析层得出所需要的生理信息。智能可穿戴设备集成了远程传感器、信息嵌入等技术，能够实时采集用户的身体习惯和生理数据，实现智能调控、健康监测并完成信息传递等功能的移动智能终端。在智能可穿戴设备的设计中，通过研究情绪、手势、身体姿态、自然语言等复杂人类行为，发现许多消费者面临着产品使用和服务反馈等相关用户体验问题。智能可穿戴设备的特性如表 2-14 所示。

（2）智能可穿戴设备的工作原理与技术。

智能可穿戴设备运用的底层技术原理主要是将传感器采集到的物理信号转化成电信号，通过后台智能分析系统对电信号做出数据计算和分析得出信息，如图 2-28 所示。其主体主要是由底层的硬件技术传感器与后台软件智能分析系统两部分组成，其中，生物传感器是智能可穿戴设备中非常重要的一类传感器硬件。

智能可穿戴设备需要新的封装技术、新的基板、新的功率和低功耗，以及新型的连接性、灵活性、耐用性和时尚性。在技术壁垒方面，采用柔性的、

表 2-14 智能可穿戴设备的特性

特 性	内 涵
可移动性	用户在任何状态下都可穿戴设备，不受空间及身体状态的限制，使其应用更加灵活、广泛
可持续性	在应用时间和数据分析监测方面具有连续性，设备可长期积累数据，以形成周期性的数据分析报告
可传感性	最底层技术原理是生物传感技术，生物传感器可感知人体的生理信号
数据可监测性	设备本身价值并不大，关键在于其获得的数据与提供的服务，如心率、血压等健康类数据，数据服务越垂直、越深度往往价值越大

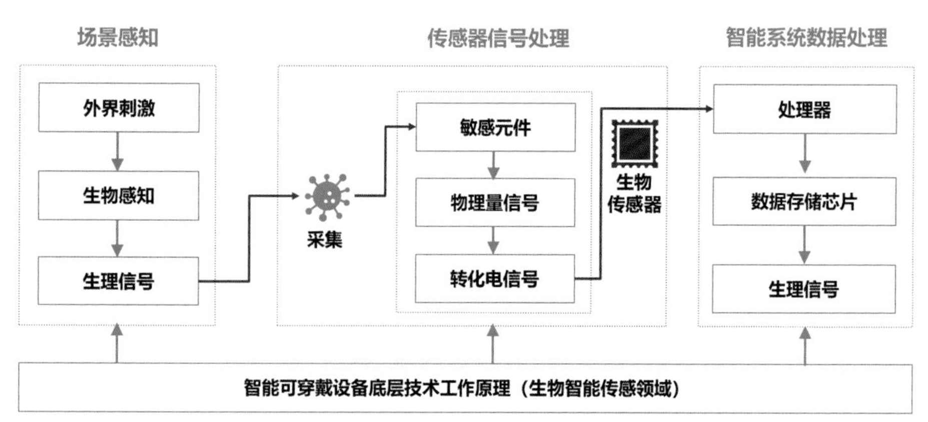

图 2-28 智能可穿戴设备底层技术工作原理生物智能传感领域

贴身的衬底已是一种潮流。原来的衬底是由硅及其他类似的半导体材料制成，而新的衬底则是使用柔软的材质，如纺织品、织物、塑料、凝胶、生物膜等。

(3) 智能可穿戴设备的发展类别。

目前，智能可穿戴设备如雨后春笋般蓬勃发展，但这仅仅是行业长期可持续发展的初级阶段。智能可穿戴设备是指任何佩戴在身体部位上并执行计算动作的电子设备。目前，智能可穿戴设备被用于各个领域，包括健身、保健、医疗、信息娱乐和军事行业，适合于穿戴的物品包括衣服、珠宝、护具、手表、眼镜（图 2-29）和鞋子等。智能可穿戴设备也不再局限于传统的单一性功能，通过与首饰饰品的结合满足消费者的审美需求，已逐渐成为智能可穿戴设备新的设计定位。

图 2-29 Bosch 微型投影系统 Light Drive，可以将一般眼镜变成智能眼镜

(4) 智能可穿戴设备的发展关键。

随着经济和技术的进步，人们的审美意识也在不断地改变，对智能装备的需求也在不断地提升。随着装饰性、情感性的智能可穿戴设备的出现，其自身的艺术化、时尚化、消费化等特点越来越明显。可穿戴式 AIoT 个人终端产品因其与用户身体直接接触，其最核心的价值也在于对用户生理

数据的感知与分析，用户对于相关信息的感知是使用体验的重要影响因素。智能可穿戴设备开发中仍然存在许多问题，如功能过于强调软件更新流程、风格设计趋向同质化、缺少装饰、某些功能用户体验不佳、使用者使用率偏低、材料单一、技术限制等，限制了智能可穿戴设备的发展。智能可穿戴设备使用案例一旦变多，其所产生数据将变得越来越有价值。通过分析这些数据，或者整合不同来源的数据，既可发挥数据的价值，也给未来可穿戴设备的研发带来正面循环。现在来看，数据最高的价值可能是来自医疗保健产业，通过可穿戴的设备、衣服、贴片等即可建立生态系统充分分析数据。随着超低成本的微处理器不断的商品化，所有类型的市场都将出现有趣的应用，如智慧传感器、智能标记。

(5) 智能可穿戴设备的应用实例。

近年来，由于传感器和智能化程度的提高，人工智能技术与医学健康领域的物联网技术研究不断深入，其数据的准确性与完整性日益成熟。常用的智能可穿戴设备应用实例及其说明如表 2-15 所示。

医生可通过医生端慢病管理设备实时了解病人的病情，获取病人的体检记录，并能对病人进行远程诊断、指导病人服用药物。如今的可穿戴式医疗设备功能强大、操作简单，患者端慢性病管理设备可实时监控患者病情，无须患者自行检测上

有可充气的表带，通过挤压用户手腕以侦测血压，已获得 FDA 认证，可随时随地在感觉不到压力的情况下测量血压。

图 2-30　Omron（奥姆龙）HeartGuide 穿戴式血压计

表 2-15　常用的智能可穿戴设备应用实例及其说明

应用实例	说　明
穿戴式健身追踪器	穿戴式健身追踪器设备配备了传感器，以追踪用户的身体活动和心跳。许多穿戴式健身追踪器通过同步到各种智能型手机应用程序提供给穿戴者健康建议，并从具备健康追踪功能的智能手表逐渐上升到移动医疗、健身设备的层次，为用户提供更加专业、自主和便携的健康功能，从而提升用户体验和实现应用场景的多元化，如智慧健康手表、手环等
穿戴式 ECG 监视器	穿戴式 ECG 监视器能够测量心电图，进而帮助用户追踪他们的心律和心跳，并测量包括血压在内的其他生命体征。例如，已经通过 FDA 认证的 KardiaMobile 6L，可检测房颤、心动过缓和心动过速；可当作胸带佩戴的 DuoEK，可连续记录心电图长达 15min，并且可以检测出心律不齐、心脏停顿、房颤等早期迹象；专为诊所和远距病患监护（RPM）应用而设计的 VivaLNK
穿戴式血压计	穿戴式血压计最理想的状态是可随时随地在感觉不到压力的情况下量血压。例如，Omron（奥姆龙）HeartGuide 穿戴式血压计（图 2-30），是智能手表加入血压侦测功能；Samsung（三星）Health Monitor 血压量测方式是基于脉搏波传递时间，也就是心脏收缩与脉搏到达特定身体部位（如手腕）的时间判断（这项数据与血压有关，因为脉搏时间越快，会造成更大血管紧缩）
穿戴式生物传感器	穿戴式生物传感器可以以手套、衣服、绷带和植入物的形式出现。在用户和医生之间创建双向反馈，并能够通过身体运动和生物流体进行连续的和非侵入性的疾病诊断及健康监测。例如，飞利浦穿戴式生物传感器是一种自动黏合式生物传感器，可测量心跳、呼吸频率、皮肤温度、身体姿势、跌倒检测、单导 ECG、R-R 间隔（RR-I）和步数。就大规模开发和采用而言，穿戴式生物传感器仍处于起步阶段，但它们具有革新远程医疗的潜力
智能服装	智能服装可用于测量身体健康状态（如身体姿势、步态障碍、跌倒检测，以及位置和生理、肌肉活动监测）的参数。这些不显眼的设备可用于跟踪和自我监测人们在不同环境中的状况，限制压力以持续监测和观察。与智能服装相关的创新技术被用于提高人们的生活质量，通过对产品、服务和流程的精心设计，改善不同领域的日常生活

传，精准度和实时性大为提高。这使其具有实用价值，无须频繁前往医院检测，大大减少了对医疗资源的消耗，也方便了用户。一旦检测到异常，连入网络的可穿戴医疗设备可以自动通知医疗机构或是相关人员及时处理，这为职业病和慢性病防治提供了长期持续治疗的时间和可操作性。例如，应用于帕金森病或阿尔茨海默病患者所使用的智能看护设备可每时每刻收集大量数据，通过部署人工智能并基于此类患者收集的数据进行机器学习后，便可以训练人工智能来协助看护此类患者。又如，人工智能可以帮助阿尔茨海默病患者改善日常饮食、穿衣、社交、阅读和游戏等休闲活动的能力，发挥保持患者参与度的至关重要的作用——在大多数情况下，这类患者也患有抑郁症和孤独症。此外，以帕金森病为例，人工智能在通过学习后会自动识别震颤和冻结步态等表现出病情持续恶化的行为，进而向医生及其家人发送通知以采取特定措施。再如，人工智能基于这类数据所进行的分析，可以极大地帮助人们预防和治疗诸如帕金森病、阿尔茨海默病等认知障碍。

(6) 智能可穿戴设备的未来发展趋势。

目前，大部分的智能可穿戴设备厂商都没有把握好使用者需要的关键因素，如美观、装饰性和象征性。在智能可穿戴设备的设计上，应该立足于使用者的使用体验，满足使用者对智能穿戴设备的功能特征与饰品设计的艺术化表现，以及针对性地提出和提升智能穿戴饰品审美要素的设计策略，倡导从功能及审美角度对智能穿戴饰品进行艺术化设计，为智能穿戴设备的功能特征与饰品设计的艺术化表现，以及设计方法相互融合提供更多的指导。在使用者的体验上，增强了智能可穿戴设备的功能和情绪上的平衡，以更好地满足消费者的情绪体验。只有把握用户的需要，切中用户的痛点，突出外观的时尚感，打破技术壁垒，融入更多的情感和文化观念，才能推动智能可穿戴设备的发展。

学者 Gemperle 等提出可穿戴性设计指引，其中涉及放置、形式语言、人体运动、尺寸、附件、遏制、重量、可访问性、感官交互、热条件、美学和长期使用等因素。有学者还强调智能可穿戴设备的重量不应影响身体运动或平衡，并且设备应尽可能靠近身体的重心。学者 Adapa 等在其一项影响智能可穿戴设备应用因素的研究中，发现健康管理应用的可用性及产品外观都对产品的采用率有较大影响。因此，在智能可穿戴设备的设计中，需要特别强调其作为贴身伴侣与时尚符号的特性。

随着时间的推移，“可穿戴设备”这个词的含义也发生了很大变化。传统的可穿戴设备是指穿戴在身上的装置，如健身追踪器、耳机和智慧手表，但随着非消费电子产业的需求不断增加，可穿戴设备的定义已扩大到我们与之互动的所有便携设备。在当前和未来的物联网世界中，将出现各种类型的可穿戴设备，以支持和改善日常工作和生活，最终让用户能够获取和管控健康、位置和工作任务的信息，如表 2-16 所示。

表 2-16 智能可穿戴设备的发展趋势

趋 势	内 容
电池续航时长	电池续航时间能长达数周，而不是仅仅几天
直觉的用户体验	提供像智能手机一样清晰、直觉的用户体验。集合多种功能的产品，以满足使用的需求
时时互联	具有快速、经济、高效的通信方式，无论是低功耗蓝牙、经典蓝牙、Wi-Fi，还是日渐兴起的低功耗 LTE 通信
外形更小巧	通过更复杂的硬件整合来减小产品尺寸，并高能效处理工作负载

习　题

一、填空题

1. 智能产品可以被概念化为4个特征，分别为：____________、____________、____________及____________。

2. 根据相关学者的观点，智能产品通常由3个主要核心组件组成，分别为：____________、____________及____________。

3. 智能产品的系统构成包括5个部分：____________、____________、____________、____________及____________。

4. 人工智能产品层级框架分别为：____________、____________、____________及____________。

二、思考题

1. 请说明智能、智能化及智能产品的概念及其内涵。

2. 请分析人工智能的特点。

3. 请说明智能产品的内涵及系统构成。

4. 请分析智能产品的特性与产品构建的要点。

5. 请解析目前人工智能赋能的主要落地形态与现今发展。

第 3 章
智能产品对产品设计的变革与冲击

由人工智能引起的技术变革促使设计方式和场景、设计师的能力象限、生产手段发生改变。从概念到实现的智能产品，不仅改变了人们对已有的产品的认识，带来了持续的颠覆，而且给生活、社会、经济、文化等方面带来了巨大的冲击，并对人类的思维、行为方式产生了深远的影响。无论时代如何变迁，设计的核心追求、价值与本质都没有发生太大的改变。然而，面对未来的智慧生活，即人工智能技术广泛应用的新时代生活，传统产品设计在工作流程、工作协同、价值定位、用户需求与期待等方面都面临巨大的挑战。智能产品与服务的设计对设计师来说，与传统产品设计相比会有怎样的变革与挑战呢？设计师应该怎样抓住这个机会，担当起怎样的角色与职责，以改变未来的智慧生活面貌？这是当今设计师必须考虑的一个重大问题。

学习目标

- 了解智能产品设计与传统产品设计的差异；
- 了解人工智能为设计带来哪些改变；
- 了解智能产品设计师应该具备什么样的素养。

学习要求

知识要点	能力要求
智能产品设计	了解智能产品设计的概念、内涵，及其与传统产品设计的差异； 了解人工智能时代的产品设计师面临的变革与冲击； 能具体指出人工智能为设计带来哪些改变
智能产品设计师的素养	了解智能产品设计师应该具备什么样的素养
智能产品设计的发展趋势	理解智能产品设计的发展趋势

3.1 智能产品设计与传统产品设计的差异

产品设计是人们的创造力与环境条件交互作用的物化过程，是为实现一定的目标而进行的一种创造性活动，影响和决定着人们的生活方式和工作方式。对于产品设计来说，智能产品设计是一种全新的思维模式和实现方法，在产品策略上，要从不同需求场景出发，开发出适合的应用方案；在产品实现上，要对不同技术运作原理有一定程度的理解，还要掌握高品质的大量数据资料。而这些需要设计师具有掌握潮流、塑造用户体验及跨领域的综合能力。

相比传统产品，智能产品更强调“联接”这种状态。此“联”非彼“连”，不是产品与手机连接这种简单的形式，更多的是与用户的生活方式、环境等因素发生互联，且不是片面的、暂时的，而是全方位的、持续的。从其内涵来看，智能互联产品具备一定的“自我意识”，能够主动感知周围的环境和状态，如具备检测功能的手环，可根据检测结果，结合用户当前的身体状态辅助用户做出正确的健康管理决策。与传统产品不同，智能产品和服务自然地密不可分，通常通过有形的产品形态和无形的服务相结合来满足用户的生态和可持续需求。传统人工智能产品与人本人工智能产品的差异如表 3–1 所示。

智能互联产品的设计越来越注重个性化、人性化，它要求有多种软硬件设备、有差异化的体验场景、有动态的系统环境，其设计已经超越了形式和媒介，有了系统化的发展。在一个具有时间、空间、社交、情感等要素的交互情境中，各个对象可以分享相关的数据和信息，形成一个整体的生态系统。与传统产品服务系统相比，智能产品服务系统的特点是智能，具体体现在感知能力、连通性、沟通能力、诊断能力、控制和认知能力等方面。

1. 人工智能为设计带来的改变

人工智能为设计带来的主要改变如图 3–1 所示，具体如下所述。

表 3–1　传统人工智能产品与人本人工智能产品的差异

对比内容	传统人工智能产品	人本人工智能产品
相同点	依赖数据驱动的算法； 呈现系统化特点； 与各种发展中的支撑技术（如柔性电子、自然人机交互、虚拟显示、可编程材料）紧密结合	
不同点	基于单一媒体形式处理信息； 技术驱动，关注产品性能； 追求更精确的结果	跨媒体智能； 以人为本，关注用户体验； 注重商业目标和设计伦理的考虑

(1) 技术变革带来的是设计方式、场景、设计师的能力象限、生产工具的变化。设计师要抓住核心，不断更新自身，保持初学者、创业者心态。

(2) 人工智能只是“材料”，如何运用需要设计师无穷的创造力。用户不会因为人工智能而使用一款产品，他们只会为解决的问题和给其带来的价值买单。

(3) 任何新技术、新场景，对于设计师而言都是新的契机，是创造更多的可能性的开始。

(4) 新时期设计需要小题大做，浅题深做。小问题可能是一个大现象，一个新原则可能是一个大机会，新时期需要更加细腻地思考和工作，只有这样才能更好地洞见机会，挖掘价值。

图 3-1　人工智能为设计带来的主要改变

在人工智能时代，设计师更需要保持对行业的敏感与知识的更新，也要善于运用和发掘智能工具，提升效率，专注职业核心。设计师是由头脑驱动创意的脑力工作者，人工智能工具是由算法驱动执行的“算力工作者”，而工具是为想法服务的。不管时代如何变迁，设计的核心目标并没有太大改变。

2. 人工智能时代的产品设计师面临着变革与冲击

设计师作为产品的灵魂工程师，意味着在视角高度上，应该具备人工智能产业发展的独特眼光；在基础能力上，应该具备人工智能技术的理解力；在评估项目时，应该具备技术可行的判断力；在商业化过程中，应该能够规划完整的产品发展蓝图。智能产品带来的设计变革与冲击如图 3-2 所示。

图 3-2　智能产品带来设计变革与冲击

(1) 产品逻辑化繁为简，用户学习门槛降低。

(2) 更注重投入产出比，将用户痛点与商业价值作为切入点。

(3) 传感器技术的进步带来更多交互行为与体验。

(4) 产品需求不一定源于确定的因果关系。

(5) 必须更了解技术水平和局限性。

因此，在智能产品时代，产品设计师主要面临的转变与挑战如图 3-3 所示。

与最小可行性产品（Minimum Viable Product，MVP）相比，更能贴近用户喜好的最小可爱性产品（Minimum Lovable Product，MLP）才是各家公司的正确选择。对于 MLP，其实最难的地方就在于找到最小和喜爱之间的平衡。所以，终极目标是努力将 MLP 做到最好。

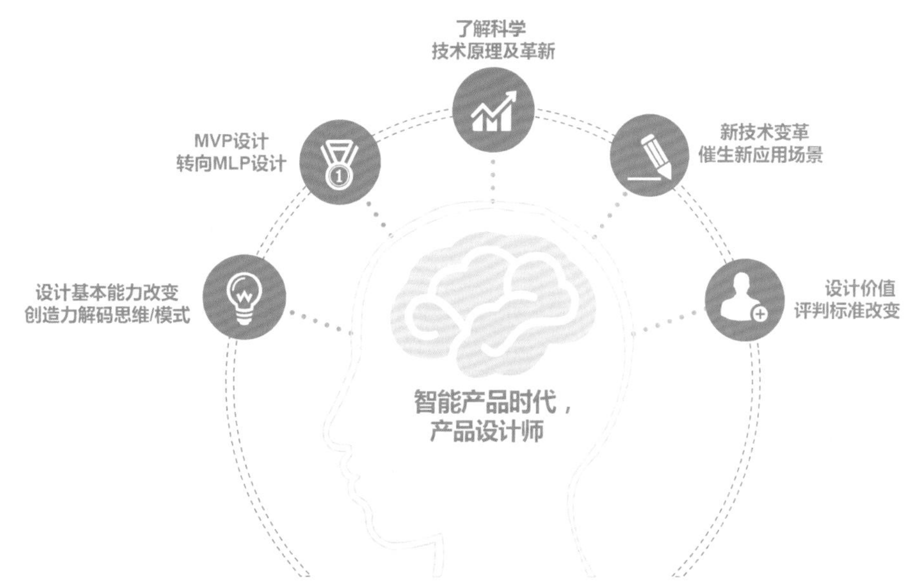

图 3-3 智能产品时代，产品设计师主要面临的转变与挑战

3.2 设计师应该具备什么样的素养

当今社会更需要能够解决复杂问题的人才，通过学科综合、技术综合、多元化的分析及不同维度的检测方式，分析并解决复杂问题；同时，能够用非技术语言，将研发过程中的技术原理及出现的问题及时与公司领导或客户进行沟通，以获取支持和认可。设计师通过协同跨界，用全新的方式创造出综合、完整、具有社会使命感的解决方案。此外，设计需要创造力和感情，恰好设计师扮演连接人工智能和人性的角色，而设计师与人工智能的关系远远要比工作取代关系深入和复杂，如图 3-4 所示。

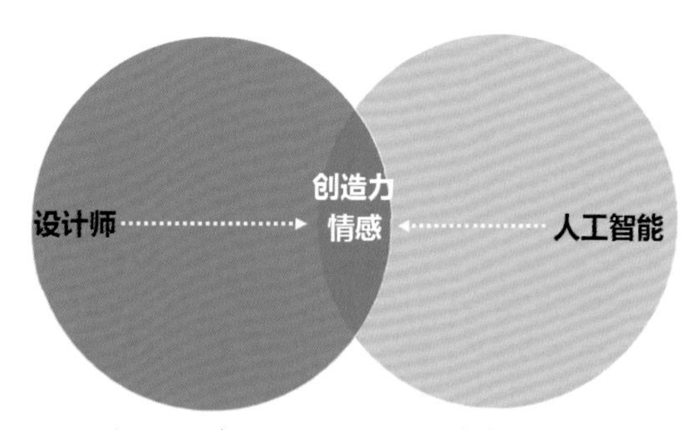

图 3-4 设计师应扮演连接人工智能和人性的角色

人工智能产品设计开发团队不仅需要懂设计，而且要懂市场、用户、业务、技术、营运。同济大学教授范凌根据麦肯锡的未来自动化模型收集到千余位设计师问卷作为基础数据，经过 6 次迭代估算出人工智能产品设计中脑机比态势，如图 3-5 所示。

此外，人工智能产品设计中任务花费时间比重如图 3-6 所示，据此可得出创意和创造将成为设计师最核心的竞争力。

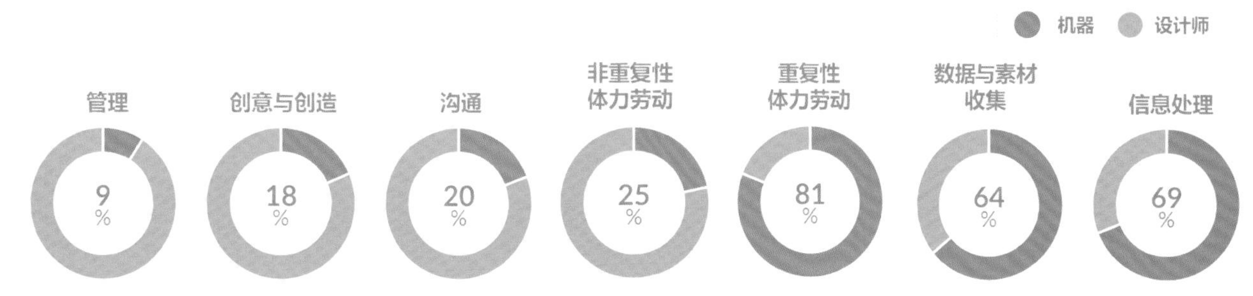

通过图示中机器参与工作的百分比数值可知：设计师的工作内容主要为管理、创意与创造、沟通及非重复性体力劳动工作，而重复性体力劳动工作、数据与素材收集及信息处理工作将逐渐转移由机器处理。

图 3-5　人工智能产品设计中脑机比态势

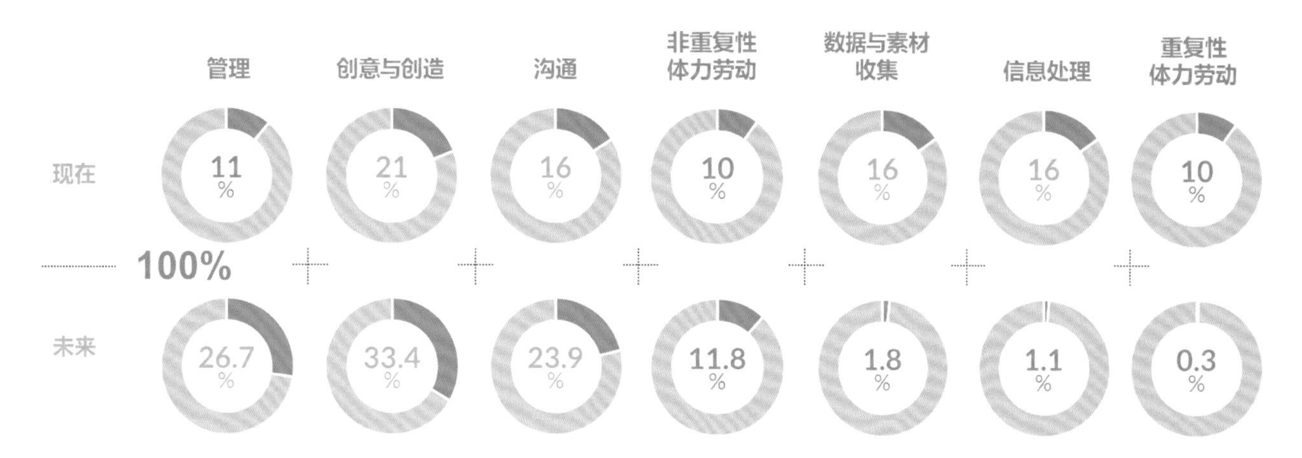

通过图示中机器花费时间的百分比数值可知：纵向比较——设计师承担工作内容聚焦于管理、创意与创造、沟通，才能持续保持竞争力。横向比较——设计师承担工作内容中创意与创造花费时间占比最大；而重复性体力劳动工作占比最小，并迅速萎缩。

图 3-6　人工智能产品设计中机器花费时间比重

在对场景的理解和判断力方面，应确定几个主要价值场景，收集该场景中的基本信息，包括人物、时间、地点、做什么事、达到什么目的、之前的做事方式和解决方案、用户（客户）期望的方式和解决方案等。

这个时代对于智能产品设计开发从业者来说应该是幸福的，因为我们正处于一个不断变革的时代，一个可能改变世界的时代。但是，这个时代对于我们而言同样也是残酷的，因为变化太快，作为从业者必须不断地学习，提高自身的核心能力。如果设计在改变世界，在人工智能的浪潮中，设计师应该会有更多的可能去定义这个世界。被淘汰的不是设计师，而是不去升级的设计师。同时，大家也不要忘了每一次“工业革命”带来大量失业的同时，也无一例外地会创造更多的新机会，而机会是留给具有敏锐嗅觉的人的。设计师只有跟上这个时代并站在前沿，才能继续输出我们的设计价值，去创新社会，或多或少地改变这个世界。

3.3 智能产品设计的发展趋势

好的构想需要科技、技术实现，好的设计不一定会是畅销的好商品；好的产品需要好的商业模式，去创造永续的利益。设计扮演着设计艺术、科学技术与商业思维整合的角色，三者兼具才是一个好的设计方案。学者 John Maeda（罗德岛设计学院前院长）在其主持的年度重磅设计研究报告 *Design in Tech Report 2019* 中指出，TBD=T（科技）×B（商业）×D（设计），明确揭示未来的设计应把握 TBD 思维中的科技、商业、设计 3 个要素；并依设计的变革提出传统设计（Classic Design）、设计思维（Design Thinking）、计算设计（Computational Design）3 种设计转型类型，如图 3-7 所示。

图 3-7　3 种设计转型类型

（1）传统设计。传统设计用一整套正确的方法去打造出完美、精致、完整的作品；驱动力来自工业革命和之前几千年的酝酿。

（2）设计思维。设计思维不再局限于产品研发，而是被管理者广泛用于战略制定和变革管理，执行力的重要性超过了创新力，体验也变得重要。驱动力来自满足与用户个人相关的创新需求，要求拥有同理心。

（3）计算设计。为数以亿计的人们进行实时设计的时代已经蓄势待发；驱动力来自摩尔定律、移动计算和前沿科技的影响。

传统产品、商业模式和服务模式在被赋予人工智能技术后，实现了产品和服务的升级甚至商业逻辑的巨变。此外，在设计过程中，许多工作都无法建立精确的数学模型，也无法通过数值计算来解决，而要靠设计师的创造性，运用多学科的知识与经验，进行分析、推理、决策、综合评价（谭建荣、冯毅雄，2020），为人类创造更加合理的新的生活模式，将这些功能具体化，以实现环境的和谐（黄能会，2019）。传统产品与智能产品差异对比如下：

（1）感知能力。能够感知外部世界并获取相对应的信息，是智能产品的一个先决条件。

（2）学习能力。自身能够不断学习并成长。

（3）记忆和思维能力。能够存储感知的外部世界的信息，能够对信息进行再分析，有选择地消化吸收，并对信息展开联想且能自己做出相应的判断。

（4）决策能力。能够在瞬间做出相应的反应，并且可以根据环境的变化、自身的感知做出相应的调整。

（5）产品间关联性。通过网络与不同的产品实现物联网的互通，具备主动响应功能（机能），创造价值联动。

传统设计与计算设计差异对比如表 3-2 所示。传统产品与智能产品差异对比如表 3-3 所示。学者谭建荣和冯毅雄（2020）认为智能产品设计趋势可分为 3 点，如表 3-4 所示。

表 3–2　传统设计与计算设计差异对比

对比内容	传统设计	计算设计
活跃用户数	几个到上百万个	几个到几十亿个
部署完整产品所需时间	通过分销渠道，耗时几周到几个月	通过网络，即时传递
是否能达到“完美”	能，存在最终状态	不能，总在发展优化中
设计师的自信	绝对自信，自行证实	程度总体较高，但对分析测试、研究持开放态度
生产材料	纸张、木材、金属及各种实体材料	数据、模型、算法及各种虚拟材料
工具及相关技能通常基于	手工和物理定律	思维和“计算机 + 社会”科学

表 3–3　传统产品与智能产品差异对比

对比内容	传统产品	智能产品
主要感知	时间、温度	额外包括用户情感、动作、行为、习惯
技术处理方式	机械式为主结合简单的执行过程	“互联网 + 物联网 + 电子芯片”的应用和处理
应对的需求	满足了生活中的一些基本需求	更加丰富，层次更高
应用层面	单一问题、功能	“场景 + 感知 + 物联网 + 懂你”
设计逻辑	设计确定的交互流程越明确、越详细越好	具有千人千面的特性，但无法明确描述每个用户，甚至明确的交互逻辑反而限制了研发的工作

表 3–4　智能产品设计趋势

趋　势	内　涵
机器学习和生成设计	数据 + 计算 = 高效 + 更优化结果
服务、体验和情感	人与人的连接更加紧密高效，合作也更为自由随意； 设计情感 3 个层次：情感体验、产生联想、形式象征含义
智能发展的情境化	社会性：更深刻揭露人与设计的本质关系，在社会真实场景中发挥功效； 生态性：人机交互部分；人和自然的共生发展关系部分

习　　题

一、填空题

1. 学者 John Maeda 指出 TBD 设计的 3 个要素分别为：__________、__________ 及__________。

2. 学者 John Maeda 指出设计转型历经了 3 种类型，分别为：__________、__________及__________。

二、思考题

1. 请说明智能产品设计与传统产品设计内涵的差异。

2. 请试着分析人工智能为设计带来了什么改变，以及为产品设计师带来了哪些变革与冲击。

3. 请说明一位优秀的智能产品设计师应该具备什么样的素养。

4. 请解析智能产品设计的趋势。

第二部分

实现智能化的翅膀：从设计角度发现改变世界的技术

无论世界哪里发生变化，技术都起着至关重要的作用。智能产品设计的核心在于将各种设计的想象和实现的技术结合起来，从而实现产品的智能化。对设计师来说，新的技术总是层出不穷的，重要的不是亲自去钻研新技术，而是具备新技术的应用能力，以及对用户的深刻理解和对市场的敏锐观察的能力。因此，科技和技术不应该是筑起设计障碍的那道墙，而是让设计想象得以实现的那对翅膀。在智能产品设计活动中，设计概念的提出需要融入技术应用，所以设计师要了解智能产品内核技术（“人工智能核心技术层”和“智能应用平台支撑技术层”）的工作原理，才能清晰地表达智能产品的运行逻辑，并与技术团队跨领域相互对接，进一步实现智能产品设计并商业化。基于此，本书提出创新智能产品设计框架如下图所示。

本书第二部分尝试从智能产品设计的视角，介绍智能产品设计中需要理解的相关技术及其基本原理，并依据创新智能产品设计框架，分别介绍框架中“人工智能核心技术层”和“智能应用平台支撑技术层”的相关内容与工作原理。

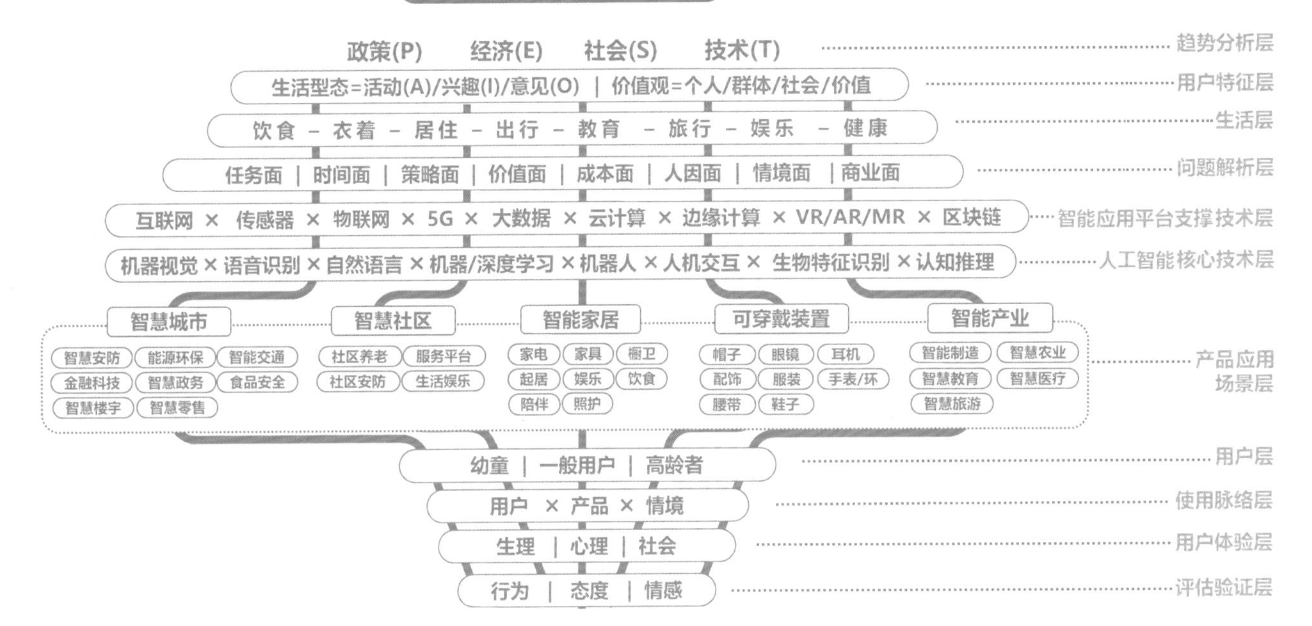

第 4 章
引领创新变革：人工智能核心技术

经过 60 多年的发展，人工智能在朝着可以帮助人类提高识别、认知、分类、预测、决策等多种能力的方向发展进化，正大幅度跨越科学与应用之间的技术鸿沟，如内容识别与搜索、语言交互、自然语言处理、对话机器人、图形计算引擎等应用实现了从不能用、不好用到可以用的技术突破，迎来爆发式增长的新高潮。另外，人工智能可对其他产业产生颠覆性影响，加快产业行业的技术创新、商业模式和业态变革，提高生产效率，改善用户体验。人工智能接下来该如何成就人类社会，这就有赖于技术的落地了。目前常见的人工智能核心技术有计算机视觉（Computer Vision，CV）、机器视觉（Machine Vision，MV）、自然语言处理（Natural Language Processing，NLP）、机器学习、认知推理、智能机器人等。

学习目标

- 理解计算机视觉与机器视觉的差异及相关应用；
- 了解自然语言处理的概念及涉及的技术；
- 了解机器学习、深度学习及人工智能的相关概念及相关应用；
- 理解生成式人工智能及相关应用；
- 了解认知智能的未来发展方向；
- 了解智能机器人的分类、目前发展及应用现状。

学习要求

知识要点	能力要求
计算机视觉与机器视觉	能具体说明计算机视觉与机器视觉是什么及其运作原理； 能列举计算机视觉及机器视觉应用实例
自然语言处理	了解语音识别的概念及应用； 了解文本、语义理解的概念及应用； 了解语音合成的概念及应用
机器学习	能分辨机器学习、深度学习及人工智能之间的关系；机器学习训练方法与建模方式
生成式人工智能	能理解生成式人工智能； 能列举生成式对抗网络应用实例
人机交互	了解智能产品人机交互现状及未来发展方向
认知推理	了解认知智能概念及未来发展方向； 了解什么是知识图谱与人工情感
智能机器人	了解智能机器人分类及目前的应用现状

4.1 计算机视觉与机器视觉

计算机视觉是让计算机拥有人类视觉功能，并对客观存在的三维立体化世界进行理解及识别的一门研究科学（前瞻产业研究院、中关村大数据产业联盟，2021）。而与计算机视觉概念类似的另一个技术称为机器视觉。两者的差异主要是应用场景不同、侧重点不同，前者侧重人工智能分支，后者侧重工业应用。简单来说，计算机视觉偏重深度学习并且偏向软件，主要是对质的分析，如分类识别；而机器视觉偏重特征识别，主要侧重对量的分析，同时对硬件方面的要求也比较高。不过随着人们对智能识别的要求越来越高，这两个方向必将互相渗透、互相融合，区别也仅仅限于应用领域不同而已。

1. 计算机视觉

计算机视觉是指从一张图像或一系列图像中自动提取、分析和理解有用信息。它涉及理论和算法基础的发展，以实现自动视觉理解，主要是质的剖析，如目标识别、分类识别，这个是一只杯子，那个是一条狗。它是一个跨学科的科学领域，研究如何使计算机从数字图像或视频中获得高层次的理解。它可利用摄影机和计算机取代人类的眼睛，进行识别、追踪、测量等机器视觉，并进行图形化处理，以便于人类的眼睛或设备进行探测。例如，通过人脸、牌照等进行身份验证，也可以进行诸如人员侵入、人员游荡、人群聚集等行为分析及事件检测等。它更侧重于图像信号自身的研究，以及与图像有关的跨学科应用（如医疗图像分析、地图导航），其实质就是从二维或三维立体影像中获得所需的资料，通常采用摄像头代替人眼，再加上目标识别与检测、语义分割、运动跟踪等多种技术，从而使计算机具备人眼所具备的识别、分类、跟踪、判别和决策的能力（前瞻产业研究院、中关村大数据产业联盟，2021），主要应用场景包括人脸识别、图像识别、医疗影像诊断、视频监控、三维视觉等领域。最近，基于视觉和语言的多模态学习任务也引起了越来越多学者的关注，如图像字幕生成、视觉叙事、视觉问答等。

计算机视觉的 4 个核心任务如图 4-1 所示。

图像分类　对象检测　目标跟踪　图像分割　图像描述

图 4-1　计算机视觉的 4 个核心任务

参考视频：
“无人驾驶
汽车”

中国在人工智能领域已经取得了一定的领先地位。人脸识别技术是目前国内最主要的应用技术之一，其在国内各个领域都有广泛的应用，国内有的相关技术在最近几年逐渐占据世界领先地位。

2. 机器视觉

机器视觉是自动化领域的一项新型技术，简单来说，就是给机器增加一双智能的眼睛，让机器具备视觉的功能。其功能包括物体定位、特征检测、缺陷判断、目标识别、计数和运动跟踪，主要侧重量的分析，如通过视觉去测量一个零件的直径，一般对准确度要求很高。该技术是基于深度学习机器视觉算法的集合，通过构造多层神经网络，逐层完成图像特征的提取，最终将多层级的特征组合，在顶层做出分类。由于机器视觉系统可以快速获取大量信息，而且易于自动处理，也易于同设计信息及加工控制信息集成，因此在现代自动化生产过程中，人们将机器视觉系统广泛地用于工况监视、成品检验和质量控制等领域。机器视觉是人工智能技术中最接近工业应用的一种，它可以通过对图像进行智能分析，实现对设备的基本辨识和分析。因此，它更多注重广义图像信号与自动化控制（生产线）方面的应用。目前，可视化技术主要用在工业生产和流水线上，如其在工业生产的产品品质检测中的应用包括外观检测、尺寸检测、视觉定位等方面。而在实时在线检测方面，可视化测量系统被嵌入生产线对应的工艺过程，从而达到与生产线节拍同步的目的，是实现可视化的重要步骤。随着工业数字化和智能化转型的不断深入，智能化的进程不断加快，工业机器视觉逐渐成为一种规模工业，尤其是随着人工智能技术的应用，其应用范围也越来越广。工业生产产品品质检测处理流程如图 4-2 所示。

色质检测　斑点检测

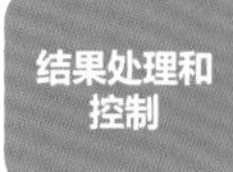

图 4-2　工业生产产品品质检测处理流程

就计算机视觉与机器视觉的比较而言，计算机视觉的应用场景相对复杂，要识别的物体类型也多，若辨识物形状不规则、规律性不强，则难用客观量作为识别的依据，如识别年龄、性别。机器视觉则刚好相反，应用场景相对简单固定，识别的类型少（在同一个应用中），辨识物形状规则且有规律，对准确度、处理速度要求都比较高。对于速度，一般机器视觉的分辨率远高于计算机视觉，而且往往要求实时，所以处理速度很关键，目前基本上不适合采用深度学习。例如，Blumenbecker 机器视觉生产线自动化应用实例如图 4-3 所示。

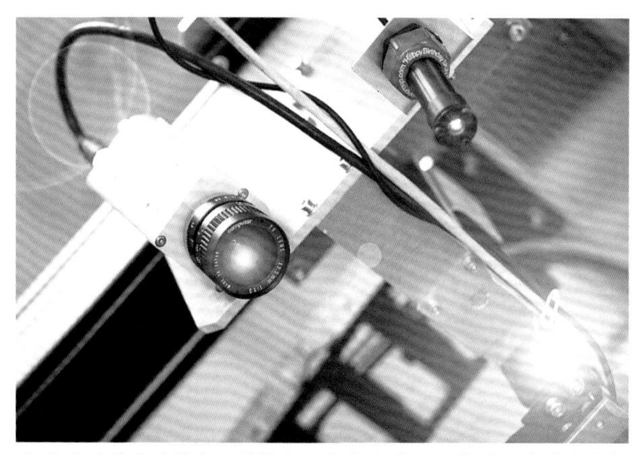

应用于测量（测量产品的特定尺寸）和产品检查（检查总成各部分的正确位置）。

图 4-3　Blumenbecker 机器视觉生产线自动化应用实例

3. 计算机视觉的主要应用

（1）文字识别。

文字识别俗称光学字符识别（Optical Character Recognition，OCR），是指利用光学技术和计算机技术对图像文件的打印字符进行检测识别，将图像中的文字转换成计算机能够接受，人又可以理解的可编辑的文本格式，是实现文字高速录入的一项关键技术。目前，文字识别技术应用的场景包括手写签名识别、卡片证件识别等，还衍生出了很多其他应用，如针对网络图片文字的识别、进行不同语种翻译等。例如，COGNEX 公司 In-Sight D900 光学文字识别产品如图 4-4 所示。

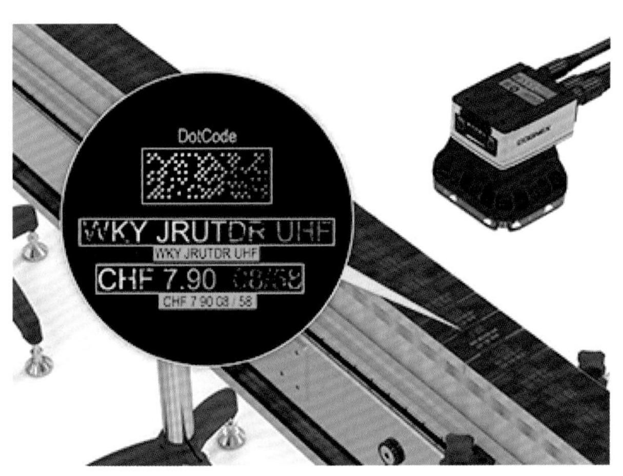

图 4-4 COGNEX 公司 In-Sight D900 光学文字识别产品

(2) 图像识别。

图像识别是通过计算机处理、分析、理解图像，从而识别出不同的物体的一种技术。目前，图像识别的研究集中在机械层次的智能辨识，其发展历经了 3 个阶段：文字识别、影像处理和识别、物体识别，如图 4-5 所示。其应用领域已经覆盖了军事、安全、生物医学、农业、自动化等人类社会生活的许多方面。在复杂的环境中，利用计算机视觉进行图像识别是一种更加稳定、客观、准确的方法(谢永杰、智贺宁，2018)。

图 4-5 图像识别发展的 3 个阶段

图像识别可以分为静态图片识别分析和动态视频识别分析。静态图片识别分析主要应用在以图搜图、场景识别、服装识别、商品识别等领域；动态视频识别分析具体应用在视频监控领域，如道路车辆行为分析、人群密度分析、行人行为分析跟踪、物体分析定位等。

(3) 人脸识别。

人脸识别是基于人的脸部特征信息判断图片和视频（视频是由图片构成的）中人的身份是什么的一种生物识别技术，是身份识别的一种方式，目的就是要判断图片和视频中人的身份，跟身份证识别相似。随着深度学习、大数据和云计算等领域的不断突破，人脸识别也获得了快速发展，市场潜力不断释放。人脸识别主要步骤包括图像采集、人脸检测、预处理、人脸特征点提取和人脸匹配 / 识别等一系列流程（余璀璨、李慧斌，2021），如图 4-6 所示，其关键在于从人脸图像中提取有利于识别的特征。早期基于人脸几何特征的识别方法使用眼睛、鼻子、嘴巴等关键部位之间的关系（如角度、距离）构建人脸描述，计算机先通过采集设备获取、识别对象的面部图像，再利用核心的算法对其脸部的五官位置、脸型和角度等特征信息进行计算分析，进而和自身数据库已有的范本进行对比，最后判断出用户真实身份。

图 4-6 人脸识别的主要步骤

人脸识别技术凭借其技术优越性已经超过了人类的眼睛，并且已经在比较成熟的场景应用。在人脸识别的细分应用中，还包括人脸表情识别、人脸性别识别和人脸年龄识别等。与其他生物识别技术相比，人脸识别的特点主要有无接触、无干扰、硬件设施完备、数据采集方便、易于推广。人脸识别技术现已进入大规模商业应用阶段，广泛应用在公安、边检、金融、交通、治安等领域，其市场规模也在持续扩大。

目前，视觉传感器主要有 CCD、CMOS、红外传感器等。随着 3D 人脸识别市场的快速增长，3D 识别未来将逐步取代 2D 识别技术。传统的基于人工设计特性和传统的机器学习技术的方法已经被深度神经网络代替。卷积神经网络是目前最广泛应用于面部识别的一种深度学习算法，它的优点在于可以利用海量的数据进行训练，可以很好地掌握面部特征。例如，钉钉M2S智能语音前台人脸识别考勤机如图4-7所示。

图4-7 钉钉M2S智能语音前台人脸识别考勤机

(4) 人体姿态识别。

人体姿态识别是计算机视觉中一个基础的问题。从名称来看，可以理解为对“人体”的姿态(关键点，如头、左手、右脚等)的位置估计。一般我们可以将这个问题再具体细分成以下4个任务：

① 单人姿态估计。
② 多人姿态估计。
③ 人体姿态跟踪。
④ 3D人体姿态估计。

人工智能的识别能力分为5个等级：有没有人？人在哪里？这个人是谁？这个人此刻处于什么状态？这个人在当前一段时间里，在做什么？人体姿态识别通常是利用经过预处理的运动视频片段或包含人体动作的图像进行识别，就是通过将图片中已检测到的人体关键点正确地联系起来，从而估计人体姿态。人体姿态识别技术在人体运动监测、人体运动分析、医学康复训练、舞蹈教育培训等领域有着广泛的应用价值。例如，COCO关键点检测任务如图4-8所示。

COCO关键点检测任务是在不受控制的条件下定位人的关键点。关键点检测任务涉及同时检测人员和定位他们的关键点（在测试时未给出人员位置）。

图4-8 COCO关键点检测任务

参考视频：“预测未来动作”

参考视频：“虚拟形象模仿人动作”

4.2 自然语言处理

人工智能的一项基本挑战就是，让机器能够像人与人那样具备直接进行语言沟通交流的能力，而这样的能力在人工智能技术中称为自然语言处理(Natural Language Processing，NLP)。自然语言处理是指用计算机对自然语言的形、音、义等信息进行处理，即对字、词、句、篇章的输入、输出、识别、分析、理解、生成等的操作和加工，包括从语音识别、语义理解、机器语言到人的自然语言处理。自然语言处理技术可以让机器懂人类的自然语言（让机器能跨界理解人类某语种的文字或语音形式的含义，如中文、英文等不同语种），理解人类通过语言所表达的含义（叶亮亮，2019）并进行沟通，可使计算机与人的语言进行交互，从而达到人机交互的目的。它是运用计算机作为一种特殊的人工语言，对其进行处理的技术。语义分析的目的在于通过对词汇、句子、章节进行语义分析，准确地理解语言的意义。自然语言处理跨越人类和机器之间的沟通鸿沟如图 4-9 所示。

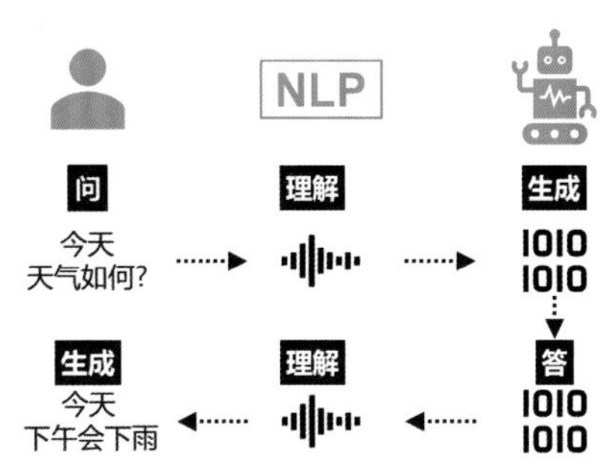

自然语言处理是人和机器之间沟通的桥梁，两大核心任务就是自然语言理解和生成，将格式的数据转换成人类和机器可以理解的格式。其主要用于解决人与人的交互问题、企业间的交互问题、硬件与人的交互问题。

图 4-9　自然语言处理跨越人类和机器之间的沟通鸿沟

自然语言处理的主要范畴非常广，包括语音合成、语音识别、语句分词、词性标注、语法分析、语句分析、机器翻译、自动摘要、问答系统等。不论基于语音还是基于文本的对话式交互产品，其与用户都是通过自然语言直接进行交互的，用户体验很大程度上被自然语言中的拟人特征影响（孙效华等，2020）。

随着人工智能的技术发展和深度学习的广泛应用，各界在自然语言处理领域和计算机视觉领域都取得了巨大的发展，如自然语言领域中的词性标注、机器翻译、自动问答等，以及计算机视觉领域中的物体检测、文本检测、人脸识别等。综合以上，自然语言处理研究的是人类如何通过语言与计算机进行有效的通信，包括语音识别、语义理解、机器语言转换成人类自然语言；其目的就是在机器语言和人类语言之间进行“翻译”，以实现人机交流。

1. 自然语言处理的应用

要了解人类的思维，必须先了解人类所说的话，了解他们所写的是什么，然后才能够明白他们所说的是什么，其背后需要人工智能拥有广泛的知识及运用这些知识的能力。以上这些都是自然语言处理需要解决的问题，也是计算机科学、数学、语言学与人工智能领域所共同关注的重要问题。自然语言处理的应用范畴非常广，主要解决计算机如何能用人类的沟通语言进行人机交谈，包含语音识别、文本 / 语义理解、语音合成等多种技术领域的交织或集成。自然语言处理的主要应用场景有以下 5 个方面：

（1）语义理解。关键词提取、情感分析、智能改写、智能纠错。

（2）智能问答。智能语音客服、智能问诊、机器人聊天。

（3）语料库建设。新闻分类、知识图谱、术语字典。

（4）内容分析。内容分类、短信模板。

（5）内容加值。机器翻译、智能写作。

自然语言处理的 4 个典型应用如图 4-10 所示。

图 4-10　自然语言处理的 4 个典型应用

2. 文本分析和观点挖掘

文本分析和观点挖掘又被称为意见挖掘或主观分析，是自然语言处理的重要研究方向，是一种对带有情感色彩的主观性文本进行分析、处理、归纳和推理的过程。该技术可以用于分析用户对产品优劣评价及趋势，并透过网络使用者的即时反馈，了解各个层面的优劣，既能让厂商认识到其产品的缺陷，又能根据其优势，做出正确的决策，具有极高的商业价值。

可通过文本分析和观点挖掘来驱动业务洞见，如透过大量的结构性与非结构性资料，从内部与外部的服务中，深入了解顾客的需求与业务痛点，协助企业发现自身的不足，提高业务品质。例如，利用大量的文字资料，如新闻文章、论坛评论、顾客的回馈，从中选取与企业相关的主题，对其产品的市场战略、市场动向、消费者的意见等进行分析。

3. 智能产品听觉与口语表达：语音识别与语音合成

语音信号是人与人之间最自然的交流方式，机器要与人实现对话，需要 3 个步骤：听懂——语音识别；理解——自然语言处理；回应——语音合成。语音识别是让机器识别和理解说话人语音信号内容的新兴学科，是将语音信号转变为文本字符或者命令的人工智能技术。搭载了语音识别技术的智能设备，能够理解讲话人的语义内容，听懂人类的语音，从而判断说话人的意图，是一种非常自然和有效的人机交流方式。例如，智能语音交互系统如图 4-11 所示。

4. 语音识别常见的功能应用

(1) 语音控制。用户通过语音方式命令设备完成操作，这是当前语音识别最主要的应用，包括闹钟、音乐、地图、购物、智能家电控制等功能。语音控制的难度相对较大，因为语音控制要求语音识别更加精准、快速。

(2) 语音转录。将录制语音转文本，在会议系统、智能法院、智能医疗等领域具有特殊应用。语言转录功能可以在整个流程实时地将用户说话的声音转录成文字，以便形成会议纪要、审判记录和电子病历等。

(3) 语言翻译。将语音识别的文字再次进行翻译，涉及自然语言处理技术，表现形式主要是先在不

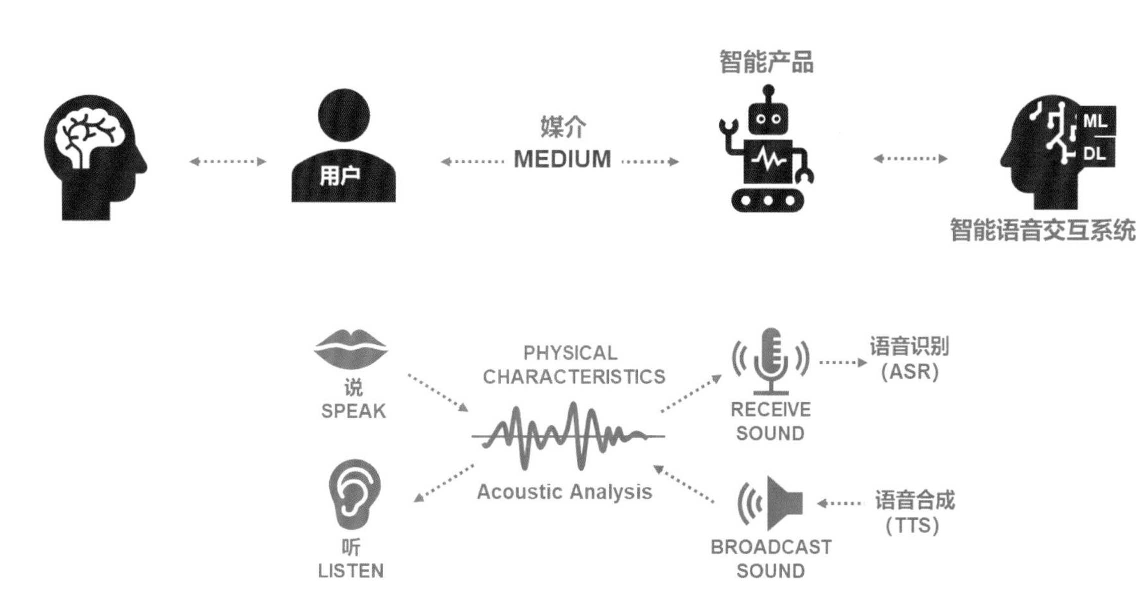

说话是人类重要的特征，而随之产生的声音，我们称为语音。智能语音技术可通过声音信号的前端处理、语音识别、自然语言处理、语音合成等形成完整的人机语音交互。

图 4-11　智能语音交互系统

同语言之间进行切换，再在语音转录的基础上增加实时翻译，这对于语音识别的要求更高。

(4) 声纹识别。声纹识别的原理是，每个人的声音都有自己的特点，可以根据不同的人的声音来区分。而声纹的特点则取决于两个方面：一是声腔（咽腔、鼻腔、口腔），它们的形状、尺寸和位置都会影响声带的张力和发声的频率；二是发声器官的用力，发声器官包括唇、齿、舌、软腭等，通过这些器官的交互作用，可以发出清晰的声音。

(5) 情感识别。情感识别是通过人机语音交互脉络中用户交谈语音的属性进行分析判定，主要是从采集到的语音信号中提取表达情感的声学特征，并找出这些声学特征与人类情感状态的映射关系。情感识别当前也主要采用深度学习的方法，需要建立对情感空间的描述并且形成足够多的情感语料库。情感识别是人机交互中人工情感的应用，但是到目前为止技术水平还没有达到产品应用的程度。

例如，可通过智慧话务员客户服务，建立24小时、全程不中断的客服体系，提升使用者的使用体验。如目前的典型应用“智能服务机器人”，取代了传统的座席，可以解决90%的问题，大大减少了客户服务的费用。此外，近期很火爆的ChatGPT是一个基于自然语言处理技术的大型语言模型，它使用深度学习技术来学习和理解自然语言。ChatGPT使用大量的语言数据集进行训练，以识别和预测人类语言的结构和含义，可以产生与人类类似的响应，使得它能够被用于聊天机器人、自然语言问答等任务中。因此，ChatGPT是自然语言处理技术的一个实例，使用自然语言处理技术实现了一种基于语言的应用，能够与人类进行语言交互，具有广泛的应用前景。

5. 语音识别的产品设计及评价

通常语音识别技术在应用过程中会遇到以下难点，产品经理需要结合自身产品的特点，设计相应的功能（叶亮亮，2019）。

(1) 口音问题。语音识别中最明显的一个挑战就是对口音的处理。

(2) 噪声问题。语音识别系统对环境非常敏感，如果在采集声音的环境中存在较多噪声，环境噪声和干扰会对语音识别有严重影响，在高噪声环境下会产生发音变化，致使识别率低。

(3) 说话模式影响。一个人在随意说话和认真说话时的语音信息是会出现较大差异的；单人和多方会话同样会有较大影响。

(4) 上下文理解。单个字母或字、词的语音特性受上下文的影响，以致改变了重音、音调、音量和发音速度等。在实际生活中理解别人说什么时，上下文的理解对于语音识别的结果的正确性也有重要影响。

(5) 延迟。用户说完到系统转录完成之间是有时间延迟的，语音识别系统必须等到用户说完才能开始进行计算。

6. 语音合成

在语音人机交互过程中，语音合成就是将人类语音用人工的方式产生，本质是将文字转化为声音并朗读出来，让机器模仿人类说话，即在机器识别用户的意思之后，以用户相应的语言以口语表达回应给用户，以达到人机语音交谈目的。例如，输入一段文字，以模拟真人语调、节奏、音色最终输出一段语音。语音合成器可以用软件、硬件来实现，文字转语音系统则是将一般语言的文字转换为语音，其他的系统可以描绘语言符号的表示方式，就像音标转换至语音一样。

现在市场中大家通过各种语音助手听到的声音，都是由语音合成系统来完成的。因为语音合成将更好地展现产品的应用场景和提高用户体验，随着各种场景的语音交互形式的出现，人们对语音交互产品的个性化需求增多，如如何让语音声调根据交谈内容富有情绪的变化，以增加智能产品人性的温度。这也是人们期望实现强人工智能的目标之一，因此产品对声音的合成效果要求也越来越高。

语音识别已经成为一种很常见的技术，大家在日常生活中经常会用到，目前已在智能翻译、智能医疗、智能汽车、智能客服、互联网语音审核等多个领域实现场景应用。由于不同地区有着不同方言和口音，这对于语音识别来说是巨大的挑战。目前，百度、科大讯飞等公司的语音识别技术在普通话上的准确率已达到 97%，但方言准确率还有待提高。

当今，深度学习和知识图谱（Cognitive Graph）是自然语言处理技术发展的两大引擎。深度学习技术能够让计算机具备思考的能力。知识图谱能够提供计算机进行思考的知识基础。在知识图谱加持下，计算机已经能进行简单的知识推理和认知，在智能问答、智能搜索和智能风控管理相关方面崭露头角。融合知识图谱的自然语言处理技术，已经打开了计算机实现认知智能的大门。

参考视频：“AI 自动生成并播报广告”

4.3　机器学习

全世界有 80% 的数据都是非结构化数据，人工智能想要“看清”“听清”达到“看懂”“听懂”的状态，必须把非结构化数据这块硬骨头啃下来。人工智能的核心是使计算机具有智能的能力，在根本途径中，机器学习（Machine Learning）和神经网络（Neural Networks）等技术的开发和应用逐渐成为技术突破重要攻克点。人工智能实现的第一步是感知并辨识，然后经由机器学习让机器具有智能的能力。机器只有通过学习数据中蕴含的人类经验，才能获得智能，所以智能化是主动利用数据，从数据中提取知识，并通过“算法 + 数据”训练的学习过程而得到的认知能力。人类与机器认知学习过程对比如图 4-12 所示。

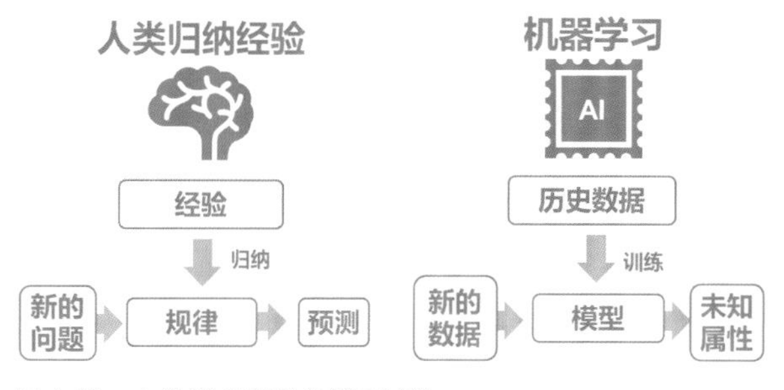

图 4-12　人类 VS 机器认知学习过程

机器学习专注于研究如何构建通过经验自动学习技能的计算机系统（Chiu 等，2021），是一门多领域交叉学科，涉及概率论、统计学、算法复杂度理论等，其目的是研究计算机怎样把现实世界中的问题抽象成数学模型，将大量数据中有用的数据和关系挖掘出来，创建一组从信息中提取特征的规则，通过求解数学模型进而解决现实生活中的问题，让计算机模拟出人类的学习能力，并不断提高解决问题的能力（Rong 等，2022）。其中，模型就是基于系统进行输入和输出的过程，可以理解为“为了解决某一个问题而构造的一个函数”；模型的生成需要根据数据分析结果进行构建，构建模型的过程就称为建模过程。目前，机器学习应用遍及人工智能的各个领域，主要使用归纳、综合而不是演绎。此外，机器学习的发展大大地提升了设计师对于数据的挖掘和分析能力，同时对相关工具的掌握程度和使用方式也逐渐对设计创新的效率和质量有了更为直接的影响。机器学习的程序如图 4-13 所示。

1. 特征工程

特征是有用及有意义地分析和解决问题的特性。例如，在表格资料里，一张表中的一条是观察，而另一条则是一种特性；在机器视觉里，一张图片是一种观察，一条线条也许就是一种特性；一种自然语言或一种文字只是一种观察，而一种文字或一种频率则是一种特性。特征的构建主要是由人工智能工程师负责处理，利用已有数据构建与行业有关的维度或属性来完成。特征构建工作除了需要了解数据知识外，还需要大量的行业知识和实践经验，因此在进行这方面的工作时，可以咨询有关领域的专业人员，或者对业务和数据有深刻了解的人员。智能产品设计师可以根据专业的设计洞见，针对业务的背景及这些数据的特点提供特征相关参考意见。特征工程是一个系统的工程，通过对业务的认知定义特征，利用数理统计、机器学习等算法强化特征，为建模打下重要数据基础。特征工程主要包括特征结构、特征提取、特征选择 3 个方面，如表 4-1 所示。

机器学习主要涉及模型的训练方式。算法是指一个被定义好的、计算机可执行其指示的有限步骤或次序，是机器学习背后的原动力。在特征构建完毕后，人工智能工程师需要使用训练数据对模型进行训练，这是智能产品内核进行学习的过程，能够使产品具备认知推理能力。模型的基本训练方式，根据训练数据是否有标签，可以分为有监督学习、无监督学习和半监督学习 3 种类型，如表 4-2 所示。

利用机器学习，可以将人工智能的问题划分为“分类问题”和“回归问题”。分类问题可以把输入的资料分成不同的类别，如无用邮件筛选器；回归问题则是根据数据库中的规则，通过回归分

机器学习过程 → 数据标注 → 数据库预处理 → 建构模型 → 训练模型 → 模型推论 → 模型迭代

图 4-13 机器学习的程序

表 4-1 特征工程主要涉及内容

特征结构	主要是根据业务目标来扩展的（也就是说，哪些因素会对业务目标产生影响），共分为确定目标、目标分解、字段梳理、字段选取 4 个步骤
特征提取	原始数据转变成可以识别到数据特征的过程，并将原始特征转换为一组具有明显物理意义或者统计意义或核心的特征。在进行图像处理时，经常用主成分分析法来降低图像特征的维度
特征选择	去掉无关特征，保留相关特征的过程，达到降维；利用模型、统计等方法从一组给定的数据特征中选出能够代表数据特征的最小特征子集；决定具体将哪些特征用于模型训练的过程就是特征选择的过程

表 4-2　有监督学习、无监督学习、半监督学习比较

模型的训练方式	在训练过程中的内涵
有监督学习	目标明确；给予有提示标签的数据，这类算法是目前应用最为广泛的一种。在此模式下，数据科学家会指导算法，让算法做出结论。如同儿童学习认识不同水果的方式是记住图画书里的各种水果一样，有监督学习的算法是由已标示完成，且能预先定义输出的数据组训练的。此类机器学习的例子包含线性及逻辑回归、多元分类和支持向量机等算法
无监督学习	目标不明确；给予没有提示标签的数据，自动从这些范例中找出潜在的规则。由计算机学习定义出复杂的流程和模式，人类不会持续提供详细的指导。无监督学习，是利用未标注的或未定义的输出来进行数据的训练，具有较强的独立性。用儿童的学习方法来说，无监督学习就像儿童通过观察色彩和图案来学习不同的知识，而不是通过教师的帮助。儿童会发现图片之间的相似性，先对图片分类，然后用一个独特的新标签标记出来。其中，K 均值聚类算法、主成分分析、关联规则算法等都是基于无监督学习的算法
半监督学习	先使用有提示标签的数据切出一条分界线，然后给予没有提示标签的数据，以调整出有监督学习和无监督学习的新分界

析得出相应的方程，从而得出正确的结果。

在很多行业中，机器学习已经得到了广泛的应用，它已经能够支撑各种企业的目标和应用，如顾客终身价值、异常侦测、动态定价、预测性维护、图像分类、推荐引擎等。

2. 深度学习

机器学习还有一个分支，名为深度学习，也是掀起的第三次人工智能浪潮的幕后推手之一。深度学习的概念来自神经网络，但又和传统的神经网络并不完全一样，最大的特点就是可以自动识别特征。它与机器学习最大的不同是，让计算机可以自行分析数据找出特征值，而不是由人类来决定特征值，就好像计算机可以深度学习一样。深度学习是人工智能的研究热点和前沿方向，更加接近于人脑解释数据的机制。但该如何进行学习呢？一般有 3 个步骤：建构网络、设定目标、开始学习。深度学习方法往往基于大量样本，对比以往的机器学习方法，其突出特点在于可以用相对统一的结构处理各类异构数据，无须人工进行特征筛选，输入、输出形式灵活，深度信息网络训练方法推动了深度学习迅速发展。其上层层级之间的隐变量可以向不同空间映射，也就是说，针对某类任务训练好的神经网络，可以方便地适配到相似任务。深度学习目前被广泛用于图像分类、图像识别、风格生成和创新设计等应用领域。人工智能、机器学习与深度学习的关系如图 4-14 所示。数据科学相关概念差异点比较如表 4-3 所示。

要想对数据科学有更深的理解，需要了解与这个领域有关的其他术语，如人工智能和机器学习。

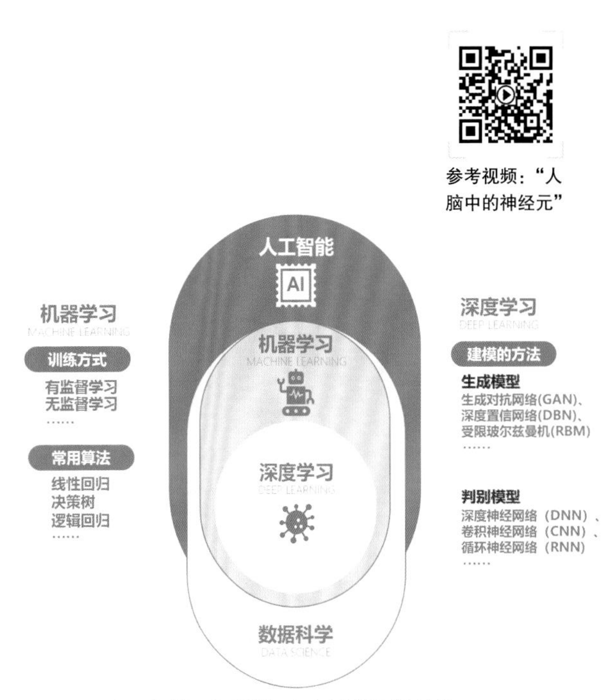

图 4-14　人工智能、机器学习与深度学习的关系

表 4-3 数据科学相关概念差异点比较

概 念	差 异 点
资料科学	是人工智能的子集合，更多的是指统计学、科学方法和资料分析等重叠的领域，这些领域全都用于撷取资料中的内涵与见解
机器学习	是人工智能的另一个子集合，集结各种可让计算机通过数据理解事物并提供人工智能应用程序的技术
深度学习	属于机器学习的一个分支，可让计算机解决更复杂的问题

机器学习特别是深度学习在感知语音和图像识别上已经取得了历史性的突破，而理解和决策在当前还需要机器学习通过与人类指导相结合的方式才能实现。下面将进一步分析人工智能体系中不同学习方法的差异。

如何对机器学习模型进行培训，让它能像人类那样终身学习。大多数机器学习都利用了具有浅层结构的算法的强大功能，如高斯混合模型（Gaussian Mixture Model，GMM）、条件随机场（Conditional Random Field，CRF）、支持向量机（Support Vector Machines，SVM）、逻辑回归（Logistic Regression）和多层感知器（Multilayer Perceptron，MLP）。人工智能通过机器学习能够处理多维、多模态的海量数据，解决复杂场景下的科学难题，带领科学探索抵达过去无法触及的新领域。人工智能体系中不同学习方法的逻辑处理流程对比如图 4-15 所示。

近几年，由于社会网络、知识图谱、生物信息学、神经科学等领域对图像的影响，采用深度学习方法对非规则图进行分析已成为一种新的研究方向。它们是以图为基础的，如图神经网络（Graph Neural Networks，GNN）通常将神经网络模型应用在图中与顶点和边相关的特征上，传播运算结果并进行聚合，从而生成下一级特征，目前已经在分类、嵌入、问答等不同的目标应用中取得最佳表现效果。2019—2020 年，无论是在自然语言处理、计算机视觉还是在机器学习的相关学术会议上，图神经网络的相关论文均占据着不小比例。这种方法“将端到端学习与归纳推理相结合，业界普遍认为其有望解决深度学习无法处理的因果推理、可解释性等一系列瓶颈问题”。

数据科学使我们能够洞察趋势，为公司提供洞见，帮助它们做出更好的决策，并创造更多的创

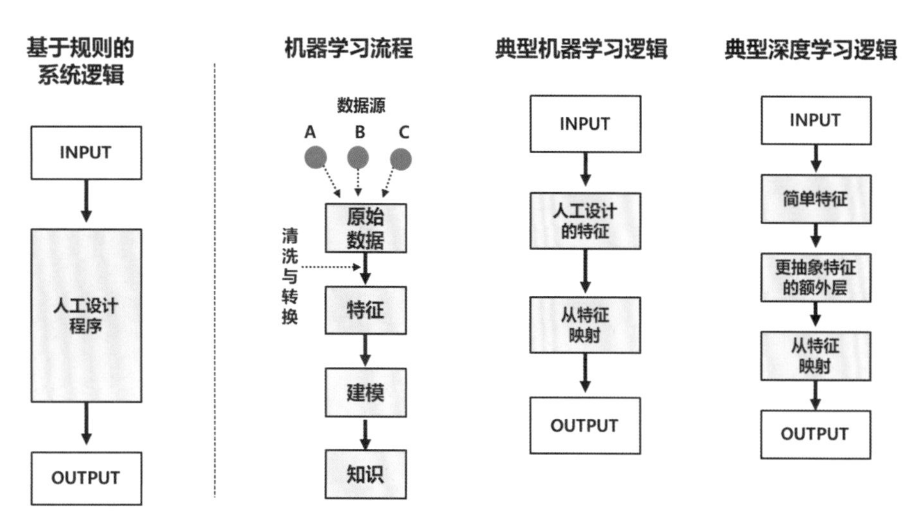

图 4-15 人工智能体系中不同学习方法的逻辑处理流程对比

新产品和服务。最重要的是，数据科学能够使机器学习模型从输入模型的海量数据中获得知识，而不仅仅是依靠商业分析来理解它们能够从数据中发现什么。深度学习算法的快速发展、海量数据获取渠道的增多及硬件计算和存储能力的显著提升使得人工智能技术在近些年呈现爆炸式的发展，并在语音识别、图像识别、情感交流等领域取得突破。

3. 模型、算法与训练学习之间的关系

智能算法往往要经过机器学习，通过对大量数据的训练，使其具备自主思考的能力，而其中模型、算法、训练这几个概念是机器学习和深度学习的基础。模型用来描述问题，而算法用来解决这个问题，通过某一种学习（训练）的算法接受输入的数据，进行某些运算，运算的结果就形成了模型学习（也可称为训练），这就是利用样本通过算法生成模型的过程。模型、算法与训练学习之间的关系如图 4-16 所示。模型、算法与训练学习之间的差异如表 4-4 所示。

模型是针对具体问题的解决方案，建模过程就是解决问题的过程，算法是方法，是解决问题的一系列步骤。模型的训练过程如图 4-17 所示。

机器学习就像是一把“双刃剑”。一方面，它可以

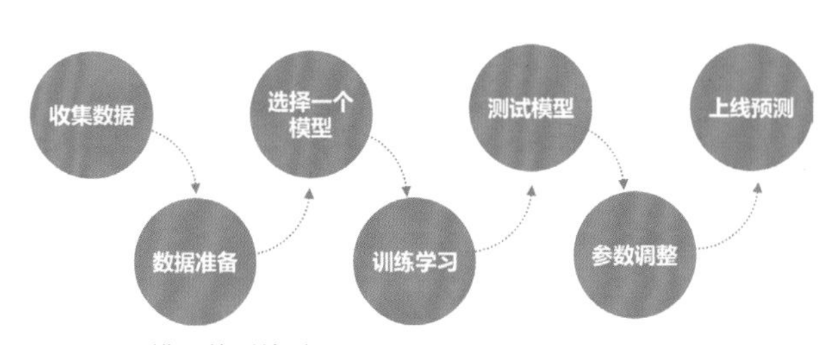

图 4-17 模型的训练过程

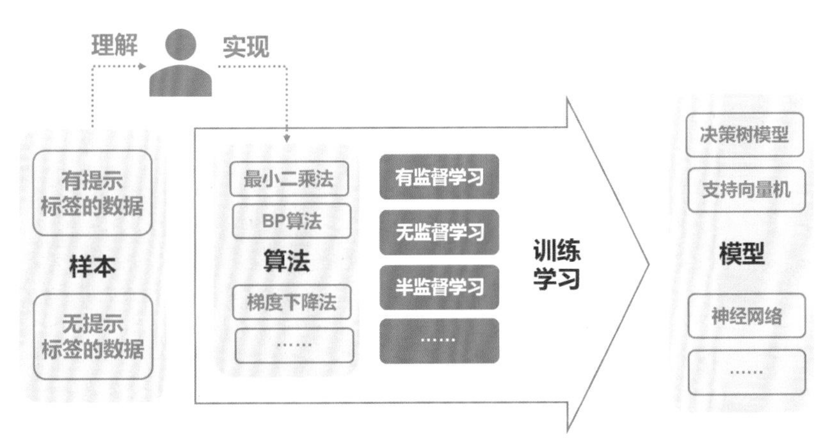

图 4-16 模型、算法与训练学习之间的关系

表 4-4 模型、算法与训练学习之间的差异

概 念	内 涵
模型	将抽象的实际问题转化成数学问题，运用数理逻辑方法和数学语言构建用于描述数据的规律、便于理解和计算的数学模型表示。模型用来描述问题，是特定问题域的函数：输入—模型内部处理—输出。如果问题的算法不具有一般性，就没有必要为算法建立模型，因为此时个体和整体的对立不明显，模型的抽象性质也体现不出来
算法	用来解决问题。利用样本通过算法生成模型的方法，是人工智能的灵魂，它决定了机器会具备什么样的智慧
训练学习	训练学习程序运行的过程就称为训练，训练学习程序在获得不同的输入数据后输出不同的模型，模型是训练学习程序的输出，是训练而得的结果。因此，训练学习是指由样本通过算法而生成模型的过程

帮助人工智能摆脱对人为干预和设计的依赖，凭借自身强大的数据挖掘、训练和分析能力，完成算法模型的自主学习和自我更迭，使得人工智能在学习思维上无限接近于人类大脑，也被认为是人工智能由弱人工智能迈向强人工智能形态的关键性表征。进一步来说，以深度神经网络算法为核心的深度学习是21世纪人工智能发展的驱动核心。神经网络的特征在于，无须经过特定的编程，就能自动从偌大的数据库中学习并构建自身的规则体系。这样的自动生成逻辑对算法工程师来说是一大福音，它能够极大地解放生产力，并且可以适用于更加多元化的应用场景，形成人工智能的自主学习、自我创造及自动迭代机制。另一方面，机器学习又日益暴露出人工智能在自动化决策中的伦理问题和算法缺陷。在深度学习领域，关于人工神经网络结构的复杂层级，在人工智能深度学习模型的输入数据和输出结果之间，存在人们无法洞悉的“黑幕”，深埋于这些结构底下的零碎数据和模型参数，蕴含对人类而言难以理解的代码和数值之间的因果关系，这也使得人工智能的工作原理难以解释。因此，深度学习也被称为黑箱算法。这些所谓的黑箱萃取而成的模型可能过于繁杂，即使是专家用户，也无法完全理解各个算法模块的输入、输出的可解释性及其如何促成系统结果。因此，近年来，可解释人工智能（Explainable Artificial Intelligence，XAI）成为人工智能研究的新兴领域，学术界与产业界等纷纷探索理解人工智能系统行为的方法和工具。

4. 生成式人工智能

人工智能与内容的融合，就是所谓的“生成式人工智能”，它可以通过人工智能的运算能力，自动地产生新的程序、内容或商业行为。例如，一幅名为《埃德蒙·贝拉米肖像》的画作于2018年10月在纽约佳士得拍卖行展出，这是一位身着白色衬衫和黑色夹克的男人，他的脸部表情很难分辨，旋转的姿势与18世纪的油画很像，乍一看没什么特别之处，但如果仔细看的话，就会发现画布的右下角出现了一长串的代码。《埃德蒙·贝拉米肖像》（图4-18）正是由这串计算机算法创作而成的，这场拍卖会也将是人工智能绘画作品首次参加拍卖环节。拍卖前该画作的成交价格预计在1万美元上下，然而实际却拍出了43.25万美元的惊人价格。其右下角的一串神秘公式正是其作者的签名——生成这幅画作的生成式对抗网络（Generative Adversarial Networks，GAN）所使用的损失函数。

GAN是一种深度学习模型，包括生成模型（Generative Model）和判别模型（Discriminative Model）两个模块。生成模型是给定某种隐含信息（如给一系列猫的图片，生成一张新的猫咪），来随机产生观测数据；判别模型需要输入变量（如给定一张图，判断这张图里的动物是猫还是狗），通过某种模型来预测，然后通过互相博弈学习产生相当

该算法是法国一家名为 Obvious 的艺术品公司开发的，使用“生成式对抗网络”，将15000张14—20世纪的肖像图像录入该算法体系中，并在此基础上进行“学习”和“创作”。

图4-18 Obvious 公司《埃德蒙·贝拉米肖像》

好的输出，具备生成各种形态（图像、语音、语言等）的数据能力。目前，GAN 已经被广泛应用于计算机视觉、语音语言处理、信息安全等领域，最常使用的地方就是图像生成，如超分辨率任务、语义分割等，如图 4-19、图 4-20 所示。

Gartner 公布的“人工智能技术成熟性曲线”显示，生成式人工智能虽然还处在起步阶段，但其广泛的应用前景和巨大的市场需求，将吸引大量资金和技术的投入，并在未来 2 ～ 5 年内实现大规模的应用（前瞻产业研究院、中关村大数据产业联盟，2021）。目前，生成式人工智能作为人工智能领域最受关注的技术，被业内普遍视为人工智能与内容领域深度融合的典范，是推动内容开发、商业服务、视觉艺术等领域数字化进程的底层技术（前瞻产业研究院、中关村大数据产业联盟，2021）。

参考视频：“AI 让你不上卖家秀的当”

参考视频：“手绘草图 AI 自动生成高清写实人物”

参考视频：“AI 语音生成视频”

1 Upload photo
The first picture defines the scene you would like to have painted.

2 Choose style
Choose among predefined styles or upload your own style image.

3 Submit
Our servers paint the image for you. You get an email when it's done.

图 4-19　此图片处理应用为俄罗斯的爆款滤镜 Prisma 应用（将一幅图片的风格特征分析出来，毫无保留地迁移至另一幅图片中）

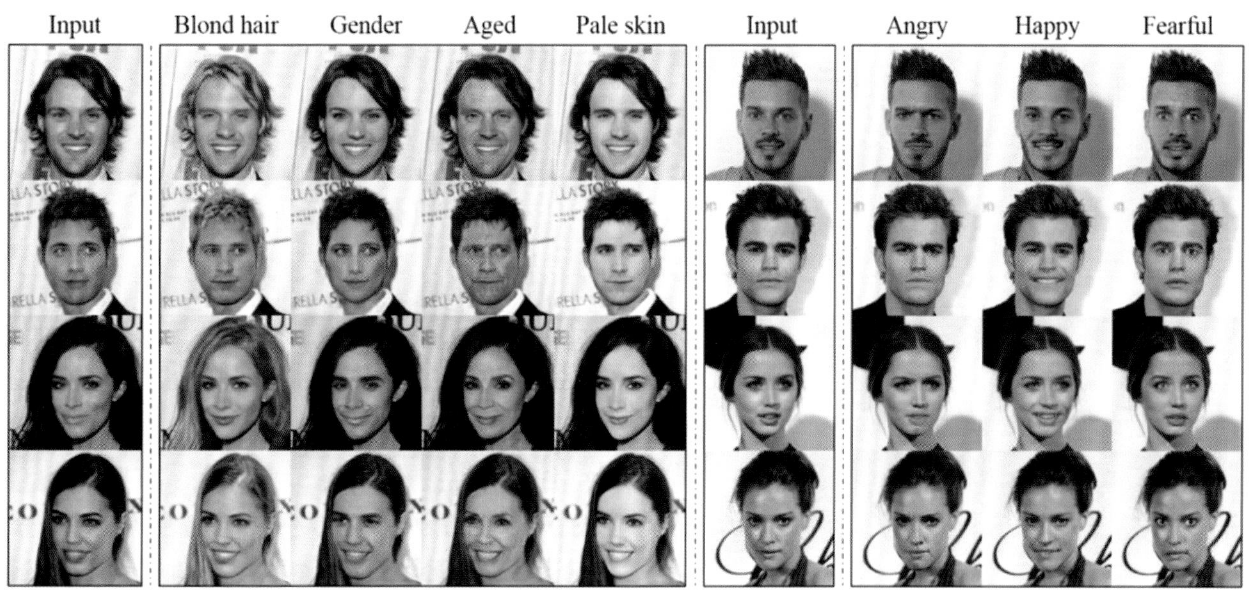

图 4-20　图像转换

5. 迁移学习

由于万事万物之间皆有共性，因此需要合理地找出它们之间的相似性，进而利用其来帮助学习新知识。迁移学习（Transfer Learning）就是一种把从一个场景中学到的知识（模型），举一反三迁移应用到类似的场景中的方法，以完成或改进目标领域或任务的学习效果。迁移学习适合从小数据中学习知识，尤其是当没有足够的数据作为训练资源时，在之前训练好的模型基础上加上小数据并迁移到一个不同但类似的场景当中去。例如，模拟学习可以让一架无人机通过例子或者示范来完成一个具体的任务，这个方法可以被应用到无人车上，从而最大限度地改善使用者的舒适性，减少定制的驾驶行为产生的复杂度，从而使它更容易被非专业人士使用。该技术在一定程度上减少了相似场景的训练时间，同时也减少了对训练数据的需求。具体来讲，在迁移学习中，已有的知识为源域（Source Domain），要学习的新知识为目标域（Target Domain），要思考的是如何把源域的知识迁移到目标域上。迁移学习采取的方式可分为基于样本的迁移、基于特征的迁移、基于模型的迁移、基于关系的迁移。

传统机器学习在应对数据的分布、维度，以及模型的输出变化等任务时，模型不够灵活、结果不够好，而迁移学习弥补了这些不足。在数据分布、特征维度及模型输出变化条件下，可以有机地利用源域中的知识来对目标域更好地建模。另外，在有标定数据缺乏的情况下，迁移学习可以很好地利用相关领域有标定的数据完成数据的标定。总的来说，机器学习在人工智能领域的应用极其广泛，需要大量的历史数据，学习的方法主要包括统计、分类、回归、聚类、计算等，从而研究和构建一种算法。它主要研究如何让机器通过学习来改善、模拟或实现人类的学习行为，通过各种算法训练模型，并用这些模型让计算机在大量数据中挖掘出有用的数据和关系来学习，从而对新问题进行识别与预测，以获取新的知识或技能，重新组织已有的知识结构使机器不断改善自身的性能，提高其工作能力，这些能力包括计算能力、逻辑能力、行为能力。

目前，人工智能图像生成领域正在迅速发展。其中，AI 图像生成技术是指利用人工智能技术生成逼真的图像，这些图像可能是基于给定的文本描述或几何形状的生成，也可能是在已有图像上的修改和编辑。这种技术的应用十分广泛，包括视频游戏、虚拟现实、电影特效、医学影像、工业设计等领域。

当前，AI 图像生成技术已经取得了一些重要的进展，特别是在基于深度学习的方法上。以 GAN 为例，它是一种流行的深度学习算法，用于生成逼真的图像。GAN 由生成模型和判别模型两个神经网络组成，生成模型负责生成图像，判别模型负责判断生成的图像是否真实。两个网络相互博弈，通过反复训练来提高生成模型的生成能力和判别模型的判断能力，从而达到生成逼真图像的目的。

例如，Midjourney 和 Stable Diffusion 是目前比较流行的 AI 绘图工具，它们的发展也对产品设计产生了影响。

Midjourney 是一种基于 GAN（生成式对抗网络）技术的图像生成工具，它可以生成高质量的、逼真的图像。设计师可以使用 Midjourney 来快速生成各种样式的图像，以便在设计过程中进行创意探索和概念验证。这些生成的图像可以用作产品设计中的草图、原型和模拟，从而节省设计时间和成本。此外，Midjourney 还可以生成样式转移图像，即将一个图像的样式应用于另一个图像，这对于设计师来说是一种非常有用的功能。

Stable Diffusion 是一种基于变分自编码器（VAE）的图像生成工具，它可以生成高分辨率、真实感和多样性的图像。设计师可以使用 Stable Diffusion 来生成各种不同的图像，从而为产品设计提供灵感和参考。与 Midjourney 不同的是，Stable Diffusion 还可以生成动态图像和视频，这对于设计师来说是非常有用的，因为他们可以看到他们设计的产品在不同场景下的表现。

在产品设计中，这些 AI 绘图工具可以帮助设计师更快速、更便捷地进行创意探索和概念验证，从而加快产品设计的速度和效率。此外，它们还可以提供更多样化的图像、样式和视觉效果，从而为产品设计带来更多灵感和创意。

未来，AI 图像生成技术将进一步发展和应用。例如，它可以用于自动化创意设计，让设计师更快速地进行原型设计和优化。此外，它也可以用于医学影像的分析和诊断，提高医疗诊断的准确性和效率。总之，随着人工智能技术的不断发展，AI 图像生成技术将会在各个领域得到广泛应用和推广。

4.4 人机交互

产品交互设计是一门关注交互体验的学科，也是一种系统设计。它主要是从人机工程学发展出来的，而出于对人—机—环境因素的考虑，交互系统的构成要素包括人、行为、使用场景及交互技术，所以人机交互与产品交互的概念设计不同。人机交互（Human-Computer Interaction，HCI）属于产品交互设计系统的一部分。产品交互设计的内容包括界面设计，更侧重于设计界面的形式，是为交互行为服务的，也属于产品交互设计的一部分。产品设计会间接地影响最终的用户设计，而产品交互设计则是一种基于技术手段将产品智能化的设计方法，更加注重交互双方的交互过程与体验感。

常见的智能产品交互模式（图 4-21）需要语言和视觉界面，以及触觉或其他形式的交互。它在某种程度上与智能产品的这一特性相矛盾，因为最好的智能产品是只需要以非常智能的方式与人类用户进行最少沟通的产品。

人机交互以人与计算机系统关系为核心，以使用者为中心关注设计、评估人的使用过程和实现供人们使用的交互式计算机系统。学者 Moggridge 等将交互设计定义为“关于通过数字产品来影响我们的生活，包括工作和娱乐的设计”。而学者 Cooper 等认为交互设计是对人工制品、环境和系统的行为及传达这种行为的外形元素的设计与定

图 4-21 常见的智能产品交互模式

义。定义的核心就是如何明确地设计复杂交互系统的行为。由此可知，交互设计本质是对人的行为的设计，并且总是处在环境、技术、活动等要素构成的具体客观的场景中，需要借助产品（实体或虚拟）作为载体才能实现。

在人机交互设计阶段，组织与调控的对象上升至包含人、机、物理环境的群体智能，以使用者为中心关注用户体验。人机交互技术的主要发展经历和趋势分为字符界面、图形界面、影音环境和拟态环境阶段。随着多通道交互技术、可穿戴技术、虚拟现实技术等的日益成熟，人机交互技术到达拟态环境阶段，可实现在数字虚拟环境中沉浸式的自然交互体验。智能算法的发展使人工智能的发展在经历了几番波折后，与人机交互由此起彼伏、逐步结合，逐渐成为现在相互促进的局面，最终出现了互相融合的趋势，人机融合的交互方式应运而生。

人机交互的范式模型在人工智能时代的定义尤为重要，因为人工智能正是试图效仿人类的思考模式，为人机耦合提供新的场景和界面，促使普适计算（Pervasive Computing）的未来逐步实现。随着越来越多的智能产品的问世，交互手段也层出不穷，使得人与产品之间的互动更加人性化、情感化、多样化。因此，目前自然人机交互的发展强调人机关系的和谐性和交互通道的多样性，将人类情感交换也作为信息流来建模，使情绪和感受成为可被计算的数据。

1. 智能产品典型交互应用：语音交互

对用户来说，语音交互是最自然的沟通模式且学习成本低，但必须依赖操作经验与记忆并加以判断，方能了解声音信号的意义。智能语音交互是基于语音输入的新一代交互模式，通过说话可以得到反馈结果。它运用自然语言处理、语言识别等技术，从而具备拟人化的智能特征，并通过感知和分析用户意图和情感，自发性地帮助用户完成任务，以提供更人性化的服务体验。例如，百度人工智能用户体验部门在研究人与人工智能产品的语音交互体验中，提出注重系统的交互响应时间和反馈语速，以及智能系统的人设和人称代词设计，营造更为自然和富有情感的语音交互体验。智能语音交互产品可以在教育、养老、客服等场景中应用。又如，车载场景下通过语音点播音乐，医疗场景下医生在沟通病情的同时记录病历，工业场景下在双手占用的同时下达指令。以语音交互为核心功能的智能产品 Amazon Echo Dot 三代智慧音箱如图 4-22 所示。

2. 智能产品交互新趋势：脑机接口

大脑中的神经网络是人类感知、认知、决策和执行的物质基础。自然演化塑造了视觉、听觉、触觉等感官，以及作为人脑与周围的信息互动的天然界面。而现在的脑机接口（Brain-Computer Interface，BCI）就是通过探测和调节大脑的活动，来实现大脑与外界的交流。这项技术的发展，

图 4-22 以语音交互为核心功能的智能产品 Amazon Echo Dot 三代智慧音箱

将使人类与环境，以及人类互动的方式发生根本性的改变，从而在社会、经济、教育、军事、医疗等方面发生革命性的变革。

脑机接口是指在有机生命形式的脑或神经系统与具有处理或计算能力的设备之间，创建用于信息交换的连接通路，实现信息交换及控制。以现在人类对脑科学知识的认知来看，其大脑和意识的物理本质是电活动，当脑神经在遇到刺激或思考时，细胞膜外大量钠离子会涌入细胞内，进而打破原有电位差形成电荷移动，从而出现局部电流，电流传递过程中继续刺激其他神经元，最终形成意识，这些意识或被解读，或形成运动指令输出给身体。脑机技术极有可能颠覆传统的人机交互模式，凡是大脑可以操控的现实场景，都可以通过脑机接口来实现，进而实现人与万物互联。

简而言之，我们现在最常见的交流方式就是脑—手—外部设备，而脑—机界面则是人与人之间的直接连接。这种技术可以直接使人体（或者其他动物）的大脑和外界交流，从而实现对仪器的控制，增强大脑的认知能力。从大脑和机器之间的信息流动来看，脑机接口由“脑控”和“控脑”组成，这两种方式是通过大脑的活动信号来控制，也就是大脑的活动和大脑的功能。目前脑机接口的发展趋势是将这两种方式结合起来，形成一个脑控和控脑的闭环。从技术实现的路径来看，脑机接口可以分为非侵入式和侵入式两类。非侵入式接口利用放置于头皮外的传感器探测脑活动，安全易用，但是由于所能获得的脑活动信号较为粗略，只能支持较低速率的脑机通信，更适用于脑状态的检测和调控。侵入式接口是将电极植入颅骨内的大脑皮层，使电极阵列与目标脑区的神经元细胞直接接触，从而实现高带宽、高质量脑电信号的传递。从长远来看侵入式接口是实现高速脑机接口甚至人脑与人工智能的混合智能更可能的技术途径。

脑机接口技术还可以在特殊环境或复杂背景下实现智能操控和执行任务，从而完成危险的任务，以及在不适宜人工操作的环境中工作。在应用上，随着科技的飞速发展，脑机接口已被广泛地运用于人体，它的作用涵盖运动、触觉、语言、视觉等方面，并向着脑控与控脑的双向信息闭环发展（图 4-23）。其优点是可让正常人的能力得到更好发挥，如用意念操控计算机或开汽车，用大脑更好地操控设备。随着计算机科学、神经生物学、数学、康复医学等学科的不断发展，市场的需求越来越大，脑机接口技术正从基础研究向商业化发展。相对于医学，脑机接口方面的应用，更多的是用于智能生活，如洗衣机、电视、净化器、照明、空调、冰箱、音响等家电，都会首先使用脑控技术，并与虚拟现实、可穿戴设备进行融合；而在教育方面，诸如注意力监控、压力监测、教学设计、智能学习和记忆强化等，都将改变目前的教学方式。脑机技术的未来发展，如果按信息传递的方向，可以分为如下 4 个发展方向。

(1)“脑到机”是通过大脑传递给机械的。其基本原理是：利用脑电波探测技术，获得神经活动的

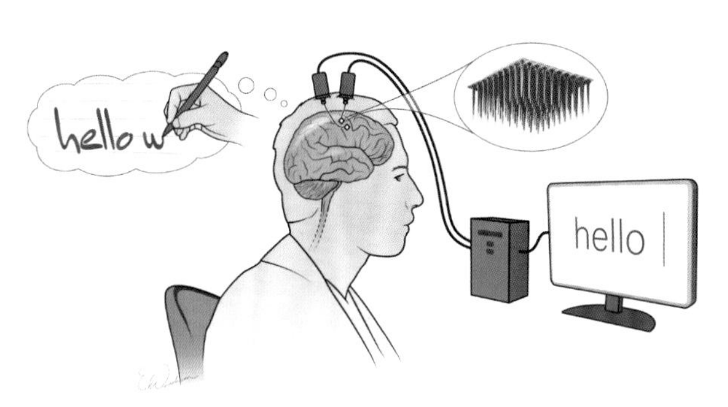

图 4-23　脑机接口交互输入的单词示意图

改变，识别出各种信号的类型和行为意向，并利用计算机将思考活动转化为指令，以驱动外部装置，从而达到对外界的直接控制。

(2)“机到脑”是从机器传递到大脑的。其基本原理是：将精细编码的外界刺激（如微电刺激、光刺激）应用于生物的大脑或其他神经系统的特殊区域，以唤醒或控制某种特殊的感觉和行为。

(3)“脑到脑”是一种由人脑连接起来的网络。其基本原理是：实时解码和重组大脑中的神经信息，然后将信息传递至另外一脑域，进而影响其他脑部。人脑直接通信是一种新的生物互动方式，对神经康复和脑机协同都有很好的借鉴作用，但目前有关的研究很少。

(4)“脑机融合”是一种深入的脑机结合。其基本原理是：人脑与机器互相适应、协同工作，将人的感知与机器的运算能力结合起来，在信息感知、信息处理、判断、记忆、意图等层面上相互协调。

随着技术的发展和用户对新工具的使用，人机交互几乎每天都在发展变化，但依据智能产品的发展趋势，产品将被注入人格化，用户和产品的人机交互将由冰冷的科学技术注入人性情感温度。因此，未来智能产品将拥有情感计算（Affective Computing）能力，通过认知人类的语音信息、人脸表情、肢体动作等情感分析，从而调整自身的反馈来适应人们那一刻提出的需求，人机交互会变得越来越便捷、有趣，并且会更懂人类。

4.5 认知推理

人工智能的发展可以粗略划分为3个阶段：计算智能、感知智能和认知智能。计算智能通俗来讲就是计算机可以存储记忆、会运算，在这方面，计算机的智能水平早已经远远超过人类。感知智能就是计算机具备类似人类视觉和听觉等方面的能力（如听到了什么？），其对应就是语音识别，目前机器知觉（Machine Perception）可处理感知型的数据输入，其中人脸识别就是感知智能技术的一种人工智能应用。认知智能就是以感知智能作认知推理的数据基础，通过计算机来模拟人类认知推理能力。认知智能强调自主知识、推理等技能，要求机器能理解、会思考，是未来数十年人工智能领域重要的研究方向，也是新一代人工智能技术浪潮向更高、更新推进的原动力。认知智能机器从计算智能发展到感知智能，标志着人工智能走向成熟；从感知智能发展到认知智能，可谓人工智能质的飞跃。认知智能与人的语言、知识、逻辑相关，是人工智能的更高阶段，涉及语义理解、知识表示、小样本学习甚至零样本学习、联想推理和自主学习等。相比计算智能和感知智能，认知智能是更复杂、更困难的任务。

人们在做推理的时候，会运用两个系统：系统 A 为直觉系统；系统 B 为理性系统，包括推理、逻辑思考、决策等。直觉系统在被给定某个关系以后，只要算出相似度，就可以立即给出匹配结果，相较推理而言，可以更快形成信息关联。人工智能的深度学习应该融合系统 A 与系统 B，让机器学习与人的逻辑思考、常识知识图谱结合起来，其中，构建图神经网络是重要方法。

近年来，随着深度学习在视觉感知领域的蓬勃发展，机器在感知智能方面的性能已经可与人类媲美，在许多场景下甚至超过人类。回顾 3 次技术浪潮发展的脉络，我们对人工智能未来发展趋势逐渐有了清晰的认识：从感知到认知，以深度学习为代表的算法是目前的研究重点。从自然语言处理的角度来看，人工智能在认知智能领域发力，谷歌提出的 BERT 代表预训练算法得到了快速发展。之后，卡内基梅隆大学与谷歌人工智能大脑联合提出的 XLNet 通过双向网络的方法超过了 BERT 的性能。接着，谷歌研究院创建人工智能模型 ALBERT，在性能上进一步“碾压”BERT 和 XLNet。对此，中国科学院院士张钹指出：建立可解释性（Interpretability）、鲁棒性（Robustness）的人工智能理论和方法；发展安全、可靠、可信及可扩展的人工智能技术；推动人工智能创新应用。在具体实施上，一是要与脑科学融合，发展脑启发的人工智能理论；二是数据与知识融合的人工智能理论与方法。构建认知图谱，其核心就是知识图谱、认知推理和逻辑表达。

1. 认知智能表现：识别、理解与推理、决策

认知智能在人工智能领域中的地位是最高的，它的突破直接关系它对世界的认知、思考和回应。认知科学（Cognitive Science）是一门研究认知如何工作的交叉学科，自诞生之初便与人工智能有着密不可分的关系。人工智能作为人类模拟大脑功能的尝试，其本身也可以看作认知科学理论的一种实践和验证。在探索智能的道路上，现代意义的认知科学主要经历了两个时代，分别为符号主义时代（Symbolism）和联结主义时代（Connectionism）。

其中，符号主义尝试通过操作具有特定含义的符号来实现“智能”，这一思想被后人概括为物理符号系统，而基于符号主义的人工智能也取得了专家系统、计算机推理等诸多辉煌的成就。古典认知科学中的三明治模型（Sandwich Theory）认为，由智能驱动的认知过程可以视作一个由感知、思考和动作这 3 个独立的元素所构成的回路。

识别、理解与推理、决策是人类每天都要做的事情，了解人工智能在这些领域的实施逻辑与能力，不仅可以帮助产品经理更好地了解产品的需求边界，而且可以让使用者更好地了解产品的特性。

（1）识别。识别是一种感知。人类就像是一台机器，要先认识周围的事物，然后才能对自己所看到的事物进行判断，这就是认知的范畴。只不过，人是用眼睛和耳朵来分辨光学和声音的，而计算机却是用各种各样的复杂算法来完成的。随着神经网络和深度学习算法的迅速发展，目前，模式识别在诸如医学图像分析、文字识别、自然语言处理（语音识别、手写识别）、生物识别（人脸、指纹、虹膜识别）等方面都取得了很好的成绩。

（2）理解与推理。识别更加注重人类的分类、标记和回收数据的能力，而理解与推理则更注重对资料进行清晰的区分、深入地解读与归纳。人们

理解事物比认识事物复杂得多，需要投入更多的时间和逻辑。

(3) 决策。无论是人类还是人工智能，在做出决定的时候，都会根据自己的理解和判断做出正确的选择。从根本上讲，这是一种认识的过程，但其重点是要找到替代的方法和应该采取的措施。在做决定的时候，人们会根据自己的需要和价值来做出决定，而机器却没有这么复杂，在目前的情况下，大部分的人工智能都会使用较弱的智能来帮助人们做出决定，而不会将其作为一种独立的选择。

2. 知识图谱

知识图谱即以结构化的方式描述客观世界中实体、概念、事件，以及相互之间的关系，本质是以图的形式表现实体（概念、事物、人）及其关系的知识库，可看作是有向图结构的网络。其中，实体是指客观世界的具体事物；概念是指人类对客观事物的概念化描述表示；事件是指发生在客观世界的活动；关系则指实体、概念、事件之间客观存在的关联。知识图谱技术是指在建立知识图谱中使用的技术，是融合认知计算、知识表示与推理、信息检索与抽取、自然语言处理与语义、数据挖掘与机器学习等技术的交叉技术。

在知识图谱的构建过程中，存在几项关键步骤，即知识抽取、知识表示、知识融合、知识推理、知识存储及知识图谱应用等。其中，知识抽取与知识融合环节是知识图谱构建的基础。通过客户数据库或公开网络获取的多源异构数据具有冗余、噪声、不确定性等特征，前期的数据清洗工作并不能实际解决这些问题，需要对相关数据抽取后进行融合操作并对质量进行评估，以便及时更新知识，保证知识图谱的准确性。同时，已有知识构建数据模型形成数据规范作用于知识表示的过程，可以及时对数据模型进行修订，保证数据模型针对特定数据的实时性与有效性。

知识图谱技术源于语义网络，经过半个世纪的发展，融合本体论、群体智能使得知识图谱又形成自身特点。在实际业务应用中，知识图谱技术有以下特点。

(1) 可视化。知识图谱自身具有可视化的特征，是图表类型的知识库。知识图谱能够用图形的形式展示多个实体之间的关系。当前，利用知识图谱技术对实体之间的关联进行了研究，显示了其在多个方面的应用。

(2) 精确度。在基于知识图谱的语义网络中，能够从多个视角进行信息挖掘，确保相关信息的准确。

(3) 关联分析。基于“边”的知识图谱，注重实体之间的联系和扩展。在实际的商业应用中，通过使用知识图谱技术可以迅速、高效地识别不相关实体之间的隐含联系。目前，知识图谱在金融市场、风控、智能刑侦、智能经侦、治安管理、数字化政务等方面有着广泛的应用。

(4) 可扩展性。由于知识图谱自身的构造方法，它自身具有很好的扩展能力，一旦形成特定的知识图谱，就可以迅速扩展。同时，各专业之间的知识图谱也具有一定的扩展性，在知识提取和融合阶段，对领域业务知识的依赖度很低，而影响知识图谱应用效果的主要因素是高层商业模式。

(5) 可解释性。知识图谱弥补了机器学习的缺陷，自身与人类认知相似，通过实体、关系和属性认知世界。知识图谱目前都是大量的知识库，具有丰富的语义，可以将问题和解释性结合起来，提供解释性的资源。

(6) 知识学习。知识图谱通过推理、标注、纠错等自带反馈功能的学习机制，迅速积累和沉淀产业知识，建立领域知识库，减少对行业经验的依赖。

人工智能分为感知智能、认知智能和行动智能 3 个阶段。知识图谱是认知智能关键技术，目前已经在金融业、医疗与医药行业、政府与公共服务行业及能源与工业行业领域中被应用。认知智能时代的到来，在感知智能之上，提高了人工智能的理解分析能力。在认知智能阶段，机器可以利用知识图谱来挖掘潜藏的关联，对“肉眼”看不见的关系与逻辑进行深入的分析，从而实现指导企业进行最终的商业决策。

3. 人工情感

计算机被认为是逻辑、理性和可预测性的典范，在人工智能核心技术逐步走向成熟的今天，人们面对的一个新的瓶颈是如何让冰冷的智能装置具有人性的情感温度。因为情感对人们的智力、理性决策、社交、感知、记忆、学习、创造性等方面都很重要，所以人工情感（Artificial Emotion）计算将是未来人工智能研究的主流方向。过去，计算机运算中对情感的考虑在很大程度上被忽略了，致使目前智能产品对用户来说是冰冷的科技装置，当进行人机交互时，明显感受到缺少人性情感温度的情感，所以智能产品人机情感交互在实现中起着至关重要的作用。当前首先需要解决的是人工智能如何能够模拟，甚至具备人类情感特征，其研究的突破口将在于人机共情的情感计算模式。人工情感中的情感计算可作为一个计算机学习和模式识别的问题，决定每一种情况下对于每个个体来说哪些特征可作为最好的预测器。

所谓情感，是指人们对世界事件的即时反应，在社会生活中起着举足轻重的作用，并造成了大量的有意或无意的行为；而情感计算则是对情绪的生成及影响进行计算。事实上，情感也只有在智能产品使用脉络的情境之中才有其价值与意义。从人工智能视角来看，机器人可以通过各种传感器，取得由多模态（听觉、视觉、嗅觉、触觉等多种方式）情绪、情感所引起的表情与生理变化信号，针对这些信号进行识别和提取情感特征，分析人的情感与各种感知信号的关联以理解人的感情，并依此做出适当的响应。情感计算是通过各种传感器获取由人的情感所引起的生理及行为特征信号，建立“情感模型”，从而创建感知、识别和理解人类情感的能力，并能针对用户的情感做出面部表情、自然语言、身体姿态等交互智能、灵敏、友好反应的个人计算系统。与情感计算有关的领域有情感交互、意见探勘、数据探勘、情绪辨识、人工智能、自然语言处理、语音识别、脸部辨识人机互动、认知科学、图像处理等。情感不仅有助于智能产品更具吸引力，而且直接影响人们以智能方式交互的能力，并让机器更有用、接受度更高。为了智能产品能够模拟解释人类的情绪状态，做出相适应的行为，需在智能产品面部表情、自然语言、身体姿态等交互方面对情绪给予恰当的回应。因此，计算机在认知、表达及在某种情况下是“有”情感的，必须考虑到：如何从多模态的角度进行情感信息融合、识别与理解，实现自然和谐的人机交互平台环境？在智能推理过程中，如何考虑情绪影响的因素，实现真正意义上的拟人推理过程？如何验证机器情绪的正确性，也就是人工情感研究所面临的图灵测试问题？

总之，认知智能是人工智能发展的高级阶段，从国外的研究趋势来看，人工智能能否更智能，认知智能技术的突破是关键所在。未来，人工智能将成为具有认知推理能力、实现模型的可解释性、具有小样本学习能力的新智能。

参考视频：“情绪识别”

参考视频：“表情识别与数字人模拟”

4.6 智能机器人

多年来，“机器人”的概念一直保持不变，其主要是在工业应用中帮助人们进行日常劳动（图 4-24、图 4-25）。随着人工智能、云计算、大数据、物联网等技术的普及，机器人的概念已经发生了革命性的变化和重新定义。例如，在新型冠状病毒感染疫情侵袭全球时，各种消毒、测温、巡检等机器人“火线”上岗，为抗击疫情做出积极贡献。由于越来越需要高质量的服务，因此用机器人代替人工已经成为一种潮流，这是人工智能未来发展的另一个领域。智能机器人能够操纵对象、辨别方位，进而解决定位、机械臂运动或机器制图等延伸问题。对于机器人的定义，各科研单位给出了不同的解释。ISO 标准视机器人为一种可编程的执行器，它可以在其范围内移动，以完成预定的工作。机器人是一种高柔性的、具有与人类或其他生命所特有的智能的机械，如感知、规划、协作等。我国颁布的《机器人与机器人装备词汇》(GB/T 12643—2013）将机器人定义为一种拥有两根或多根可编程轴线，并具有一定的自主性，能够在其范围内活动，完成预定的工作。

其具有绝佳的机动性和协调性，能利用整个身体来执行一系列相当于体操选手级别的动态动作。

图 4-24 BOSTON DYNAMICS 公司 Atlas 人形机器人

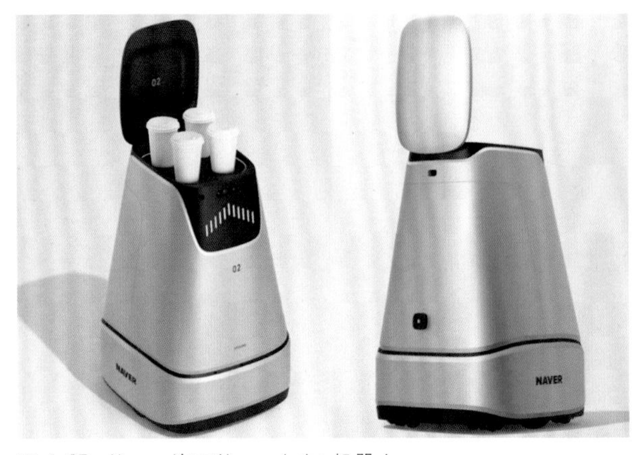

图 4-25 Naver 旗下 Naver Labs 机器人

智能机器人是一种人工智能、信息处理、语义理解、环境理解、地图生成、目标识别和语音识别等领域的集成，拥有感知、学习、理解或推理形成新知识和应对新情况的能力。就设计来说，机器人是载体，其在具体行业的应用及与场景的融合才是其发展的焦点。当前，以深度学习、知识图谱为代表的新一代人工智能技术已经逐步脱离单纯以学术为驱动的发展模式，充分融合计算机视觉、语音识别、自然语言处理、知识图谱等人工智能技术，智能化水平显著提升，通过感知环境和思考的能力，从外部环境中获取资源和信息，并对这些信息进行处理，在一定条件下模拟人类操作完成的动作或功能的机器。其规划内容包括任务规划、运动规划、路径规划。其控制部分主要有机械手控制和脚控制。而在人与人的互动中，包括识别人、与人沟通、与人合作等。柔性机器人是近几年发展起来的一种新型柔性电子、力感知与控制技术，具有感知力觉、视觉、声音等感知功能，也具有柔软、灵活、可编程、可伸缩等特点，结合柔性电子技术、力感知与控制技术，提高了对各种工作环境的适应性。智能机器人的关键技术包括视觉、传感、人机交互和机电等，尽管在机器视觉领域，人类的身体辨识技术已经取得了许多的成就，但在人机互动中，机器人不仅要能够识别出人类的存在，而且要根据人类的行为和意图做出反应，并与人类进行沟通和合作。

由于批量生产的需要，自动控制技术得到了极大的发展，从而催生了新一代的机器人。从整体上看，机器人的发展经历了 3 个阶段：过程控制机器人、自适应机器人和智能机器人。

第一代：过程控制机器人。第一代机器人完全按照事先装入存储器中的程序步骤进行工作，如果任务或环境发生变化，就要重新设计程序。这种机器人可执行拿取、包装等固定工作。

第二代：自适应机器人（机器人装备有感应器）。第二代机器人通过视觉、触觉、听觉等感应器来获得工作环境、工作目标的信息，并通过计算机对其进行处理、分析，从而下达行动命令。这种机器人可以根据周围的环境自动调节自己的行为，适用于焊接、装配、搬运等作业。

第三代：智能机器人。第三代机器人具备类似人的特性，在具备了动态调节、自适应调节的同时，也具备了智能、互动、思考的能力，可以独立处理各种复杂的问题。

1. 智能机器人的分类

人工智能、物联网、大数据、云计算等技术的飞速发展，以及图像识别、语音识别、自然语言处理等智能技术的发展，为智能机器人的进化奠定了坚实的基础。目前，国际机器人联合会从智能机器人的应用角度，将其分为两大类：一类是工业机器人，另一类是服务机器人（表 4-5）。另外，根据我国机器人工业的发展特点，以及特定的工作环境要求，将服务机器人划分为三大类别：个人和家庭服务机器人、公共服务机器人、特种服务机器人。

近期，由于下游制造业的迅速恢复，以及各个生产厂商对自动化升级的要求不断提高，工业机器人的发货量出现了强劲的增长。在工业机器人的生产中，需要大量的辅助设备来实现精密的协作。当今，由于工业机器人具有扩展性和可靠性的优点，其得到了越来越多的应用。工业机器人广泛地应用于装配、搬运、焊接、涂胶、喷涂等领域。在工业机器人的应用方面，汽车和电子产业是两个主要的应用市场。随着工业机器人生态系统的不断完善，其应用范围也逐渐扩大到金属加工、家电制造、化工等领域。目前，全球服务机器人产业

表 4-5　智能机器人从应用角度分类

工业机器人	一般包括搬运机器人、码垛机器人、喷涂机器人和协作机器人等	
服务机器人	公共服务机器人（行业应用机器人）	包括智能客服、医疗机器人、物流机器人、引领和迎宾机器人等
	个人和家庭服务机器人	包括个人虚拟助理、家庭作业机器人（如扫地机器人）、老人看护机器人和情感陪伴机器人等
	特种服务机器人	包括应用于国防和军事、搜救救援、医疗、科研探测等领域的机器人

都处于新兴发展阶段，我国服务机器人虽然起步较晚，但在技术和产业化水平方面与国外公司差距不大，甚至部分产品市场化应用已经领先全球，具备先发优势。特别是人工智能技术的发展，带动我国服务机器人产业向智能化方向迈进。随着服务机器人产品的多样化，服务机器人正逐步渗透到各个行业。例如，在个人和家庭服务方面，有扫地机器人、教育机器人等，极大地方便和丰富了人们的生活；在餐厅、宾馆、银行、场馆等特殊场合，公共服务机器人也在逐渐落地应用；在特殊服务领域，具有精密操作优势的医疗机器人，以及适用于水下搜救救援、空间探测、核环境等极端危险环境的公共服务机器人也在逐渐落地应用。

核心零部件是机器人产业的核心竞争力，也是机器人价值量最大的部分。构成机器人的软件及集成方案框架如下所述。

(1) 芯片。芯片主要负责机器人作业的数据计算和指令下达，市面上常见的机器人芯片包括通用芯片和专用芯片两类。通用芯片面对机器人庞大的深度神经网络计算量有些吃力，但是其可移植性和延展性较好；专用芯片是专为人工智能计算设计的芯片，功率高、性能强大，但是整体处于研发早期阶段。

(2) 控制器。控制器主要负责发布和传递动作指令，控制机器人在工作中的运动位置、动作姿态、运动轨迹、操作顺序和动作时间等。

(3) 伺服舵机。伺服舵机主要用于驱动机器人的关节，从而控制速度和转矩，实现机器人精确、快速、稳定位移。伺服舵机技术壁垒较高，外资品牌占据了国内伺服系统市场的大部分份额，国内厂商正在发力追赶中。

(4) 传感器。传感器主要为机器人提供视、力、触、听等多种感知能力，使之能够精准感知、敏捷运动、自主决策。

(5) 减速器。减速器主要安装在机器人关节处，用来精确控制机器人动作，传输更大力矩。减速器主要分为 RV 减速器和谐波减速器两种，RV 减速器通常应用于负载较大的关节，谐波减速器主要配置于负载较小的关节。

机器人软件与集成解决方案通过系统集成，把机器人与环境及第三方设备等有机整合在一起，使其能够在具体场景下落地应用，如表 4-6 所示。

(1) SLAM（同步定位与建图）与机器视觉。它用于即时定位与地图构建（Simultaneous Localization And Mapping，SLAM），主要解决机器人在实际环境中的定位与运动导航等问题。SLAM 传感器主要有激光和摄像头两类，激光 SLAM 是当下主流，视觉 SLAM 是未来发展方向。常用的机器视觉技术包括环境感知、三维空间重建、人脸和物体识别等。

(2) 语音交互。通过语音识别、语义理解、语音

表 4-6 构成机器人方案框架

SLAM（同步定位与建图）	能即时定位与地图构建，解决机器人定位、运动导航等问题
机器视觉	环境感知、三维空间重建、人脸和物体识别等
语音交互	通过自然语言处理，让机器人可以听懂人类语言，并能与用户进行语言沟通
系统与应用	软硬件资源的整合管理软件平台，开源系统可自主进行应用开发
云平台	提供不受时空限制的即时高速运算与存取应用环境

生成等自然语言处理技术，让机器人可以听懂人类语言，并能与用户进行语言沟通。

(3) 系统与应用。操作系统是机器人软硬件资源的整合管理软件平台，设计师可以在平台上对机器人进行应用开发。

(4) 云平台。将云计算与机器人结合，可以为机器人提供更大的信息存储空间和超强的计算能力。同时，云计算能够赋予机器人更多智慧，如环境信息云端检索、比对及最佳避障路径等。

2. 服务机器人

国际机器人联合会对服务机器人的定义：为人类或设备执行有用任务的机器人。智能服务机器人则是在传统服务机器人的基础上，运用人工智能技术赋予其自适应的感知、认知、决策及学习能力，在复杂环境中可以在一定程度上自主化地完成相应任务，并通过学习不断提升自己的能力。

智能服务机器人大致可分为家用和商用两个方向，可以在居家、养老、商业、物流等场景进行应用，服务的对象和场景具有多样性和复杂性，需要对新的开放场景、新的对象和新的任务具有自适应能力，且其功能与作用范围也各有不同。典型智能服务机器人产品分析如表 4-7 所示。目前，智能服务机器人在医疗、教育、家居等场景有广泛的应用。随着机器人技术水平进一步提升，市场对服务机器人的需求快速扩大，应用场景将不断拓展，应用模式不断丰富。

服务机器人的应用开发更多的是基于场景的需要，如饭店的送餐机器人、酒店的送货机器人、政务和金融机构的办公机器人等，并在一些行业中获得了广泛的认可。服务机器人的物理载体一般由基本框架、运动系统、控制系统、外壳、交互界面等组成。根据不同的服务功能和环境，它的运动性能和运动模式可以分为轮式、履带式、步行式、飞行式等，还可以由人类来搬运，如小型的智能宠物。

目前，服务机器人应用的主要目的是提高服务的实用性，主要目标是服务，服务对象是社会中的人们，所以其核心特性就是要满足不同的使用者的需要。随着服务机器人技术的发展，其发展方向将是“规模化”“智能化”“类人化”“互动形态多元化”。除此之外，安全、环保、节能、美观、便捷等也是现代服务机器人应该具有的重要特性。下面将围绕服务机器人居家应用场景和医疗机器人应用场景进行讲解。

(1) 服务机器人居家应用场景。

与扫地机器人相比，陪伴机器人还是一个新兴的行业，包括老人陪伴机器人、儿童教育陪伴机器人。其中，老人陪伴机器人是一种在居家或养老院中使用的机器人，能自动地进行导航、躲避障碍物，并能通过声音、触摸屏进行互动；同时，它还可以实时监测血压、心跳、血氧等

表 4-7　典型智能服务机器人产品分析

产品类型	主要用途	主要功能	支撑 AI 技术
家用服务机器人	家务、陪护、娱乐、教育、健康服务、安全监控等	自主定位导航、人脸唤醒、语音唤醒、知识问答、数据监测与分析等	语音识别与合成、自然语言处理、计算机视觉、深度学习、知识图谱等
商用服务机器人	导购、导览讲解、物流、安防、巡检、咨询、送餐等	自主导航、智能自动避障、自主路径规划、远程视频控制交互、自动跟随等	自然语言处理、计算机视觉、深度学习、知识计算引擎与知识服务等

各种生理指标，并能在遇到突发事件时向其家人发出警报或向其监护人报告。儿童教育陪伴机器人的功能包括教育、娱乐、陪伴等。人工智能技术与教学内容的深度融合，可以将教育领域由教室扩展到家庭，并将机器人管家服务、日常关怀、规范监督、互动行为等有机融合。当前，儿童教育陪伴机器人还处在起步阶段，多数产品的娱乐属性偏多。如何把娱乐属性和教学属性结合起来，使其更好地完善教育内容系统，已成为许多市场所关注的问题。例如，Samsung 智慧家庭机器人 Samsung Bot ™ Handy 如图 4-26 所示。

参考视频："三星智能机器人"

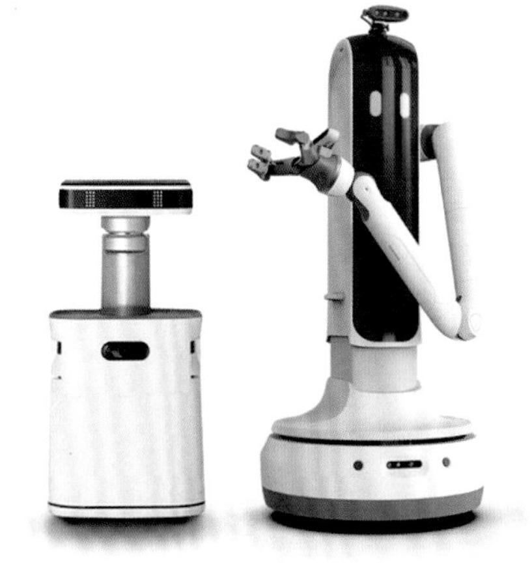

Samsung 在 2021 年国际消费电子展发布智慧家庭机器人 Samsung Bot ™ Handy，它能够分辨各种物体的材料成分，并能够利用适当的力量抓取和移动家居物品和物体，作为人们值得信赖的合作伙伴帮助人们做家务，如清理凌乱的房间或在饭后整理菜肴。

图 4-26 Samsung 智慧家庭机器人 Samsung Bot ™ Handy

(2) 医疗机器人应用场景。

医疗机器人缓解了医疗资源紧张的问题，能有效辅助医护人员，提供高效率、高质量的医疗服务，具备较高的行业价值，医疗应用场景覆盖诊前、诊中、诊后全流程。医疗机器人应用场景如表 4-8 所示。医疗机器人是指在医院、诊所、康复中心等医疗场景中，用于手术、康复、辅助服务的半自主或全自主工作的机器人产品。目前，市场占比中康复机器人较高，手术机器人发展潜力大。具体来看，康复机器人技术门槛较低，在人口老龄化的趋势下已实现广泛应用，市场占比达 47%；手术机器人技术门槛高，能够满足患者对高精度、高自由度手术操作的需求，受到资本市场青睐，其发展前景广阔。

表 4-8 医疗机器人应用场景

类 型	功能场景	细分类别	优 势
康复机器人	辅助人体完成肢体动作，用于损伤后康复及提升老年人、残疾人运动能力	牵引康复机器人、悬挂式康复机器人、外骨骼康复机器人	能持续稳定地进行高重复度工作，保障运动一致性； 根据患者损伤程度与恢复程度提供定制化训练计划，缩短恢复周期； 对患者康复训练过程中的生理学数据进行监测，及时反馈康复进度，协助医生调整治疗方案
手术机器人	由外科医生控制，用于手术影像引导和微创手术末端执行，协助医生进行术前规划、术中定位与导航及手术操作	腹腔镜手术机器人、神经外科手术机器人、骨科手术机器人、神经介入手术机器人	机械臂活动自由度高，手术操作精度高，损伤率低，减少失血及术后并发症风险； 过滤医生生理震颤，稳定性高，降低术中风险； 具有三维高清图像及数字变焦功能，提供更流畅视觉效果，提高手术精度及稳定性
辅助机器人	在医疗过程中起到辅助、补充作用	胶囊机器人、采血机器人、远程医疗机器人	减少人员接触，提升医疗过程的安全性； 提升医疗服务效率，促进医疗资源合理配置； 人工智能精确控制，提高血液采集、胃镜检查等就医过程安全性与准确性
服务机器人	提供非治疗辅助服务，减轻医护人员重复性劳动	医用运输机器人、杀毒消菌机器人、配药机器人	减少人员接触，避免交叉感染； 高效率、高精度工作，提升杀菌、清洁、配送等服务工作频率与质量

3. 工业机器人

工业机器人是指应用于生产过程与环境的机器人，主要包括人机协作机器人和工业移动机器人（图 4-27、图 4-28）。工业机器人能够通过编程或示教自动运行，具有多关节或多自由度，以及视觉、力觉、位移检测等功能。它可以通过自主判断工作环境和作业对象，替代人工完成各类繁重、乏味或有害环境下的体力劳动。当前，工业机器人已在装配、搬运、码垛、焊接、涂胶、喷涂等领域广泛应用。其中，汽车和电子是市场份额最大的两大应用行业。例如，格力生产的 GR12A_2.0 工业机器人采用格力最新的通用化、模块化、轻量化结构设计，配合格力自主研发行业领先的伺服电机及驱动器，使机器人运动速度更快，精度更高，已广泛应用于焊接、装配、搬运、码垛、涂胶、包装及机器人教学等领域。目前，招工难度不断提升，工业机器人有望帮助补足用工缺口。

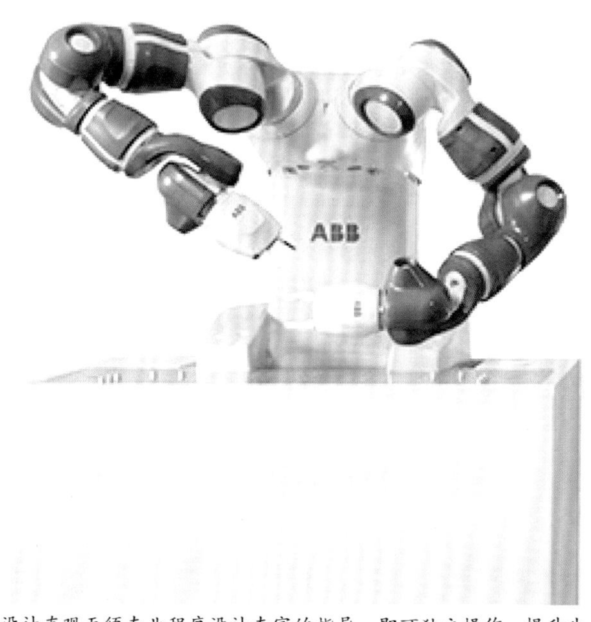

设计直观无须专业程序设计专家的指导，即可独立操作，提升生产柔性，简化生产流程，改善产品质量，助其走向互联、协作的未来工厂。

图 4-27　ABB 公司 2021 年新推出 GoFa 和 SWIFTI 系列人机协作机器人

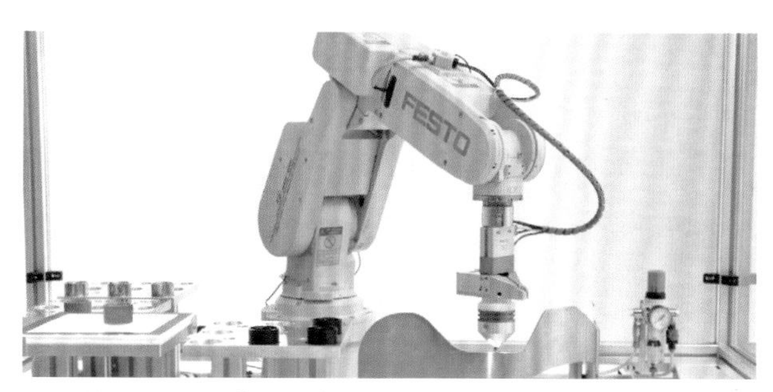

图 4-28　FESTO 关节式机械臂的工作站

目前，我国制造业面临着一个重要的发展机遇，半导体、显示面板、智能消费电子终端、新能源等高端制造业的产能不断扩张，自动化、智能化、网络化制造趋势显著，从而产生了更多元化的工业机器人研发与应用需求，有力推动我国工业机器人整体装机量和人均使用密度的双增长，持续扩大市场容量。为了适应各种应用场合的需要，需要设计出各种类型的工业机器人。根据工业机器人的结构特征，可以将其划分为四大类：纵向多关节机器人、SCARA 机器人、人机协作机器人和 DELTA 机器人。而在工业机器人的整体设计中，通常会要求大量的辅助装置，如工具夹具、传送带、焊接变位机、移动导轨等，它们与工业机器人的有效配合和精密协作是未来工业机器人技术发展的一个重要趋势。在今后 5 年内，智能感知机器人将逐渐取代传统的工业机器人，并在服务机器人中实现大规模的应用。

参考视频：“无人生产线”

4. 特种机器人

随着全球局势的复杂和极端天气的频发，灾害救助在军事应用、治安维护、抢险救灾、水下勘探和高空作业等高风险领域的应用越来越广泛，而采矿机器人也逐渐向深海领域扩展。特种机器人的使用环境十分复杂，不仅需要稳定的工作状态和快速的运动模式，而且需要在人机交互的频繁情况下，保持高度的安全和自我识别，从而可以部分取代或完全取代手工操作，在安全性、时效性、保密性等方面都能有效地满足用户的要求。为提升应急处理能力，有效降低无谓的生命损失，各国有关研究机构和创新公司纷纷加大资金投入，加大对救灾、仿生等特殊机械的研发支持。

目前，我国特种无人机、水下机器人、搜救和排爆机器人等系列产品已初步形成规模，并在一些领域形成应用优势。例如，深之蓝公司为南水北调项目研发的水下专用机器人设备（图 4-29），适用于 2.0m/s 的高流速工况，可以对闸门、衬砌板、桥梁墩柱等水下设施进行数据采集及隐患排查，可进行多任务搭载，集成了无影泛光灯、高清摄像头、2D/3D 扫描声呐、清洗电刷、机械手等设备，可完成复杂检测任务。其功能包括：全自动巡航驾驶，省时省力；高精度导航系统，精准定位；全自动缆轴提供恒张力，布放回收无须人力；支持异常状态自主返回，安全智能。

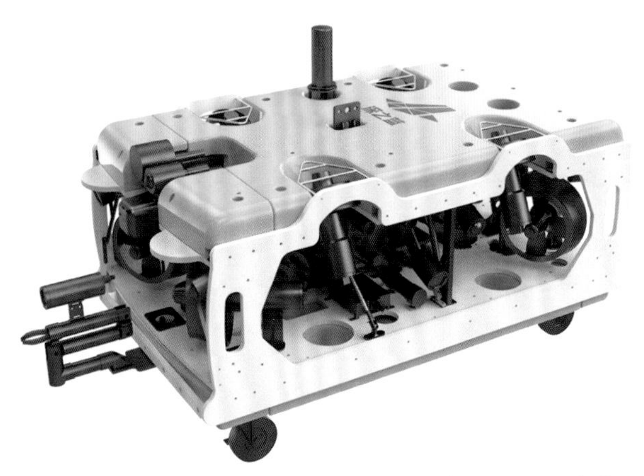

分为通用型、长距离和高抗流型，可实现高清水下观察、声学扫测、三维重构等功能，解决了明渠、长隧洞、倒虹吸、箱涵、暗渠等多种工况下的带水检测问题。

图 4-29　深之蓝公司南水北调高抗流水下机器人

近几年，全球机器人产业的创新组织和企业围绕人工智能、人机协作、多技术融合等方面进行了探索，在仓储、工厂、医疗康复等方面的应用也在持续深化，推动机器人成为构建新时代生产力的核心力量。根据中国电子协会的数据，2021 年世界机器人市场的格局以 43% 的工业机器人为主导，37% 的服务机器人和 20% 的特殊机器人构成。

智能机器人将会与深度学习技术相结合，将会应用在更多的领域，并逐渐取代传统的工业机器人成为生产领域的主流。同时，在服务机器人方面，也已经实现了商业化，在场景体验、成本等方面都有了明显的优势，并开始大规模的推广。人工智能技术作为服务机器人实现快速发展的关键，目前已从“知觉智能”到“认知智能”，并在深度学习、自然语言理解、知识图谱、虚拟现实、场景识别、情感识别和推理等领域都有了长足的发展。如今，人工智能已在许多以前很难办到的事情上发挥了作用。例如，用手机照相机，可以辨认出我们不知道的植物，了解它们的种植方法；机器人可以帮助人们提高行动能力，如外骨骼机器人帮助患者恢复健康；家庭机器人可以帮助老人做家务。相关数据显示，到 2030 年，家庭智能机器人的使用量有望达到 18% 以上。人工智能是一种涉及人类思维和创造的活动，它要求结果具有可解释性，并且符合人类的思维逻辑，能够通过自然语言进行无缝隙的沟通。在未来，人工智能发展将从感知到认知，从弱人工智能到强人工智能。

由于非标化应用、复杂场景多干扰等因素的叠加，机器人的应用不再局限于自动化、易控化，而是对其一体化、智能化程度的提高。在智能机器人今后的发展中，深度学习、抗干扰感知识别、听觉视觉、语义理解、自然语言理解、情感识别与人机互动等关键技术将会有重大突破，机器人的认知能力将会得到极大的提高，其服务范围和服务对象也会随之扩大。

习　　题

一、填空题

1. 图像识别发展历经了3个阶段，分别为：________、________及________。

2. 人工智能的识别能力分为 5 个等级，分别为：________、________、________、________及________。

3. 自然语言处理主要解决计算机如何用人类的沟通语言进行人机交谈，其主要技术领域分别为：________、________及________。

二、思考题

1. 请分析计算机视觉与机器视觉内涵的异同，并列出应用实例，说明其运作原理。

2. 请试着列举某智能产品自然语言处理应用实例，并分析语音识别、语音合成、文本和语义理解 3 个场景的运作流程。

3. 请说明机器学习、深度学习、资料科学及人工智能之间的关系。

4. 请解析一下算法、模型与训练学习之间的关系。

5. 请说明认知智能的概念及未来发展方向。

6. 请综合分析智能机器人的分类、目前发展及应用现况。

第 5 章
智能应用平台支撑技术

人工智能产品所表现出来的智能特征，是与多种人工智能技术的支撑密不可分的。人工智能核心技术必须在一个能满足运行条件的平台支撑应用基础环境中，才能让智能产品展现智能化价值。因此，互联网、物联网、传感器、大数据、5G 移动通信技术、云计算、区块链、VR/AR/MR/XR 及元宇宙等支撑应用基础和硬件升级带来的强大计算能力，是人工智能核心技术发展与应用的基础。

目前，智能化平台支撑应用基础设施的发展正在从单一、集中和分层的系统转向具有本地和全球自治、模块化、可扩展性、低成本、稳健性、自组织和适应性的高度分布式网络系统。接下来本章将分别介绍其相关概念，以便读者在智能产品设计开发时能把握要点，合理地开展设计方案。

学习目标

- 理解互联网产品的相关分类及应用；
- 了解传感器的具体概念、分类、运作原理及相关应用；
- 理解大数据的概念、特征及相关应用；
- 了解传感器、5G 移动通信、大数据及物联网的相关概念及应用；
- 了解云计算、区块链的概念及未来发展方向；
- 了解 VR/AR/MR/XR 与元宇宙的相关概念及应用。

学习要求

知识要点	能力要求
互联网产品分类	能具体说明互联网产品分类及运行平台分类
物联网	能了解物联网具体的概念、互联模式；能根据物联网框架说明运作逻辑；能举例说明物联网的结构和核心技术
传感器	能了解传感器的具体概念、分类及运作原理；能举例说明传感器与物联网的相互关系
大数据	能了解大数据的具体概念，并指出大数据质量的 5V 特征；能了解大数据质量的 4R 衡量标准；能举例分析知识金字塔的 3 个层次
5G 移动通信技术	能具体说明 5G 移动通信技术的具体概念、应用场景
云计算	能具体说明云计算的具体概念、特点与优点；能举例说明云计算的应用场景；能具体说明云计算与物联网、大数据的关系
区块链	能具体说明区块链的具体概念、特点与优点、应用场景
VR/AR/MR/XR	能分别说明 VR/AR/MR/XR 的概念、特点及应用
元宇宙	能了解元宇宙的概念、特点及应用；能说明元宇宙与 VR/AR/MR/XR 之间的关系及应用

5.1 互联网

因特网（Internet）于 1969 年在美国被发明出来，人们将计算机网络通过铜线、光纤或无线连接的计算机网络互相连接在一起的方法称为“网络互联”，又称网际网络。在此基础上发展出覆盖全世界的全球性互联网络称为互联网，即互相连接一起的网络结构，也就是由能彼此通信的设备组成的网络。借助操作系统和应用程序，一些家用电器和其他数字设备现在可以连接到互联网，为用户提供了新功能，解决了信息的共享、交互，可以说几乎在瞬间颠覆了很多传统的商业模式，从卖产品变为卖内容和服务。

1. 互联网和万维网的区别

万维网（World Wide Web，WWW）为软件部分，是超链接的网页的集合和网址，是一种开放式的超媒体信息系统，并非某种特殊的计算机网络。它是一个大规模、联机式的信息储藏场所，是运行在因特网上的一个分布式应用，是无数个网络站点和网页的集合。因此，万维网并不等同互联网，万维网存在于互联网中，是互联网所能提供的服务之一。

20 世纪 90 年代，随着互联网在中国的迅速发展，中国传统商业进入互联网商业时代。在这一时期，电子商务蓬勃发展，为商业活动赋予了新的活力与机遇，从时间维度上突破了“即时同步”所带来的限制，从而让商业活动的参与方通过“错时异步”的方式提高了交易的频率与效率，在空间维度上打破了传统的“现场”交易，实现可以进行“异地”不见面交易，通过信息技术支持的产品搜索与需求匹配，激发了产品与技术的蓬勃创新，极大地促进了社会经济活动的活跃与发展。在本质上，互联网商业是一种平台化模式，是一个基于网络平台的巨大流量形成的网状利益体系，中心化程度极高，垄断性质极强，数据由各个消费者产生，但是由中心化的节点如运营商完全掌握，运营商对数据具有极大的处置权。

2. 互联网数字经济

近几年，网络新型设计开始跨越网络，逐渐向传统行业渗透，从业人员在传统行业（如制造、建筑、医疗、交通）的比重不断增加。它是实现传统领域数字化转型、建设数字社会、数字政府的重要一环，为数字化和用户体验的提高提供了更多的创新动力。设计媒介从传统的实体设计到具有互动的过程、体验感受、服务内容和品牌观念的抽象交互过程，将会在更大的范围内扮演更重要的角色（图 5-1）。它的设计媒介是抽象的交互过程、体验、服务内容和品牌理念，它可以跨越网络，扩展到传统和新兴的领域。网络新型设计充分融入国家的发展战略，在许多数字化的应用场景中扮演着重要的角色，比如在建设一个美好的数字生活的新图景时，其利用信息的无障碍设计，能帮助那些处于劣势的群体跨越“数字鸿沟”。可见，因特网缩短了消费者、设计者和企业之间的交流距离，正日益深刻地影响各行各业

图 5-1　爱奇艺构建了MOD，包含短视频、移动直播、动漫画、电影票

的经营方式，从而产生巨大的经济效益。它的主要影响是生产力的提升，因为网络技术使得许多传统的商业过程，如产品的研发、供应链管理、销售、营销等，都得到了极大的改善，所以可以节省很多的费用。因特网还会产生一种新的产品和服务，而这种新的市场在数年之前是没有的。

得益于物联网技术的进步和云计算、通信技术的发展，互联网触达用户的终端体积下限在不断降低、场景在不断扩展、形式在不断丰富，将存储和计算更多地置于后端、利用先进网络实现内容分发、让互联网回归链接本质、降低对终端硬件设备的要求，这是未来互联网服务发展的应有之义，也将催生出更多的互联网服务形式和更加丰富的生态。从市场风口角度来看，互联网服务向海外拓展是以云计算为 IT 基础的，借由万物互联时代 IT 触角不断延伸带来的广泛数据源和人工智能提供的计算能力，为产业化提供了成熟的商业模式。在 C 端生态不断完善的同时，信息技术也将更多地服务于企业端，构建上下游打通、线上线下融合的产业互联网体系。同时，它使得营销传播形式发生了从图文到音视频、从强调内容输出到注重效果呈现的转变。用户不仅追求更优质的视听盛宴，而且希望运筹帷幄地恣意而为。因此，互联网营销也已进入用户关注度和时长争夺阶段，强互动、高可玩，将为互联网营销注入新的活力。

3. 互联网产品的分类

互联网产品有多种分类方式，如按照服务对象的不同，可分为面向用户（2C）产品和面向企业（2B）产品，如表 5-1 所示；按照运行平台的不同，可分为移动端产品、PC 端产品、其他智能设备端产品，如表 5-2 所示；而按照用户需求的不同，可分为交易、社交、内容、工具、平台和游戏。下面我们就不同类型产品的特点作简要论述。

表 5-1 按照服务对象的不同分类及内涵

服务对象	内 涵
面向用户（2C）产品	需要更多地注重用户体验，需要对人性有充分的了解。了解人在不同场景下的不同需要，由此而激起的欲望及相应的需求
面向企业（2B）产品	一般都是一些具体的组织（如企业、社团、政府），它们比个体使用者更具理性，经常会有清晰的商业指数来衡量使用者的价值，所以产品的设计要以使用者的价值为中心、以利益为重、以体验为重

表 5-2 按照运行平台的不同分类及内涵

运行平台	内 涵
移动端产品	移动端主流平台包括 iOS、Android、Windows Phone 等。各平台都有对应的 Native App，Native App 使用体验较好但无法跨平台兼容。与之相反，Web App 可跨平台使用，但受制于网页技术，在交互体验等方面并不尽如人意
PC 端产品	适合一些即时性较低但信息量大、功能操作复杂的产品，如视频编辑类、图形绘制类、企业服务类产品
其他智能设备端产品	包括 iPad、Apple Watch 在内的其他智能设备终端，但是目前针对这些终端的产品设计并非主流，主要通过其他平台产品兼容或功能简化的方式存在

综观整个互联网市场，在过去 10 年里，互联网技术、服务形式、业务模式不断革新。互联网的发明引领了数字时代的发展，互联网的更新迭代也对产业的格局产生了巨大影响，不仅让消费者和商家都能感受到互联网对生活提供的便利和生产效率产生的促进作用，同时也为互联网产业未来的进一步创新和发展奠定了良好的基础。近年来，随着人工智能、云计算、物联网、5G 通信、区块链等信息技术的飞速发展，互联网行业逐渐成为应用出海、大数据等市场风口，并潜移默化地影响互联网行业沿着规范化、专业化等方向不断前进。放眼具备成为下一代流量聚集地特质的设备，绝不能忽视新兴技术带来的互联网服务形式和内容的创新，以及提高了互联网服务的使用体验。同时，新兴 IT 技术的进步为终端形态带来了无穷的可能性，智能手机这一传统终端中所蕴含的包罗万象的互联网生态仍将在未来 5 年内继续维持并巩固其市场地位，且 5G 通信、AR 等技术的深化落地也为手机端应用的形式创新保留了想象力。随着互联网、大数据、人工智能、区块链、云计算等数字技术不断发展和进步，数字技术加快了向商业领域的渗透，数字商业作为数字经济的重要组成部分，将迎来高速发展的新阶段。今日，互联网让连接无处不在，人们的活动越来越不受物理空间的限制。随着个人数据在各个服务系统之间的高度连通，将来，它可以为人类的需要提供一个真实的、有智慧的实体空间，使其适合人类甚至可以创造一个可以追随人类的“随身空间”。

5.2　物联网

物联网是近年来兴起的一个新兴概念，由麻省理工学院 Kevin Ashton 教授在 1999 年建立的自动识别中心提出的网络无线射频识别（Radio Frequency Identification，RFID）系统时提出。其中，物指一切能与网络相连的物品，网就是物与物之间通过连接互联网来共享并由感测组件（如传感器）产生的有用信息，以及无须人为管理就能运行的机制。其系统构成是通过各种信息传感器、射频识别技术、全球定位系统、红外感应器、激光扫描器等各种装置与技术，实时采集任何需要监控、连接、互动的物体或过程，采集其声、光、热、电、力学、化学、生物、位置等各种需要的信息，通过传感技术、无线传输技术和互联网、无线数据通信等信息传感技术与互联网将具有感知的物品连接起来组成的系统。物联网是可用于识别、远程定位、传感、操作具有实时数据信息流的组件，从而实现人—人、人—物、物—物互连，彼此进行信息交换及通信，以实现智能化识别、定位、追踪、监控和管理的一种网络技术，让数据与流程即时进行智能化识别和管理。由于构建物联网的主要目的是使信息无处不在，将万物互联互通，因此能让一切更加智慧。物联网运作框架如图 5-2 所示。

物联网的结构大致可以分为如下 3 个层次。

（1）传感网络：以二维码、射频识别技术、传感器为主，实现“物”的识别。

（2）传输网络：通过现有的互联网、广电网络、通信网络、无线传感器网络或者未来网络，实现数据的传输与计算。

（3）应用网络：即输入 / 输出控制终端，可基于现有的手机、PC 等终端进行。

综上可知，物联网是将射频识别、红外感应器、全球定位系统、激光扫描器等信息传感设备，按特定

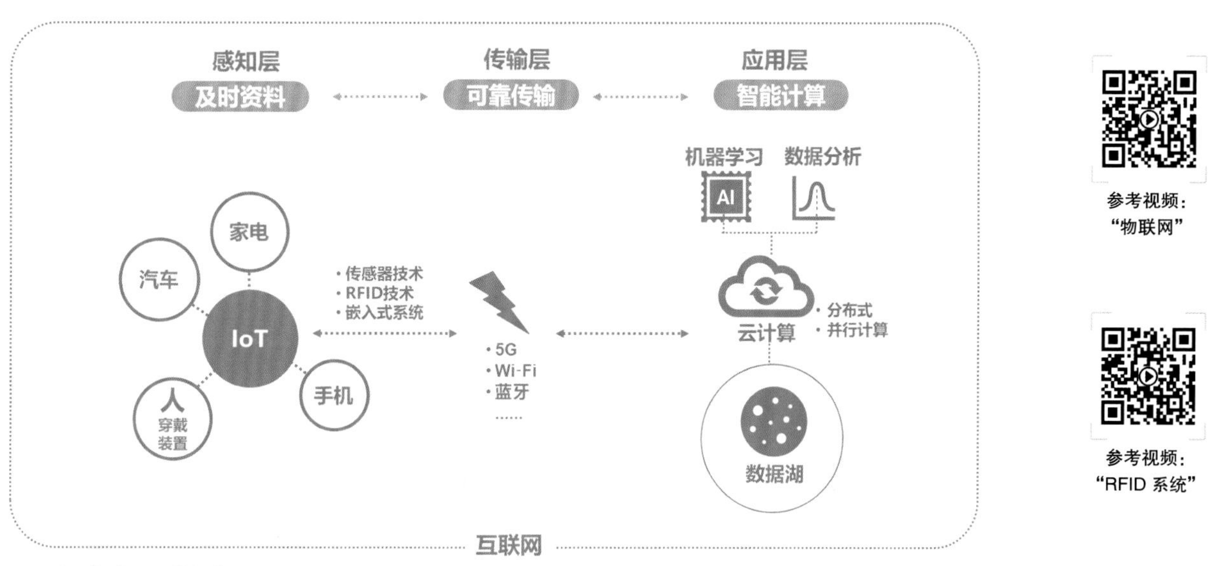

图 5-2　物联网运作框架

协议将设备物品与互联网相连接，将各种传感设备和通信网络结合起来形成巨大网络，实现人、机、物的互联互通，从而彼此进行信息交换及通信，以实现物到物、人到物、人到人的互联智能化识别、定位、追踪、监控和管理的一种网络技术。它使大量传统产品搭载各类成本更加低廉的网器、传感器等元器件，实现了所谓的“智能化”升级改造，这个意义上的“智能化”更多的是实现了硬件间的互联互通，并且具备以感知层直接获取数据源能力。而“AI+IoT=AIoT”是一个很广泛的概念，此时数据无所不在，物联网与传感器拥有运用大量数据的能力，而人工智能可学习数据中的模式，以自动执行工作，可在智能家居、可穿戴设备、车联网、智慧城市、产业互联网等领域实现各种商业利益。

1. 物联网的结构和核心技术

在物联网中，信息的生成是由传感器构成的，能够获得大量的信息，包括对象的ID信息、属性信息、状态信息、位置信息和能力信息。在此基础上可以看出，物联网包含以下三大关键技术，如图5-3所示。

(1) 传感器技术：将感知信号转为数字信号。

(2) RFID技术：对电子标签进行属性识别—属性读取。

(3) 嵌入式系统：一个完全嵌入受控器件内部作为特定应用的专用计算机系统，分成处理器、存储器、输入/输出(I/O)和软件4个部分。

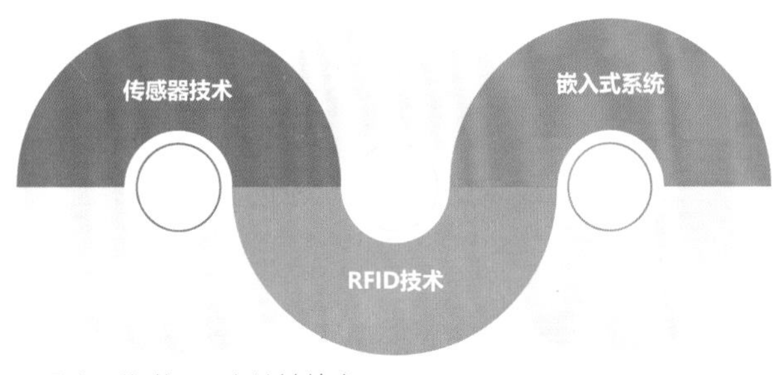

图5-3 物联网三大关键技术

随着物联网的出现，我们对这个世界的认识发生了翻天覆地的变化，它将彻底地改变企业的经营模式，也会使消费者与企业及其他利益相关者之间不断互动。物联网可以不受时间、空间等因素的限制，进行高效实时、动态连续地获取和分析多维度信息，提供准确的数据基础和强大的人工智能处理，其主要作用是使“互连和分享”的信息及整个系统内的各类事物能够互相交流。最近几年，门铃、汽车、冰箱、电视这些普通的物品逐渐智能化，都是由传感器和控制系统组成的。随着物联网的到来，在信息与通信的世界中，人类的交流将会进入一个全新的层次，由人的交流提升到人与物、物与物的联系，并发生翻天覆地的变化，改变人的生命空间、时间、空间的观念。可以说，物联网是继计算机、互联网之后，信息通信产业的第三次浪潮(Web 3.0)。“万物互联”是连接人、组织和智能的东西，它将彻底地改变我们的生活、工作和互动，并且有可能对更广阔的工业领域进行全新的界定。

在技术上，可以将物联网体系结构分为感知层、传输层和应用层。感知层是物联网系统中最重要的一层，主要包括感应器等各种检测装置，可以测量和采集相关的数据；传输层负责可靠地传送感应层所生成的资料和内容；应用层负责对感觉层的基本信息进行智能处理与分析。在传统的物联网系统中，采集设备只能从一个点上采集物理世界的信息，如要建立一个二维甚至是三维的信息，则必须对数据的语义进行解析，并对其进行深层的关联分析。因此，实现数据的智能采集，实现大规模异构网络的高效互联和数据语义的理解，是实现数据感知的重要途径。

2. 物联网网络技术

目前，在物联网网络层面，已有许多短程无线网络标准，如Wi-Fi、ZigBee、蓝牙、WB (Ultra

Wide Band)、Z-Wave、RFID/NFC、IrDA 等。除大众所熟悉的有线网络、5G 主导的移动网络技术之外，还有低功率的广域网技术，如 NB-IoT、EC-GSM、LoRa、SigFox、eMTC。随着物联网的广泛应用和对网络需求的不断提高，一些针对物联网而开发的新型无线技术（Z-Wave、ZigBee、NB-IoT、LET-Cat.1）等，都具有广阔的发展前景，常见的物联网网络技术如表 5-3 所示。

下面详细介绍 Z-Wave、ZigBee、NB-IoT 和 LTE-Cat.1 几种物联网网络技术。

(1) Z-Wave 主要针对家庭和小型商用建筑的监控和控制，被广泛用于照明控制、安全和气候控制，以及智能电表、家用暖通空调、烟雾探测器、门锁、安全传感器、家电和远程控制等领域。Z-Wave 使用亚 GHz 的 ISM 频段（在我国的工作频率为 868.4MHz），数据传输率达到 40kb/s（理论传输率可达 100kb/s），传输范围最大可达 100m。

(2) ZigBee 具有抗干扰能力强、保密性好和延时较低的优点；并且，由于采用 Mesh 组网，其网络可扩展性较强，组网容易且自恢复能力强。为了满足不同行业间的应用情景，ZigBee 联盟针对不同行业发布了各种不同层面的应用协议来满足不同行业之间的应用需求，ZigBee Health Care (ZigBee HC) 是其中专门针对医疗健康领域的版本。因此，ZigBee 具有较大的灵活性。企业可以高效地借助它来为通用应用构建无线产品，并能够很方便地实施定制。但也正因为此，不同企业的 ZigBee 设备通常无法兼容。尽管 ZigBee 联盟试图在新的标准中实现标准的统一以使设备可以互通，但目前来看成效并不明显。

(3) NB-IoT (Narrow Band Internet of Things) 是由 3GPP 标准化组织定义的一种技术标准，是一种专为物联网设计的，可在全球范围内广泛使用的窄带射频技术。其使用授权频段，可采取带内、保护带和独立载波 3 种部署方式，可与现有网络共存。NB-IoT 具有低功耗、低成本、广覆盖、大连接等优势，采用该技术的物联网设备传输距离可达 20km，电池寿命可达 10 年以上。

(4) LTE-Cat.1 全称是 LTE UE-Category 1，隶

表 5-3 常见的物联网网络技术

名 称	工作频率	数据传输率	覆盖距离	功 耗	成 本
2G/3G	蜂窝网络	10Mb/s	5 ～ 10km	高	高
4G（LTE Cat.4）	蜂窝网络	150Mb/s	1 ～ 3km	高	高
5G	蜂窝网络	20Gb/s	300m	高	高
蓝牙	2.4GHz	24Mb/s	300m	低	低
802.15.4	亚 GHz、2.4GHz	40kb/s、250kb/s	10 ～ 75m	低	低
LoRa	亚 GHz	0.3 ～ 50kb/s	20km	低	中
LTE-Cat.1	蜂窝网络	1 ～ 10Mb/s	数千米	中	高
NB-IoT	蜂窝网络	50 ～ 60kb/s	20km	中	高
SigFox	亚 GHz	0.1kb/s	50km	低	中
Weightless	2.4GHz	0.1 ～ 24Mb/s	数千米	低	低
Wi-Fi	亚 GHz/2.4GHz/5GHz	54 ～ 450Mb/s	100m	中	低
WirelessHART	2.4GHz	250kb/s	100m	中	中
ZigBee	2.4GHz	250kb/s	100m	低	中
Z-Wave	亚 GHz	40kb/s	100m	低	中

属于4G网络的分支。其研发的初衷是为了满足可穿戴设备对微型化设计和传输性能的平衡，从而在Cat.1双天线的基础上衍生出的单天线版本。它的峰值传输率与Cat.1一致，成本减少24%～29%。其具有无须重建网络，网络覆盖度高，以及中等网速、支持高速移动（移动速度可达时速100km以上）、低延时、低功耗等特性。

3. 人工智能物联网（AIoT）

2017年11月28日，“万物智能·新纪元——AIoT未来峰会”首次公开提出了智能物联网（Artificial Intelligence of Things，AIoT）的概念，它是人工智能与物联网技术相融合的产物，属于比较新的名词，业界对其定义并未达成一致。它可以使物联网智能地处理大量的数据，提高其决策过程的智慧，提高人与人之间的互动，促进更高级的应用程序的发展，提高其应用的价值。而物联网则是通过各种不同的事物进行连接，其无处不在的传感器和终端可提供海量的可分析数据，从而使人工智能的研究得以落地。

从以上内容可以看出，智能物联网是人工智能和物联网的结合。智能物联网可以通过人工智能进行大量数据采集和分析，从而达到万物互联，其终极目的是让万物数据化、万物互联，最终形成一个智能化的生态系统。在智能物联网系统中，利用人工智能技术对物联网设备所产生的海量数据进行集成和分析，往往需要强大的运算能力，才能把对应的运算部署到云上或者私人的中央控制装置上。局域控制设备是智能物联网系统中的协调控制、数据集成和主要人机接口，具备一定的运算能力，所以一般都会在局部控制装置上部署一些需要较高响应速度的运算。而利用感知和记忆的能力，可以实时地发出警报，进行相应的处理，并在此基础上，通过大量的数据进行实时的输入和输出，从而更好地满足使用者的需求，为使用者提供更加智能的、系统的解决方案。另外，智能物联网技术对数据的感知能力要求很高，用户的个人终端产品需要不断地收集个人信息，但不会影响他们的日常生活。总之，人工智能赋予物联网“大脑”，将“物联”升级为“智联”，物联网赋予人工智能更广阔的“沃土”，推动“人工智能”向“应用智能”迈进。

4. 人工智能融合物联网应用

智能物联网技术的普及，意味着在接下来的10年里，人类的生活将会发生翻天覆地的变化，如车库门、灯、空调、窗帘等“物体”在物联网的帮助下，会变得“有意识”“通情达理”。所以，在物联网时代，现代产品的设计是系统化、智能化、可辨识的。智能物联网在产品应用的效益和价值上，进一步突破了原有的功能限制，实现了对现代智能化、智能化服务的全新设计，实现了功能一体化的连接与关怀服务。相对于因特网时代的智能产品与服务，物联网的价值在于万物互联的智能化。如今的智能装置已经不仅仅是单纯的连线，还可以自主地判断信息来源、预测信息流，以及对信息的反应与协作。在企业方面，通过利用物联网所提供的信息，可以为客户提供动态的、个性化的智能服务。这种服务与传统的售后服务的不同之处在于，它们利用物联网采集的数据，对顾客的需要进行实时的、系统的分析和预测。另外，它还可以根据分析的结果，自动地做出最优的服务，甚至可以根据环境的变化，做出自己的决定，给顾客提供更高的个性化体验。比如，设备生产商可以在设备上安装传感器，提前预测到客户设备的部件需要更换，从而提前将零部件送到用户附近的仓库，大大缩短了更换零部件的时间，减少了故障的发生，避免了客户积压大量的备件，节省了成本，因此降低了顾客购买其他品牌的可能性，增加了公司的利润。

（1）人工智能融合物联网的主要应用领域。

① 工业物联网。智能物联网是工业应用的主要战

场，智能物联网技术为工业生产注入了互联、共享、智能等功能。当前，智能物联网技术与工业物联网技术的融合，体现在以智能化工业数据采集为代表的感知层次，以及以实现智能化决策和实施控制为代表的操作系统和软件层次。产业智能化的最终目的，就是要通过建立一个高度协作的，以及具有高度协作能力的生产、销售、服务于一体的现代化生产体系。

② 智慧农业。智慧农业是指将农业发展为信息管理、农田监控、智能作业的智能过程，是现代农业的一种新的升级方式。它包括人工智能、物联网、机器人技术在现代农业中的应用，以及智能化、精准农业生产、现代温室管理、智能机器人劳动力等新技术。

③ 智能家居。在普适计算的基础上，智能家居通过通信网络把家庭中所有的电器都连接到互联网上，通过智能环境、远程控制等手段，给使用者提供一个舒适、健康、安全的居住环境。智能物联网提高居住体验的关键在于了解用户的偏好，并做出相应的调整。因此，在智能家居中，智能物联网技术的关键在于选择学习和调整。另外，人与家居产品、产品与平台、人与平台的互动也是一个亟待解决的问题。智能物联网技术已经逐步实现了对环境感知、用户行为分析、单场景的适应及多场景的协同决策，从而真正地提升了生活的智能化和舒适度。

④ 智慧医疗。医疗物联网使医疗卫生设备的应用范围和深度得到了很大的拓展。首先，医疗物联网使医疗器械可以自动持续地传递所采集的患者身体信息，以使医护人员可以实时监控患者健康状况并调整患者行为，提高了对病人的诊断和处置准确性。其次，可以简化临床流程、信息和工作流程，来提高医疗保健组织的运作效率和有效性。再次，医疗物联网可以帮助病人实现即时的远程治疗，并改善医疗机构内部和医疗机构之间的通信。最后，医疗健康物联网产生的大量数据可以为研发预测、预防性、个性化和参与性药品奠定基础。

⑤ 智慧城市。智能物联网融合的城市应用目前主要集中在智慧社区、智慧交通、安全、智能医疗等方面。智能物联网的核心技术包括智能识别、行为预测、决策控制、服务 / 资源分配及大数据挖掘，如智能社区、智能交通等。

(2) 典型智能物联网的应用场景。
随着计算处理能力和无线技术微型化的进步，物联网应用场景逐渐拓展，从一个个概念变为现实。目前，智能物联网已经在很多行业中得到了广泛的应用。

① 智慧安防。构筑智能治安防御体系，做到事前防范、准确打击。

② 智能交通。利用影像资料对交通流量、车流量等进行分析，并结合交通信号灯等实用技术，对城市道路进行优化，缓解交通拥堵。

③ 智慧销售。利用物联网采集的人脸数据，结合用户的轨迹、购物数据，对用户的行为进行分析，以丰富用户的画像，实现主动服务、智能推荐、增值服务，构建人—货—场生态，帮助企业实现精准化营销。

④ 智慧园区。实现社区档案、安全防范、轨迹定位、智慧物业和进出控制。

⑤智慧制造。将物联网、电子信息、人工智能、制造技术相结合，以动态感知、智能处理和优化控制为一体。

(3) 典型智能物联网个人终端产品（表 5-4）。
其中，智能配饰、智能服饰、智能面料都是可穿

表 5-4 典型智能物联网个人终端产品

产品类型	主要用途	主要功能	支撑 AI 技术
智能家居产品	生活起居、智能安防、医疗保健、信息交流、休闲娱乐等	在一般家电功能的基础上，具备可编程、可远程控制、数据采集和分析等功能	语音识别与合成、计算机视觉、深度学习、知识计算引擎与知识服务等
物联网传感器	智慧安防、医疗保健等	自动记录与分析安防、健康等数据	计算机视觉、深度学习、大数据挖掘等
佩戴式智能配件	运动健身、医疗保健、信息交流、休闲娱乐等	自动存储和传输数据信息、跟踪或管理个人信息等	计算机视觉、数据挖掘、深度学习、知识计算引擎与知识服务等
智能服装与智能织物	运动健身、医疗保健等	测算跑步线路与距离、监测心率及呼吸数据等	机器学习、深度学习、数据挖掘等

戴的。可穿戴式电子产品是一种能够穿戴在身体上，感知人体数据和进行数据传输的计算机装置，轻便、灵活、无感等特点使得它成为智能物联网个人终端的理想形态。智能物联网个人终端具有自感知、自我分析的功能，能够独立地对使用者的数据进行监控、分析、量化、提出个性化的意见。这些产品都是人类智慧的延伸，人类可以通过计算机、网络甚至是其他人的帮助，来进行更加高效的沟通。它的应用范围可以划分为自我定量和体外演化两大类。

在过去的数年里，人工智能的物联网已经在很多方面得到了应用，包括智能家居、智慧城市、智能医疗、无人驾驶、工业控制等，并逐步扩展到了各个领域。人工智能可以让物联网的智能互联，提高其广度、深度及有效性。大数据的智能分析，提高了物联网系统的感知、识别和决策能力，提高了集成应用的综合能力和智慧度。近些年，我国移动互联网实现“弯道超车”，在基础设施、广阔应用场景上实现了较好的积累，使得硬件产品与信息化结合成为了一种标配状态。在这种环境下，企业可以降低成本，提高效率，发掘新商机，甚至可以开发新的商业模式。

5.3 传感器

人类从外部获得信息，必须通过视觉、听觉、触觉、味觉、嗅觉和体感来获得，而机械则需要传感器来获得外部的信息。物联网的一大特点便是“感知”，而这正是基于各种传感器来实现的。传感器是物联网感知层的核心支撑元件，是一种能够感知被测信息和参量（如用于采集身份标识、运动状态、地理位置、姿态、压力、温度、湿度、光线、声音、气味等信息）的探测设备，可以把感知到的信息按照一定的规则转化为电子信号或者其他需要的输出形式，用于采集各类信息并将其转换为特定信号的器件（图 5-4）。而智能传感器则是将传感器集成到微处理器中，以实现对信息的传输、处理、存储、显示、记录和控制的功能。《传感器通用术语》（GB/T 7665—2005）将传感器定义为：能感受被测量并按照一定的规律转换成可用输出信号的器件或装置，通常由敏感元件和转换元件组成。

参考视频：
“常见的十大传感器”

图 5-4　SENSIRION 公司数字温湿度传感器

传感器可以被看作智能设备在自然界和生产过程中获得信息的主要方式，其目标是实现各种不同的感官功能，包括视觉、触觉、嗅觉、听觉、味觉等。目前，由于工艺技术的突破，微机电系统传感器已经能够满足功耗、精度和可靠性的需求。传感器当前的发展趋势是：微型化、数字化、智能化、功能化、系统化、网络化。例如，在智慧医物联网环节，借助传感器技术可实现对患者生命体征数据和治疗检查过程数据的采集，实现对医疗过程的监控，提高治疗效果；同时，借助传感器可实现对药品从采购到最终患者手中的全程管理。

1. 传感器的分类

传感器根据基本感知功能可分为热敏组件、光敏组件、气敏组件、力敏组件、磁敏组件、湿敏组件、声敏组件、放射线敏感组件、色敏组件和味敏组件等。传感器根据运作原理分类如图 5-5 所示。

在智能产品中，传感器已是不可或缺的组件，在设计时需根据使用目的、环境等条件不同而采用不同传感器。

图 5-5　传感器根据运作原理分类

以智慧医疗为例，物联网传感器包括 RFID（无线射频识别技术）、敏感元器件、条形码、二维码、摄像头、读卡器及红外感应元器件等。针对不同的应用，这些传感器可以组成相应的传感器网络，如心电监测传感器、呼吸传感器、血压传感器、血糖传感器、GNSS 和摄像头等设备。其中，RFID 是我国医疗健康物联网应用得最多的传感器，它可以快速读写、长期跟踪管理，通过在物料、药品中植入传感器，将传感器信号与物料、药品的数据进行链接，通过计算机和自动识别系统，实现对物料、药品的全程监控。传感器及对应的智慧医疗应用场景如表 5-5 所示。

表 5-5　传感器及对应的智慧医疗应用场景

传 感 器	智慧医疗应用场景
陀螺仪	院内导航、院内人员定位、报警求助
加速度传感器	可穿戴监测、物流机器人
压力传感器	医废管理、智慧病区
磁力传感器	院内设备管理、输液监护管理、智慧病区
惯性测量传感器	物流机器人、可穿戴监测
声音传感器	医疗急救管理
生物传感器	体征监测
气体传感器	环境监测管理
光学传感器	医疗急救管理
温度传感器	环境监测管理
流体传感器	无创体征监测、环境管理、输液监护管理
红外传感器	无线测温、公共卫生防疫
RFID	院内人员定位、院内物资及物流管理、报警求助、资产管理

当前，Wi-Fi、蓝牙、RFID 等定位技术是目前较为常用的室内定位技术。Wi-Fi 定位技术是一种较为成熟、应用较为广泛的技术，它利用差分算法实现对人体和交通工具的精确定位。Wi-Fi 定位系统能够完成大规模的、复杂的定位、监控和追踪工作，而且不需要专门的网络连接，病人只需要打开 Wi-Fi 和移动蜂窝网络就可以了。然而，利用 Wi-Fi 进行室内定位时，其精度仅为 2m 左右，难以精确定位。在精确的定位方面，蓝牙技术是一种利用测量信号强度来实现定位的短程、低功率无线通信技术，要优于 Wi-Fi。蓝牙技术在医院的单层大厅或仓库等短程定位中得到了广泛的应用，其最大优势在于小巧，便于与 PDA、PC、手机等集成，也便于推广和普及。一般来说，拥有蓝牙技术的使用者，可以通过蓝牙来判断手机的位置。RFID 定位技术的基本思想是利用一套固定的读写器来读出目标 RFID 的特性，并利用近邻、多边定位、接收信号强度等方式来实现。RFID 的定位范围较小，但是能在毫秒之内获取精确的定位信息，而且体积小、成本低。但是，它没有通信功能，抗干扰性差，不方便与其他系统集成，而且用户的保密保护和国际标准也不完善。

传感器根据功能应用分类如图 5-6 所示。

生物传感器则是利用非侵入性的方法，对人体血液中的生化指标进行检测，以反映人体的生理状况。这些生化指标包括汗液、泪液、唾液、间质液、代谢物、细菌、激素等。这种非侵入性的方法意味着采样程序在任何时候都能方便地进行，而且不必担心有创采样所带来的损伤和感染。就拿糖尿病病人来说，采用非侵入性采样方法，每天常规的血糖采集不必进行有创采血，得到了极大的改善。生物感应器是由具有高度特异性的生物感受器决定的。这些生物受体可以在复杂的环境中，对复杂的样品进行标记和对相应的浓度进行鉴别。这项技术的普及还需要对人体液体的生化成分有较深的认识，如汗水和泪水的化学成分及它们与血液的化学成分之间的联系。

在设计开发智能产品选择传感器时，必须考虑某些特性，传感器选择标准如表 5-6 所示。

表 5-6 传感器选择标准

准确性	测量结果的平均值接近真实的值，应具备一定信度与效度
适应性	能否适应实用场景下环境条件，通常对温度和湿度有限制
工作范围	传感器的测量极限
分辨率	传感器感应检测到的最小增量精密度
费用	其费用是否满足成本限制

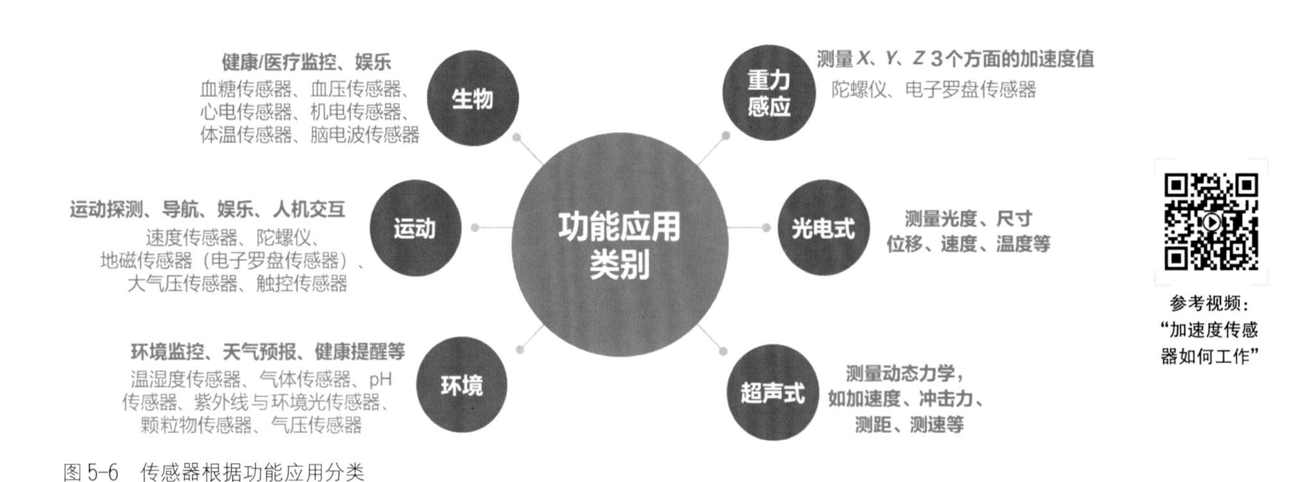

图 5-6 传感器根据功能应用分类

伴随着物联网终端设备的发展，可穿戴式设备对于元器件尺寸的大小提出了进一步的要求。微机电系统（Micro Electro Mechanical Systems，MEMS）代表了传感器技术的主流，将微电子技术与精密机械技术结合发展出来的工程技术，尺寸在1～100μm量级，涵盖机械（移动、旋转）、光学、电子（开关、计算）、热学、生物等功能结构。微机电系统是涉及机械、半导体、电子、物理、生物、材料等学科的交叉领域，主要通过半导体制造工艺实现。相比传统的机械传感器与制动器它具有微型化、质量轻、功耗低、成本低和多功能等竞争优势。因此，传感器技术的小型化趋势越发明显，逐渐从微机电系统走向纳机电系统（Nano Electro Mechanical Systems，NEMS）。此外，比微机电系统更小的纳机电系统与微机电系统原理相同，只是在制造工艺上进化到纳米尺度，尺寸更小。随着生产技术的不断发展，传感器正在快速地发展成为一种集成感知和信息处理的智能传感器，它可以把微控制器或平板控制系统和MEMS/NEMS传感器结合起来，从而实现传感器的智能化。另外，随着柔性技术的发展，柔性传感器的应用也日益受到人们的关注。柔性电子设备是电子技术的总称，它可以将电子设备安装在柔性、延展性塑料或金属薄片上。可穿戴的产品不能与肌肤共形，监控能力也遇到了瓶颈，测试的准确性和敏感度难以提高。将传统的硬质部件软化，让它更适合皮肤，更适合佩戴后，可以更准确地进行监控和诊断。因此，近年来，柔性传感器越来越多地用于监测人体的各项指标，如血压、脉搏、体温等，同时还能监测各种电子信号，如心电、脑电、神经等。此外，为了在不引起使用者不适的情况下进行非侵入式取样，还必须采用尖端的材料与设计，以保证其具有一定的弹性及可伸缩性。可穿戴式生物传感器包括皮肤可穿戴式生物传感器等。

2. 应用领域

随着传感器技术的不断普及和交叉技术的不断融合，产生了大量的信息和技术，使得各种产品的交互方式变得更加多样，如语音、手势、表情、脑波等，这些都是可以打破传统思维的。传感器在我们生活中的应用范围很广，其主要应用领域如下所述。

(1) 家居生活。随着智能走进生活，传感器已广泛应用于家居生活的各个方面，如智能手机、平板电脑、自动电饭煲、电子热水器、热风取暖器、电熨斗、运动手环、电风扇、游戏机、电子驱蚊器、洗衣机、空调、洗碗机、吸尘器、风干器等。

(2) 医学领域。在医疗电子技术高速发展的今天，依靠医生的经验和直觉来进行诊断的时代即将终结。目前，医学传感器能够准确地检测出病人的体温、血压、腔内压力、血液和呼吸流量、肿瘤、血液分析、脉搏及心音、心脑电波等。可见，传感器在推动医学科技快速发展方面扮演了举足轻重的角色。

(3) 军事领域。如今，战争已经进入信息化时代，没有传感器是无法实现的，从卫星到导弹、飞机、坦克，从武器到后勤，从军事实验到战术指挥，从战争准备到战术指挥、战略决策等，传感器都会在未来的高科技战争中得到应用，不断地扩大作战范围及规模和效果，极大地提升了战争的指挥水平。

(4) 环境保护。当前，大气污染、水质污染、噪声污染等问题已经成为全球关注的焦点。目前，应用传感器制作的各类环保监测设备已成为环保领域的重要组成部分。

(5) 物联网。物联网是指把无所不在的终端设备和设施，包括传感器、移动终端、工业系统、地面控制系统、家庭智能设施、视频监控系统等具有“内在智能”的“外在使能”，如带有RFID的各类资产、“智能物品或动物”、“智能尘埃”，通过多种无线/有线的远程/短程通信网络、应用大集成、基于云计算的SaaS运营等模式，为“万物”的“高效、节能、安全、环保”管理和服务功能，实现“高效、节能、安全、环保”的管理和服务功能，实现对“万物”的“高效、节能、安全、环保”。简单来说，物联网就是人和物之间的信息传输和控制，而在物联网领域，传感器技术是三大核心技术之一。

(6) 机器人。目前，在高劳动强度和危险性工作的地方，人工智能已经逐渐代替人力。而一些高精度、高速度的工作，则完全可以交给机器人来完成。不过，大部分机器人都是用来执行加工、组装、检验等工作的，都是自动化的。为了实现更高层次的工作，需要机器人具备一定的判断力，必须在机器人上加装目标探测传感器，尤其是视觉和触觉传感器，从而实现对目标的识别和探测，从而产生压觉、力觉、滑动和重力等感觉。这种机器人不但可以完成一些特定的任务，还可以完成一些日常的工作，如家务、农务等。

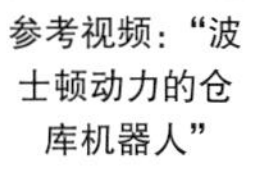

参考视频：“波士顿动力的仓库机器人”

参考视频：“新西兰：机器人收猕猴桃”

(7) 遥感技术。卫星遥感是一种以人造地球卫星为遥感平台的空间遥感系统，其主要功能是通过人造卫星对地面和地面的大气进行光学及电子观测。也就是说，它在地球的各个工作平台（例如，高塔、气球、飞机、火箭、人造地球卫星、宇宙飞船、航天飞机等），利用传感器对地球表面的电磁波（辐射）信息进行传输、处理、解读和分析，从而对地球的资源和环境进行全面的检测和监控。

在现代，传感器已经深入工业生产、宇宙开发、海洋勘探、环保、资源调查、医学诊断、生物工程甚至文物保护等各个方面。可以说，在这个浩瀚的宇宙中，在这片广袤的大地上，在许多复杂的工程中，都应用了各种各样的传感器。

5.4 大数据

数据是一种由数字或直接记录而成的可以识别的符号。它是人与人、人与物、物与物相互作用所产生的记录，可以是文字、数字、语音、图像、视频等。它也是一种有意义的结合，可以表现出物质世界中的某些事物（如事件、状态、对象、活动）的特性。在资讯科学中，资料是对客观事物进行逻辑性的总结，由事实或观察所得，是用以表现客观事物的原始资料，蕴含人类活动的经验与规律。因此，对数据进行数据挖掘就是为了洞察趋势和掌握数据中蕴含的规律，以丰富人们对事物的认识与掌握，促进创新和驱动经济增长大有益处，并已经成为社会和经济发展的新动力。

1980 年，美国未来学家阿尔文·托夫勒在他的著作《第三次浪潮》中，第一次提到了“大数据”(Big Data)。2008 年《自然》杂志及 2011 年《科学》杂志相继开设了大数据专题，大数据得到了学术界和工业界的普遍认可。大数据是指在合理的时间内，对海量数据进行获取、处理并挖掘出有价值的、可解读的信息，具有容量大、类型多、速度快、精度高、价值高等特点。这是一个新的动力，是一个新的政府管理手段、一个新的机会、一个新的国家的竞争优势。在全球范围内发生了一场前所未有的巨变，大数据产业成为各个行业关注的焦点。

随着互联网、5G 通信、物联网、智能设备等的发展，用户数据的产生必将呈爆炸性的增长。从传感器和各种数据采集渠道中获取的大量数据需要被合理地存放到数据库中，为人工智能模型训练提供充足教材知识。人工智能带来了一种完全不同的产品设计逻辑：大数据技术的主要目标只有一个，就是从海量数据中挖掘价值，通过“数据驱动”的思维指导产品设计，即让机器从大量的数据中进行学习，然后将学习和训练好的模型直接用于产品。

在物联网和数字化的时代，人类无时无刻不在创造着海量的、多样的数据，通过数据的洞察和把握规律，将有助于发掘新知识，推动创新，推动经济发展。大数据具有大量数据（数据总量大）、数据类型多样、处理速度快、不确定性（数据冗余）、数据价值高（潜在价值）等特点。此外，学者 Manyika 等指出大数据技术的 5V 特征及内涵，如表 5-7 表示。

人类和机器所产生的数据量远远超出了人类吸收、解读及据此做出复杂决策的能力。人不可能看到所有数据，所以只能通过一些手段去分析数据，然后得出结论，用于指导工作。人工智能是最能够充分利用大数据的一种技术、一种思维、一种路径，其产生的作用不亚于大数据本身，而且人工智能所拥有的自我学习和认知能力会不断增强，其应用必然会向各个行业和领域渗透。

1. 数据质量

除了“量”的要求以外，还有“质”的要求，如果数据不够“干净”，那么人工智能就无法从这些数据中获得任何价值。可以用“4R”来衡量数据的“干净”程度，如图 5-7 所示。数据质量 4R 衡量标准及内涵如表 5-8 所示。

需要注意的是，“资料”与“资讯”是不同的。数据是一系列的观测，“大数据”是将海量的“小数据”进行组合、存储、计算和处理的过程。“数据压缩”是“数据科学”的一个关键环节，它把海量的数据集中压缩为一种小型的数据，保存了大多数有用的数据，并且把它们转化为便于储存和阅读的格式。资讯是建立在资料基础上的，因此资讯的价值常常依赖于要解答的问题，这与特定的应用情形有关。所以，首先要考虑

表 5-7 大数据技术的 5V 特征及内涵

5V 特征	内 涵
数据量	能观察、记录、处理和分析海量的数据，能够对用户数据进行全量分析
多样性	支持多维度、非结构化数据源，即能处理许多不同类型、不同维度的数据，使用户特征提取更加全面
速率	收集、处理、分析和使用数据的速度在不断加快，也就是实时性，通过快速计算实现对用户体验问题进行快速甚至实时跟踪
价值	数据真实有效，结果准确全面，分析结果更有价值
真实性	大数据中的内容与真实世界息息相关，数据来源和分析过程客观可靠

表 5-8　数据质量 4R 衡量标准及内涵

4R 衡量标准	内　涵
关联度	在人工智能产品中，算法模型的学习需要大量的数据相关性。相关性是对数据进行评估的主要依据，没有足够的相关性，其他的都是没有意义的
时效性	数据库的时效性很强
范围	数据涵盖范围也反映数据的完整度
可信性	在众多人工智能产品中，数据的可靠性是获得用户信赖的一个重要指标

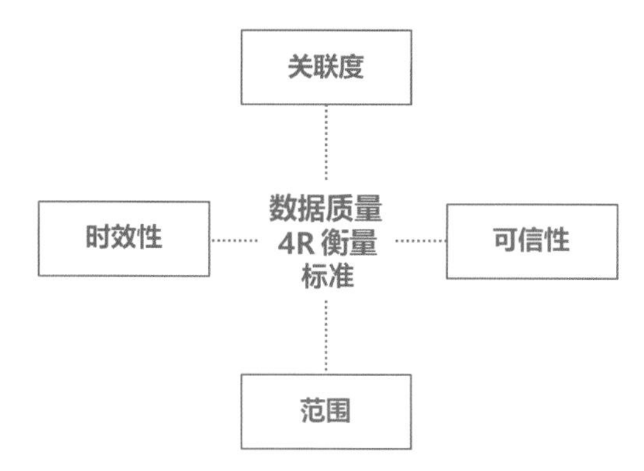

图 5-7　数据质量 4R 衡量标准

和决定：①要怎么做？是获取数据、存储数据，还是分析数据；②处理对象是什么？海量数据；③目标是什么？发掘价值。在技术层面，概念侧重于对大量复杂数据进行分析、加工，以获取信息与知识；④在大数据应用价值方面，概念侧重于运用大数据，注重从数据中获取有价值的资讯与知识，以创造企业竞争优势乃至创造新的业务模式。

2. 数据挖掘

从广义上看，数据挖掘是指从数据库中抽取隐含的、以前未知的、具有潜在应用价值的模式或规则等有用知识的复杂过程，是一类深层次的数据分析方法。数据挖掘旨在从数据中挖掘知识，是一种跨学科的计算机科学分支，利用人工智能、机器学习、统计学和数据库等交叉学科领域方法在大规模、不完全、有噪声、模糊随机的数据集中自动搜索隐藏于其中的有着特殊关联性的数据和信息，并将其转化为计算机可处理的结构化表示，是知识发现的一个关键步骤。数据挖掘知识的主要程序及内涵如表 5-9 所示。

知识发现是从各种媒体表示信息中根据不同的需求获得知识的过程，向使用者屏蔽原始数据的烦琐细节，直接将发现的知识向使用者报告。知识发现是指从数据中发现有用知识的整个过程，而数据挖掘是指知识发现过程中的特定步

表 5-9　数据挖掘知识的主要程序及内涵

步　骤	程　序	内　涵
步骤一	数据清理	消除噪声和删除不一致数据
步骤二	数据集成	将多种数据源组合在一起
步骤三	数据选择	从数据库中提取与分析任务相关的数据
步骤四	数据变换	通过汇总或聚集操作把数据变换、统一成适合挖掘的形式
步骤五	数据挖掘	使用智能方法提取数据模式
步骤六	模式评估	根据某种度量，识别代表知识的模式
步骤七	知识表示	使用可视化与知识表示技术，向用户提供挖掘的知识

骤。数据挖掘是特定算法的应用，用于从数据中提取模式。

3. 知识金字塔

知识金字塔（数据、信息和知识）的 3 个层次结构如图 5-8 所示。

知识金字塔下方是真实世界脉络，分为两种不同的背景。

（1）情境脉络：自然环境（如时间、位置、温度、噪声等）、社会环境（如交通拥堵、周围的人等）和计算环境（如周围的设备、通信资源等）信息。

（2）以个人为主的脉络：包括背景（如兴趣、习惯、偏好等）、动态行为（如任务、活动、意图等）、生理状态（如体温、心率等）和情绪状态（如快乐、悲伤、平静等）信息。

情境脉络通过物联网等感知获得相关数据，然后经过处理和分析数据来创建随后被理解和学习的信息，从而从现实世界中生成知识，而这些知识用于推理、预测、规划和决定环境中的自动化动作，并建立与人的自然交互。

在大数据时代，各行各业时时刻刻都在产生海量的、多样的数据，如何通过数据洞察趋势、掌握规律并挖掘新的知识呢？一般人只能通过一些手段去分析数据，然后得出结论，用于指导工作，但对于数量庞大的数据，人类既有的认知能力是无法处理的。庞大无章的数据智能产品又如何提取、有效分类处理呢？这需要强大的技术与运算能力，因此可利用大数据技术，对数据进行挖掘、标注并获取信息，然后搭配后台“云计算”与人工智能“算法”来支持认知—学习—推理—行为运行。

人工智能技术在产品中的应用以数据为基础（图 5-9），由于数据中包含大量业务信息，所以人们利用数据进行“训练”以得到算法模型。算法模型是人工智能产品的核心。人们通过大量数据来确定一种运算模式，这个过程称为“训练”，所得到的运算模式就是算法模型。在算法模型确定后，将新的数据输入算法模型从而得到相应的结论。所以，在人工智能产品的构建过程中，数据是十分重要的，它直接影响算法模型的质量。

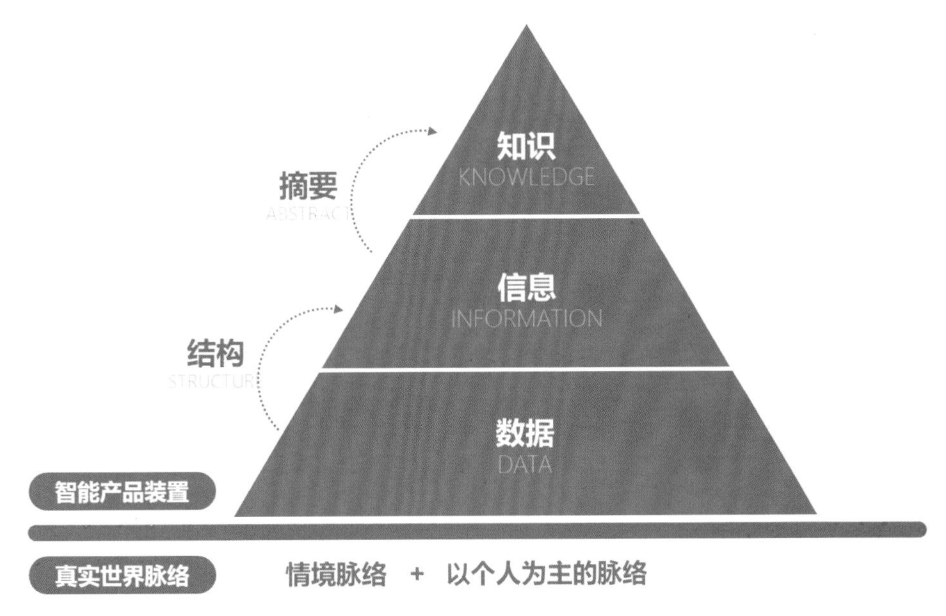

图 5-8　知识金字塔（数据、信息和知识）的 3 个层次结构

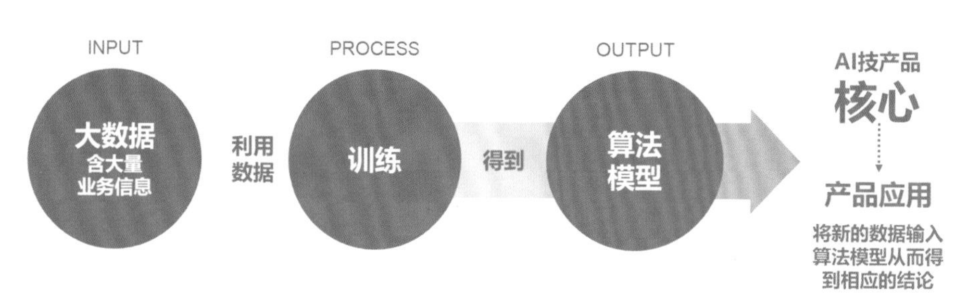

图 5-9 从大数据到产品应用的过程

4. 数据处理技术

数据处理是大数据的关键技术之一，其目的是从大量的、杂乱无章的、难以理解的数据中抽取并推导出对于某些特定的人们来说是有价值、有意义的数据，以更好地利用数据。常见的数据处理技术的程序如表 5-10 所示。

5. 大数据和物联网关系与相关应用发展

物联网就是“物与物互相连接的互联网”，物联网的感知层产生了海量的数据，将极大地促进了大数据的发展。同样，大数据应用也发挥了物联网的价值，反向刺激了物联网的使用需求。一方面可以进一步延伸为“大数据和 5G 通信之间的关系”，即通过 5G 通信提升连接速率，提升了“人联网”的感知，也促进了人类主动创造数据。另一方面它更多地为“物联网”服务，如低延迟、海量终端连接等。随着信息化时代的到来，人们的生活场景和互动方式也随之发生变化，大量的用户信息也随之涌现，能够反映用户的行为、偏好和诉求，对于建立用户画像有着极高的参考价值。

互联网、物联网等技术为我们提供了海量的数据，而各种通信技术的发展也为大数据的兴起奠定了坚实的基础。所以，当越来越多的公司意识到可以从物联网中获取更多的利益时，它们就会选择在物联网上进行投资。利用大数据技术，可以准确地找到客户的具体位置，描述客户的行为喜好，提供个性化的服务，并为企业带来更多的增值。如今，许多行业都开始重视大数据的用户画像（如百度、腾讯等企业），它们都建立了自己的用户画像分析平台，从各个角度对用户的行为进行了深入的研究；或者，对于用户的体验，它们利用大数据进行大数据分析和优化，这已经逐渐被人们接受，特别是在网络产业中。所以，在大数据时代，企业能否实现向大数据转型的关键就在于如何突出数据的价值。

表 5-10 常见的数据处理技术的程序

数据处理技术	程　序
数据清洗	确保数据的完整性、一致性、唯一性和合理性，包含数据清理、数据变换、数据归约 3 部分
数据融合	将各种传感器在空间和时间上的互补与冗余信息依据某种优化准则或算法组合起来，产生对观测对象的一致性解释和描述
数据分析	提取有用信息，对数据进行概括总结，以求最大化地开发数据的功能，发挥数据的作用
数据存储	将数据以某种格式记录并保存在计算机中

5.5 5G 移动通信技术

在 20 世纪 80 年代，1G 通信模拟手机类比语音信号业务，侧重于公司用户；到了 2G 通信，数据传输速度为 9.6 ～ 14.4kb/s，能应用品质较佳的数字化语音，最早的文字简讯也从此开始；到了 2000 年，3G 通信的数据传输速度已经达到 Mb/s，开始面向商业用户，拥有更高的传输速率，因此可以有图像、音乐、视频等多种呈现方式，极大地推动了使用者的体验感；4G 通信网速相当于百兆级宽带，此时移动互联网行业开始崛起，各种“互联网 +”的理念开始慢慢兴起，手机不再是一款实现通话的产品，而变成一款集各种实用功能于一体的必需品，改变了人们的生活；到了 2010 年，5G 通信的数据传输速度已经达到了几十 Mbps，移动网络才真正在消费者中普及；到了 2020 年，5G 通信的主要应用领域转向消费型手机之外的其他技术，以满足车联网、物联网、工业互联网、远程医疗等新业务类型及未来网络发展的需求。

5G 通信，是 4G 通信系统的延伸，全名为第五代移动通信技术，与早期的 2G、3G 和 4G 通信移动网络一样，也是一个数字蜂窝网络。其主要优点是数据传输速度远高于以前的蜂窝网络，高达 10Gbit/s，比当前的有线互联网快，比以前的 4GLTE 蜂窝网络快 100 倍。它的最大优势是：①高速度，下载速度达到 500Mb/s，将比 4G 通信快上 100 倍；②低时延，通信的响应时间为 1ms，约为 4G 通信的 1/10；③多联结，4G 通信一基地台只能联机 100 台左右的端末装置，5G 通信则能同时上万台装置联机。就物联网而言，5G 通信可以支持大量端点的特性，使其适合密集传感器网络等应用。5G 通信则扮演着连接人工智能与物联网的骨干角色，是串联人工智能与物联网的关键技术。在万物互联的场景下，机器类通信、大规模通信、关键性任务的通信对网络的速率、稳定性、时延等提出更高的要求，这些新应用对 5G 通信的需求十分迫切。5G 通信是实现人—人、人—物、物—物之间的互联通信，是走进万物互联物联网时代的关键技术，将推进工业互联发展，驱动区块链新场景，可帮助企业降低成本、提升效率、发掘新商机，甚至可以帮助企业发展出新的营运模式。

5G 通信主要核心与应用。5G 通信就是一网多用，用最简单的观念来说，拥有表 5-11 所示的 3 个主要核心。

人工智能的发展不仅在消费电子领域给人类带来

表 5-11 5G 通信主要核心与应用

eMBB 增强移动宽带	大带宽（平均 / 最高速率）：100Mbps/20Gbps。 大容量（系统容量密度）：10Mbps/m²。 提供大带宽 + 大容量，让 4K 和 8K 电影都不再是问题，如智能手机、AR/VR、4K 和 8K 影音、HD 影像应用等
URLLC 高可靠低时延连接	超高可靠度：传输错误率 <10^{-5}。 超低延迟：RAN Latency=1ms，E2E Delay 10 ～ 100ms。 可承载超多设备连接，可实现智能家庭、智能城市等应用，如智慧城市、智慧医疗、车联网、工业控制、智慧辨识等
mMTC 海量物联	可联结超多装置：每平方千米 100 万个装置。 提供超高可靠度 + 超低延迟，让无人机、自驾车可以安全上路，如智能制造、无人机、自驾车、远程手术、VR 现场直播等

丰富多彩的各种应用，也在教育、交通、家居、医疗、零售和安防等行业有着广泛应用，促进各个行业产业升级。与此同时，5G通信的高速率、低时延等特性可以很好地为基于人工智能的应用提供通信能力保障，尤其为分布式人工智能技术应用提供更多可能，让更多分散的低计算能力单元能够高效实时协作，实现万物智联。5G通信技术可以提供极致的通信服务体验。在医疗行业，人工智能辅助诊疗（如癌症诊断）、医疗影像智能识别等需要高质量的影像数据传输；医疗机器人需要低时延高可靠的数据传输；个人健康的大数据智能分析需要大量地体域网传感器终端的数据传输和海量的终端连接。在交通行业，人工智能技术应用在智慧桥梁健康监测与运维管理、智能航道技术、智慧码头、无人驾驶及无人机配送等方面。基于大量传感器和机器人的检测数据收集，事故问题定位及移动轨迹预测是这些领域的突出需求。在工业制造行业，人工智能在设计仿真、个性化生产及质量监控等环节均有所应用。对于仿真设计，基于VR、AR技术进行数据传输时，需要高质量的影像数据传输通道；对于个性化生产和质量监控，工业互联网积累的大量且有价值的生产数据，需要低时延高可靠的传输通道。由以上内容可知，5G通信技术Gb/s的高速通信能力可以在未来支撑起更多服务，强大的连接能力可以快速促进各垂直行业，其常见应用包括线上3D影音、线上高画质影音、智慧家居、智慧城市、工业自动化、自动驾驶、智慧医疗、AR/MR元宇宙等。

下面介绍5G通信技术的几个应用场景。

（1）全息通信。全息摄影技术是将物体的三维影像记录下来，再由网络传送，最后在目标空间呈现出立体的影像。真正的三维感觉的生成，要求人们在展示时，要充分满足人们对三维对象的各种视觉线索（色彩、强度、深度等），并且尽量做到自然。最理想的全息显示器应建立在裸眼上，必要时还可以利用虚拟现实技术，如AR、VR。全息技术的具体应用分为静态全息、动态全息、实时全息和交互全息等，其中真人尺寸的实时交互全息是全息通信最为典型的一个应用。对于终端来说，除了要进一步提高基带处理能力之外，4K、8K视频的终端显示能力及解码、渲染、AI的终端运算能力也有很大的挑战。另外，从终端的形式来看，除了手机之外，各种形式的终端（如耳机等）都将在各种全息应用中发挥出自己的作用。

（2）沉浸式XR。XR能生成一个三维的完全仿真世界，实现对现实世界的虚拟，并能将虚拟对象或其他信息实时地叠加在现实中，从而实现对现实的强化。沉浸式XR是XR开发的最终目的，它通过对视觉、听觉、触觉等各种感觉进行全面的仿真与实时互动，使使用者产生身临其境的感受。在可视化方面，该终端要求具有非常高的分辨率（4K、8K或以上）以接近真实世界，并避免具有低刷新率（60Hz、90Hz或以上）的纱窗效果，以保证充分的操作流畅性、充分的视场角（FOV）以提高沉浸感。同时动显延迟（Motion To Photon，MTP）的延迟足以减少使用者的眩晕等。在听觉上，在真实世界中，人类可以根据声音辨别出大概的方位和距离，而XR则要求有高保真度的音频来与人类的听觉和三维位置的音频相匹配，从而确保当使用者的头转动时，3D环绕声能被动态地调节，从而为使用者带来真实的感觉。从触觉上来说，沉浸式XR必须实时地感受到真实的触觉，这就要求使用者通过智能手套、衣服等来模拟各种触觉，并实时反馈给使用者，提高使用者的体验。

（3）数字孪生。数字孪生是指物理世界的实体在数字世界中实时复现。从一个人的身体到一座城市，都可以通过数字孪生技术来建立一个数字孪生系统。数码双子使数码与实体世界彼此映射、交织，构成了一个可监测、可控制的实体资讯世界。其中，以数字双子网和数字双子城最为典型。利用各种可穿戴式的仪器和生物传感器，数字孪生体域网可以监测到人体的器官状态、生命体征，从而形成一个数字化的人体，用于健康检查、病理研究和外科手术。5G 移动信息网络将极大地打破传统信息交互的界限，突破信息触达的边界。

(4) 全自动驾驶。全自动驾驶在网络方面除了车联网技术本身对时延、可靠性等方面的持续演进，人工智能的在线训练、实时更新等也对时延、速率等方面有新的需求和挑战。在车联网技术中，低时延和高可靠是保证车辆安全的重要因素，可以依据路边设备实现超过目前车联网的性能，即低于 1ms 的传输时延和高于 99.999% 的可靠性。另外，感知、通信和计算一体化是实现无人驾驶汽车的关键。它利用先进的人工智能算法，根据感知信息、设备状态、网络环境等因素，进行个性化的驾驶计划，提高交通效率，保证交通安全。

展望未来，6G 通信将会在技术和需求的双重推动下，全面覆盖所有的应用场景，不仅会持续强化和发展 5G 通信原有的应用场景，而且会带来更多的新的应用场景，从而提高生产力，改善人们的生活质量。从单纯的通信技术发展到现在，它已经从移动通信向移动信息技术、信息技术、数据技术和人工智能技术发展并实现深度融合。届时，移动信息网将在很大程度上突破传统的信息交流，实现信息的接触，构建无界又智能的未来。

5.6　云计算

庞大的数据量使得数据的获取、分析、处理、转换每一个环节都要耗费大量的资金、技术和人力。数据分析，是一种全新的思维模式，联想人们在任何情况下的生存模式，运用设计的力量，将数据化繁为简化，最终的目的是让使用者满意，让数据服务能够涵盖所有的领域。云计算又称为网格计算，不是一种全新的网络技术，而是一种全新的网络应用概念。使用者通过网络将所需要的处理器分解为若干个小程序，然后将这些小程序交给多个服务器，经过数据采矿（Data Mining）、计算、分析后，将处理结果传送至系统。因此，云计算是一种基于云服务平台的服务计算模型，它可以让供应商根据需求来支付费用。

美国国家标准和技术协会对云计算进行了清晰的界定，将其视为一种基于用户实际需要的收费方式，无须过多地进行管理，也无须与服务提供者进行太多的互动，从而实现了按需上网的方便和便宜。在大数据环境下，云计算是一种全新的、高效的、实用的数据计算、分析、存储方式，其能够为智能硬件带来以下改变，如表 5-12 所示。

1. 云计算的特点与优劣

云计算采用负荷平衡等技术，对底层的资源进行配置、分配，并通过按需分时的方式向用户支付费用，降低 IT 系统的开销，提高可靠性和安全性。云计算可以实现多个副本的异地存储，计算节点之间可以交换，计算的过程在数据中心进行，然后向用户传输，保证信息的安全性。云计算采用按需支付的模式，可以根据用户的需求和负荷的

表 5-12 云计算为智能硬件带来的改变

促进物联网数据的传输和计算	云计算是一种将海量数据与人工智能技术相结合的技术，能够满足各种情况下智能硬件的数据采集、存储、分析等需要
缩小产品的体积和降低成本	通过云计算，智能产品运算相关组件可以不用内建昂贵的芯片及其他电子元器件，并能减少运算引起的额外的设备功耗

变化来分配资源，因此节省了很多的资源。另外，云计算模型的通用性、虚拟化、规模大、可扩展性好，它的优势在于：资源共享；能够使多台计算机的计算负荷均衡；将程序置于最佳运行状态的计算机上。

云计算服务的提供包括服务器、存储、数据库、网络、软件、分析和智能，通过 Internet（云）提供快速创新、弹性资源和规模经济。对于云服务，可以简单地用它来支付，这样可以减少操作费用，提高基础架构的效率，并且能够适应不断变化的商业需要。亚马逊在 2006 年推出云计算业务后，已经进入一个逐步完善的阶段。可以说，云计算是计算机技术发展的一部分，包括分布式计算、效用计算、负载平衡、并行计算、网络存储、热备份冗余和虚拟化，以及计算机技术的发展。

2. 云计算的类型

云计算的类型如表 5-13 所示。

3. 云计算与物联网、大数据的关系

数据本身就是一种资产，云计算是一种能够有效地挖掘其价值的工具。云计算就像一台挖掘机，而大数据就像一座矿山，没有了云，大数据就无法发挥出最大的作用；而物联网，就是为矿场提供数据。另外，对海量数据的需求，也促使了云计算技术的发展与应用。换句话说，没有了云计算，大数据的许多强大的能力就无法发挥出来。在技术上，大数据依靠的是云计算，而云计算中的海量数据存储技术、海量数据管理技术、分布式计算模型等，都是以大数据为基础的。云计算与大数据是相互补充的。云计算与物联网、大数据之间既有区别又有联系，既不可分割，又不尽相同，如表 5-14 所示。

所以，从总体上看，云计算、物联网、大数据三个方面都是相互促进、相互融合、相互影响的。云计算平台为未来的物联网发展提供了大量的数据存储，而物联网则为其提供了无限的应用空间，作为大数据的主要资源，它会促进其得到更广泛的应用。随着大数据技术的不断发展，人们对数据的处理能力也越来越强。云计算和大数据已经成为行业数字化的基础，驱动以管理效率提升为目标的数字化，其特点是优化生产关系，更好地匹配生产力和客户需求，如从线上到线下服务、电商平台等。

表 5-13 云计算的类型

公有云	由第三方的云服务供应商所有并运行，这些供应商通过互联网提供诸如服务器和存储空间等计算资源。微软 Azure 就是一个公共云的例子。在公共云中，所有的硬件、软件和其他的支撑的基础设施都是由云供应商所有和管理的，通过网络浏览器来访问和管理账户
私有云	用于某一公司或机构的云计算资源。私有云实际上可以在企业的数据中心上面。一些公司也将自己的私有云委托给第三方服务商。在私有云中，服务和基础设施在私人的网络上得到维护
混合云	组合了公有云和私有云，使其能够在两者之间分享数据和应用。让数据和应用在私有云和公有云之间的流动，可以更加灵活地操作和提供更多的部署选择，帮助人们对现有的基础设施、安全性和一致性进行优化

表 5-14 云计算与物联网、大数据的关系

诞生背景	物联网：基于识别与传感技术的发展运用及数据资源的采集需求
	大数据：基于用户和各行业领域所形成的数据规模以几何级倍数的方式增长
	云计算：基于用户业务需求度的激增，计算资源不均，无法有效利用
扮演角色	物联网：通过各式传感器即时采集感知数据及其他数据源，产生并供应大数据、云计算长期动态的数据集
	大数据：对数据进行挖掘、标注并获取信息，为云计算与人工智能提供有助于发掘有价值知识的供应环境
	云计算：为大数据技术与人工智能应用的发展提供了即时数据分析处理平台和技术支持
重点关注对象	物联网：关注的对象是物理设备、联网设备、智能设备、其他嵌入电子设备、软件、传感器、执行器和网络连接设备
	大数据：关注的对象是数据
	云计算：关注的对象则是 Internet 资源与各个系统应用等
实现的目标与结果	物联网：为了实现人与人、人与物、物与物之间的智能信息化连接
	大数据：为了挖掘数据资产本身蕴含的内在价值
	云计算：为了实现计算、网络、存储资源的灵活有效管理
创造的价值	物联网：存在的大量数据需要与云计算和大数据技术相结合以实现物联网大数据的存储、分析、整合、处理及挖掘
	大数据：挖掘数据的有效信息
	云计算：可以节省大量建设、使用及维护成本

5.7 区块链

目前，世界各国正在以数字经济的发展作为新的经济动力。在近几年，由于消费者对食品品质的需求越来越高，对食品的需求也越来越大，包括食品的生长过程、动物福利、农田和环境的可持续性、施肥和用药记录、加工过程和原材料、运输过程、二氧化碳排放乃至食品的生产环境。但是，由于现代食物的产业链较多，因此消费者难以获得足够的透明资讯。当前，我国大部分的企业都依赖于第三方团体的身份验证，但是大部分的证书都是以纸面方式进行的，其真伪很易被人伪造，且工作效率低、费用高，易被人忽略。此外，多数资料储存于中央资料库，单一储存资料也有储存技术之虞。由日本学者中本聪提出的区块链技术，作为大数据时代一种新兴的去中心化、安全可信的技术。

由于区块链与很多计算机科技及通信技术的融合（如加密技术、密码学、隐私安全、数据库技术等），尤其是在共识运算技术方面取得了重大的突破，使得它可以建立一个开放的数据库，既可以保持数据的连贯性和完整性，可以确保数据的永久性存储，以及在整个生产链条上共享数据的巨大潜力。这是一个比特币的核心理念，实质上是一种非中央数据库，也就是比特币的基础技术。

学者李国清分别就区块链技术的广义定义与狭义定义进行了说明。广义的区块链技术：它是一种新型的分布式计算模型，利用加密链式数据进行数据校验与存储，利用分布式节点一致性算法产生和更新数据，利用自动化脚本实现数据的程序和运行。狭义的区块链技术：它是指将彼此间的数据按连接的顺序排列，形成一个“链”型的数据结构，用加密的方法来确保非伪造和可追溯的分布式账簿。中央式、非中央式和分布式系统概念图如图 5-10 所示。

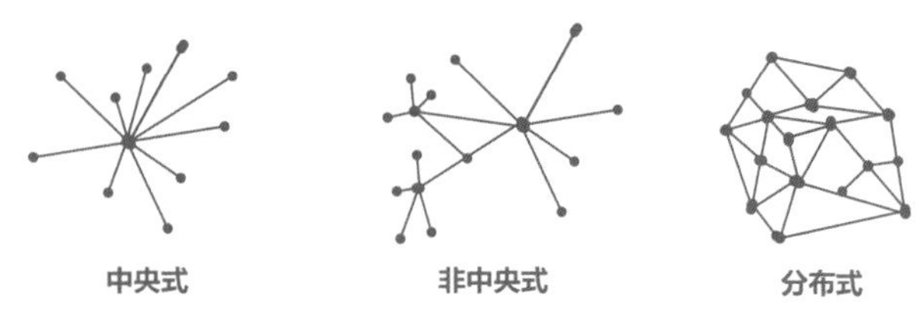

图 5-10 中央式、非中央式和分布式系统概念图

区块链是分布式数据存储、点对点传输、共识机制、加密算法等计算机技术的新型应用模式，本质上是一个去中心化的数据库，像是一个数据库账本，里边记载所有的交易记录，因此可以说是一种去中心化、去信任的方式，通过集体来维护一个可靠的数据库方案。

区块链自身具有公正开放、对等、匿名性、去中心化、分布式账本、互联共享、不可篡改、抗伪造、公开共监管、可追溯性、信息对称和集体共识等优势特性，是一种分布式数据存储、点对点传输、共识机制、加密算法等技术的一种全新的数据处理方式，用来维持一个稳定的资料库架构。其中，防篡改能有效解决物联网中海量设备的接入与协作、大数据管理、信任建立等安全问题，其内隐的公共服务价值能变革传统的生产关系、解决繁杂的公共服务业中设施管理、数据共享、多方信任协作、安全保障等问题，提升生产效率、降低服务成本，以及对促进管理创新和业务创新具有重要作用，是 21 世纪伟大的技术革新，也是未来网络信息和数据资产交换和流通的必要基础设施。此外，若物联网通过采集来自不同行业及其细分领域的海量数据来描述真实世界，并通过节点控制向真实世界输出反馈信息，则物联网可以成为区块链与现实世界连接的关键环节，从而进一步开阔区块链技术的应用场景，有助于区块链发现并解决现实世界的问题，从而真正服务实体经济。

1. 区块链即服务

区块链即服务（Blockchain as a Service，BaaS）最开始是由微软、IBM 两个巨头提出的概念，充当企业公司和企业区块链平台之间的桥梁，开发者可以在平台上以简便、高效的方式创建区块链环境。其含义是：将区块链服务与客户共享，并通过其自身的运作，构建了一套全新的服务方式，即区块链即服务。它可以通过各种方式的查询、交易广播和交易验证等方式，从而将公共区块链服务整合到网络系统的体系结构之中，包含数字货币、数字资产、身份认证服务、第三方监管服务等，不仅具备区块链技术的非中央性，还具备云技术的强大运算能力。区块链即服务技术的问世，为科学信息资源的集成与分享和数据的流动带来了新的机会，可以有效地克服目前信息壁垒、“信息孤岛”、安全性低、共享性低等问题。

在 BaaS 模式下，区块链协议被用于维护去中心化的分布式存储机制记录在线数据，并且保证数据的不可篡改、不可伪造和可验证性。BaaS 与其他技术的对比如表 5-15 所示。

在目前的技术服务行业，对信息的需求与日俱增，BaaS 的分布式应用和云的强大运算能力，无疑将是一个非常好的结果。

区块链的整合与应用：物联网为区块链应用提供

表 5-15　BaaS 与其他技术的对比

技　术	安全性	隐私性	可扩展性	去中心化程度
数据仓库	低	低	低	低
云计算	中	低	高	中
区块链	高	高	低	高
BaaS	高	高	高	高

了更多可落地的应用场景及物理世界的支撑依据；而大数据和云计算等技术加上区块链分布式数据存储、点对点传输、共识机制、加密算法等技术的集成应用，则能大大提升科技服务业的专业化水平，推动新的科技服务创新模式的形成，进而能引发新一轮的技术创新和产业变革。目前，区块链技术已在金融、物联网、能源、政务、金融、教育、旅游等领域有了较为成熟的应用，更多应用场景还在拓展和继续深化。

区块链应用生态图如图 5-11 所示。

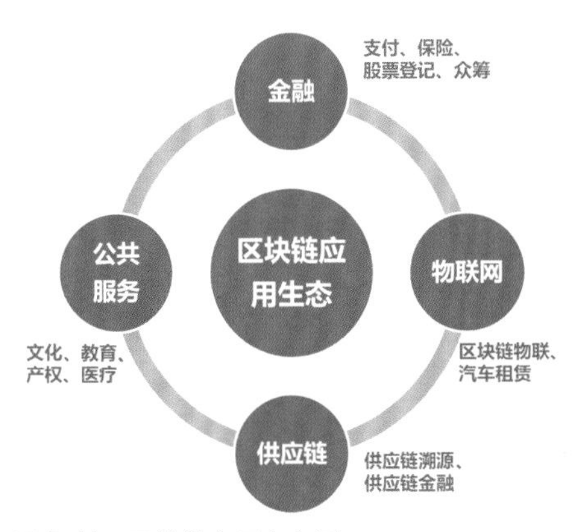

图 5-11　区块链应用生态图

区块链的物联网应用场景非常多，主要有数据访问控制、数据存储和传输可靠、数据交易和共享安全、系统安全、系统更新、信任和协作。区块链除了可以将各种对象连接在一起，它还可以让数据的储存、防止篡改、防止黑客入侵，让物联网的网络变得更安全、更省钱。

2. 区块链技术在工业中的应用

以往，工业互联网体系结构、标识解析体系、平台应用管理界面产业标准体系已经从 0 到 1，逐步建立起了工业互联网网络体系、平台体系、安全体系。工业互联网的技术基础是网络化、数字化、自动化，也是工业区块链建设的基本需求。从一定意义上说，工业网络的实施水平直接影响工业区块链技术在工业领域的应用，并在一定程度上实现了工业企业之间的数据与业务，实现了供应链中的信息和流程的共享。

在理想情况下，区块链技术可以参与以上所提到的多个生产与利用的过程，如设备管理、生产过程监控、产品溯源等乃至企业的雇员的电子劳动契约管理。在区块链中，数据的价值主要体现在信任、共享、协作 3 个层面。首先，区块链的非中心化、不可篡改、可追溯性等技术特点使其在链上的第一时间就拥有了可信赖的、透明的信息来源，从而实现了对设备、访问、身份、流程等的可信任监控。其次，区块链的另外一个最直观的影响就是数据分享，可以在工业界提高生产率。最后，企业之间的合作，在某种程度上改变了传统的生产模式和合作模式。工业和企业是工业区块链生态系统的主要力量，企业要充分发挥其技术优势，挖掘其经济价值，实现企业之间的合作。

未来的工业区块链，有望由工程建设转变为业务模式的革新。数据的上传和利用，不仅可以提高商业效率，而且可以将其转化为自身的数据资产，进行多次转化。数据使用越多，就越有价值，这也是将来所有产业应用区块链的最终目的。

3. 区块链发展的里程碑：非同质化代币

非同质化代币（Non-Fungible Token，NFT）指的是一类具有唯一性的数字资产，即数字化的所有权的一种形式，其所有权是在区块链上流转的独一无二的资产的数字化抽象物。其应用从数字商品（如存在于虚拟世界中的物品）到物理资产的债权（如服装或房地产），都可以用 NFT 表示。NFT 之所以强大，是因为结合了金融工具，任何人都能发行、拥有和交易它们。因此，使用者与 NFT 的互动效率显著高于传统平台。就像密码学货币的支付效率高于传统支付一样，交易无边界和转账方便使得 NFT 的流转效率高于传统途径。例如，如果你是一个游戏开发者，想要创建可交易的游戏道具，那么你可以借助去中心化 NFT 交易所的协议，立即赋予物品交易属性。你不需要创造一个交易市场，也不需要透过中心化平台的入驻流程，就可以让物品能够流转。此外，NFT 不仅支持交易，还可以用于借贷、支持部分所有权或者作为贷款的担保品。

案例：NFT 应用——数字商品

所有的 NFT 都是数字商品，但是并不是所有的数字商品都是 NFT 的。例如，用户在某个游戏中购买的皮肤，只能在这个游戏中使用，既不是唯一的，又不能转移给其他用户使用，就只是一个数字道具，不是 NFT。真正唯一的去中心化的商品可能是用户数字替身的服装、皮肤、虚拟房屋中的艺术品、车辆或者其他的东西，也即由区块链技术支持的 NFT 形式的数字商品，可以在整个开放数字世界中自由携带。

NFT 让部分所有权更容易实现，因此如果一件物品很贵，个人很难整个买下来，那么现在他们至少可以买到一部分所有权。虽然，实物仍然需要可靠的人或机构保管，但是其能够以密码学资产的方式发行、持有和交易，这就可以解锁更多的应用场景。人们甚至可以设计一种 NFT，使创作者可以从所有的二次销售中获得一定比例的分润。而在传统的艺术领域，艺术家通常无法从二次销售中获得分润。因为 NFT 就是数字化的所有权的一种形式，所以它可以在非常广泛的领域得到应用，目前其在艺术品和游戏领域的增长尤为显著。需要注意的是，数字艺术品和游戏道具被归类在 NFT 收藏品下的子类。另外，社群代币有时也会归到 NFT 类别，或被认为与之紧密相关。另一个蕴藏着无限可能且有趣的概念是可程序化艺术品，它虽是艺术品，但不同的是可以根据链上数据动态调整作品的某些特征。例如，人们可以创造这样的可程序化艺术品，当以太币的价格超过某个数值后，作品的背景就会发生变化。

在接下来的数年里，我们将会在许多新的应用中见到 NFT，而这些都只能通过区块链进行。从区块链到 NFT，都是一种全新的思考，所有的东西都还处在起步阶段，只要每个行业的人都能发现和理解这个思想，那么在未来，虚拟化、去中心化的时代，都将是一个全新的时代。

5.8 VR/AR/MR/XR

目前正处于计算机技术第一次大浪潮的鼎盛时期，计算机、智能手机、云服务等性能健全，先后推动了桌面互联网、移动互联网的快速发展，带来了前所未有的科技生活体验，包括移动支付、移动业务、电商、新媒体、物流仓储等。Facebook VR/AR 团队的首席科学家迈克尔·亚伯拉什在 2017 年提出，VR/AR 是计算机历史上的第二次大浪潮，将是继 PC 计算机、智能手机之后的下一代消费级计算机科技产品，其影响可能超过过去 30 年（20 世纪 90 年代至今）的个人计算机革命。未来数十年，VR/AR 将带来的颠覆性冲击，包括 To C 大众消费市场，也包括各行各业的 To B 市场。第二次计算机科技文明的成果将全面渗透至农林渔牧业、制造业、住宿餐饮、金融、地产、建筑业、教育、科技、交通运输、零售电商、文化娱乐等领域。根据《中国制造 2025》的主要技术发展方向，中国的智能制造正处在向智能化生产转变的阶段。

沉浸、交互、想象是虚拟现实系统的三大特征。学者 Milgram 等提出了“现实—虚拟”的统一体概念，定义了最左端是真实世界，最右端是虚拟世界，靠左端为增强现实（Augmented Reality，AR）；靠右端为虚拟现实（Virtual Reality，VR）；中间部分则为混合现实（Mixed Reality，MR）。在这个框架下，虚拟物体的份额从左端到右端、从 0 向 100 不断增强直至最终成为完全虚拟现实，反之，现实世界的份额从右端向左端不断增强直至达到完全现实。VR/AR/MR/XR 概念框架如图 5-12 所示。

1. 虚拟现实（VR）

虚拟现实是一种基于计算机的技术，创造生成多感官模拟环境，让使用者感官（视觉、听觉、触觉等）仿佛身临其境进入一个完全虚拟的 3D 世界，在沉浸体验里面借由控制器，实时在这个虚拟的环境下穿梭或交互式模拟。VR 技术可以通过整合计算资源和通信服务提供复杂的增值服务，近年来，VR 技术的进步为其在不同领域的应用提供了动力。

常见应用：元宇宙、智慧营销、工业 4.0、职业训练、电玩游戏。

相关技术：体感侦测、3D 建模（场景）。

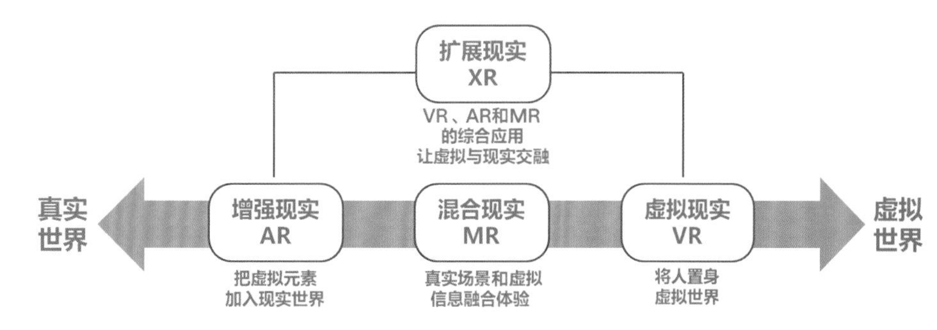

图 5-12 VR/AR/MR/XR 概念框架

采用装置：全罩式头戴装置，如 VIVE、OculusVR。

2. 增强现实（AR）

增强现实是将虚拟的内容结合现实世界，并能实时呈现与用户产生互动，显示的类型分为影像穿透式和光学穿透式两种显示技术，且需符合虚拟与现实结合、实时互动及三维对象 3 项原则，以追踪、定位及显示 3 项技术建构系统，目的是将虚拟融合到现实世界，创造独特的体验。

增强现实具体是指将虚拟数字内容信息（文字、图形、声音、动画、视频、虚拟三维物体等）添加到真实环境中，将虚拟的信息同步显示应用于真实世界。但真实环境信息和虚拟数字信息并不是简单叠加，而是无缝融合，产生一种现实与虚拟和谐共存的场景体验。其所具有的将虚拟信息与真实信息相融合的特点，可以在现有的产品外观上融合更多的动态、声音、三维视图及现实的真实环境信息，让人们在虚拟信息与现实信息中创造出更多维度的信息表现形式。

常见应用：智慧营销、智慧医疗、智慧城市、工业 4.0。

相关技术：物联网、人工智能、图像侦测、体感侦测、3D 建模。

采用装置：see-through 装置，如 AR 眼镜、手机。

增强现实技术不仅能够从理性角度解决产品设计问题，而且可以给人的感官带来直观的刺激与认知。目前，增强现实主要用于生产制造、维修、医疗、军事等企业级应用，现在已经延伸至普遍的商业用途，常见的形式有游戏、导览，还有展览业（如工具机展的机台展示、搭配 AR 眼镜的器械远程修复工作、离岛的远距开刀、增强现实 app 游戏展示产品等），也涉及娱乐、游戏等消费领域的少量应用。

参考视频：“AR 眼镜应用于跑步”

虚拟现实与增强现实互相竞争、互相成就。增强现实由于需要在用户真实视觉场景中构造出虚拟三维物体，本身就带有一定的虚拟现实色彩，因而增强现实与虚拟现实统一为 VR/AR 概念一并被讨论。VR 与 AR 的差异及内涵如表 5-16 所示。

表 5-16　VR 与 AR 的差异及内涵

差异点	内涵
目的不同	虚拟现实旨在为使用者提供一个完整的 3D 虚拟空间，让使用者在不知不觉中沉浸在虚拟世界中
	增强现实旨在为使用者在真实场景中提供辅助的虚拟对象，其实质是对使用者视界中的现实世界的一种扩展
实现方式不同	虚拟现实头显技术通过用户位置定位，利用双目视差分别为用户左右眼提供不同的显示画面，以达到欺骗视觉中枢制造幻象的目的
	增强现实是通过测量使用者与现实场景中对象之间的距离，并进行重建，实现了与现实世界的互动
技术痛点不同	虚拟现实的关键在于如何通过定位与虚拟场景渲染实现用户以假乱真的沉浸体验，目前的应用瓶颈在于定位精度与传输速度
	增强现实的关键是如何通过在虚拟环境里重构现实世界的物体以实现现实与虚拟交互，目前的技术瓶颈主要在算法和算力上
服务对象不同	虚拟现实产品经过几年的发展，已经逐渐走向商业化，目前的零售价格为 500 ～ 40000 元，主要针对终端用户
	增强现实产品还处在起步阶段，目前的新产品价格为 20000 ～ 50000 元，主要针对企业客户

VR/AR 技术虽然有很大的区别，但两者之间并不是完全对立的，而是相互竞争的。虚拟现实是通过计算机制作出来的影像来代替真实的世界，增强现实技术是将计算机产生的影像加入用户周围的场景中，两者之间的竞争会越来越激烈，因为同样的一台设备，可能会同时使用两种技术。虚拟现实应用于游戏、娱乐等领域，就像将游戏机摆在了面前，而游戏、娱乐只是 AR 应用的一部分，未来增强现实在医疗、工业、教育、零售等领域有着很大的发展空间。

3. 混合现实（MR）

混合现实是“VR 和 AR”的综合应用的结合，可将自然的人、计算机 3D 对象和环境实地结合，并且虚拟对象可以跟现实环境互动，创造出一种全新的高画质视觉环境。

增强现实的主要特征是高交互性，其对周围环境的投射效果非常真实，能够实时地获得信息并与真实世界的信息交互，微软公司的 HoloLens 就是其中的代表，如图 5-13 所示。Hololens 通过亲手以 3D 形式传达复杂概念，进行体验式学习并可以快速学习复杂的任务，并随时随地进行协作。

常见应用：元宇宙、智慧营销、工业 4.0、职业训练、电玩游戏。

图 5-13　微软公司的 HoloLens 实际应用示意图

相关技术：体感侦测、3D 建模（场景）。

采用装置：Hololens。

4. 扩展现实（XR）

扩展现实是“VR、AR 和 MR”的综合应用，让虚拟与现实交融，打造一个全模拟世界人机交互的虚拟环境，实现对现实世界的虚拟，又可以将虚拟物体或其他信息实时定位叠加到真实世界中，实现对现实世界的增强。沉浸式 XR 是扩展现实发展的终极目标，通过对视觉、听觉、触觉等感官信息的完全模拟和实时交互，可以给用户创造身临其境、感同身受的逼真体验。扩展现实在应用条件上也有较高的要求，包括：对网络的需求主要体现在传输速率、时延和同步精度等方面，具体需求与全息通信类似；对终端的要求较高，新型的扩展现实终端需要满足轻质、高分辨率 / 高刷新率显示、高保真 /3D 定位音频及真实触感反馈等要求；需要在智能交互方面进行增强。目前扩展现实处于发展初期，技术上的挑战是实现高度沉浸式体验：一是从 VR、MR 眼镜等终端在算力、分辨率、体积和功耗有较大提升空间；二是当前的体验技术注重视觉和听觉，而触觉、嗅觉、味觉等体验技术仍有待突破；三是隐私风险，个体数据作为支撑其持续运转的核心要素。扩展现实的数据资源整合收集、储存、分析与管理的机制尚待探讨。VR/AR/MR/XR 关系图如图 5-14 所示。

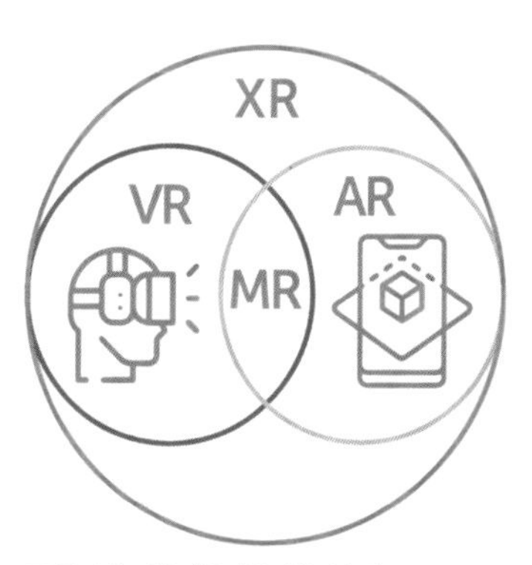

图 5-14　VR/AR/MR/XR 关系图

当前，虚拟技术正以空前的速度向真实社会渗透，人们对娱乐的期待也在与日俱增，期待着超越想象的娱乐体验——更多的自由控制、更丰富的信息、更深入的沉浸，甚至在现实和虚拟的边界上都能模糊。借助便携式 AR/VR/XR 等移动设备人们可以更加积极地投入视频的制作中，如变换自己的模样，让自己成为角色体验自己想要的故事，体验到剧情的紧张和刺激，还能在现实和虚拟之间自由切换，创造出各种可能。

5.9 元宇宙

随着感官技术、交互技术的成熟和商用，人们憧憬的超现实体验将成为可能。穿越虚实的元宇宙并非一个严谨的学术概念，目前尚无统一的定义。为在虚拟环境中搭建“现实世界”，人们利用数字分身在时间依然只能单向流动的世界中进行同步实时交互，用共同协定的“货币”购买及出售、创建的物品（可以是内容、体验、服务等）。元宇宙的关键特征包括永续性、实时性、无准入限制、经济功能、可转换性、可创造性。2021 年是元宇宙元年，元宇宙的概念的提出是一个漫长的过程，是人类在不断追求极致体验的过程中对技术不断提出更高要求的必然产物。

例如，元宇宙中的你有一个化身，这个化身属于你或者就是你本身，可能具有你的真实头像，或是一个代表角色。在这个元宇宙里，你可以和朋友互相沟通。元宇宙是 3D 世界，而不是扁平的，能实现人与人逼真地相处。在元宇宙中，我们可以往返现实世界与虚拟数字世界之间。因此，元宇宙是一个与真实世界互相连接、多人共享的虚拟世界，有真实的设计和实体经济。“元宇宙”最初来源于 1992 年美国科幻小说家尼奥·斯蒂芬森的《雪崩》，描述了一个平行现实世界的网络世界元宇宙，所有现实世界的人在元宇宙中都有一个化身，在其中交往和生活。元宇宙包含 5G、AI、区块链、内容制作等元素，其核心是通过虚拟体验及设备的持续迭代来不断优化用户的数字化生活体验；基于扩展现实的数字化服务将围绕各类场景不断渗透，为沉浸式的元宇宙数字生活体验带来突破，成为开启元宇宙时代的重要载体。元宇宙关键特征及内涵如表 5-17 所示。

元宇宙框架的几大组件：一是提供元宇宙体验的硬件入口（VR/AR/MR 和脑机接口）及操作系统；二是支持元宇宙平稳运行的后端基建（5G、算力与算法、云计算、边缘计算）与底层架构（引擎、开发工具、数字孪生、区块链）；三是元宇宙中的核心生产要素（人工智能）；四是呈现为百花齐放的内容与场景；五是元宇宙生态繁荣过程中涌现的大量提供技术与服务的协同方。元宇宙的未来则将呈现出大多数消费品牌都非常陌生的绝

表 5-17 元宇宙关键特征及内涵

特 征	内 涵
沉浸式体验	未来，人类的视觉、听觉、触觉、嗅觉、味觉在元宇宙里都有可能实现
永续性	元宇宙是进行中的平行世界。进程不会终止、暂停或者结束，而是一直延续
虚拟身份	在元宇宙中你可能有各种各样的化身形态，但是这些化身都是你的身份，所以需要有一个身份的标识
实时性	尽管在真实世界中，人们会有一些事先安排好的行为，但元宇宙中的互动却是即时的
无准入限制	元宇宙能容纳任何大小的人和物，任何人都能进去
虚拟经济	存在可以完整运行的经济系统，可以支持交易、支付、由劳动创造收入等，且数字资产、社交关系、物品都可以在虚拟世界和真实世界间转换
可连续性	元宇宙中的数据、资产、内容等要素，可以在不同的平台上进行应用，跨越了数字与物理世界、公共与私人网络
可创造性	任何个体使用者或群体使用者都可以创建虚拟世界的内容
虚拟社会治理	在元宇宙中，可能没有一个中央化的一个强大的政府，这就需要社区化的社会治理

对进化，其中值得注意的就是区块链技术、加密货币、数字商品、非同质化代币和个人数字替身(Avatars)。虚实相生是元宇宙的关键特征，体现在这几个核心要素上，包括沉浸感、虚拟身份、数字资产、真实体验、虚实互联及完整社会系统。未来，元宇宙的发展一方面由实向虚，实现真实体验数字化；另一方面由虚向实，实现数字体验真实化。元宇宙的发展路径如图 5-15 所示。

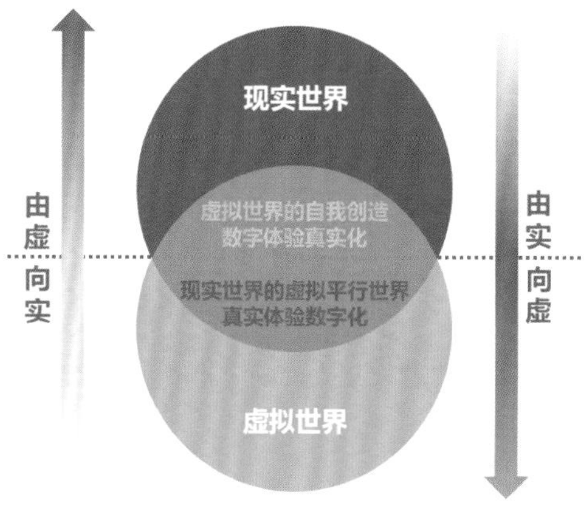

图 5-15 元宇宙的发展路径

由实向虚：基于虚拟世界对于现实世界的模仿，通过构建沉浸式数字体验，增强现实生活的数字体验，强调实现真实体验的数字化。在移动互联网时代，主要通过文字、图片、视频等 2D 形式建立虚拟世界，而未来在元宇宙时代，将真实物理世界在虚拟世界实现数字化制造，建立完全虚拟化的平行世界。

由虚向实：超越对于现实世界的模仿，基于虚拟世界的自我创造，不仅能够形成独立于现实世界的价值体系，而且能够对现实世界产生影响，强调实现数字体验的真实化。

根据元宇宙的服务对象，元宇宙将会形成一个以提高物质世界生产力为核心的工业元宇宙和以丰富个体精神世界为核心的消费元宇宙，通过两条虚与实的发展道路逐渐融合发展，最终形成一个闭环的物质和精神的生态系统（图 5-16）。元宇宙的发展，最重要的是它的载体和内容，即如何构建元宇宙与元宇宙中有什么。尽管如此，元宇宙的载体与内容这两个概念仍十分宽泛，人们对元宇宙的构想十分多元且抽象。

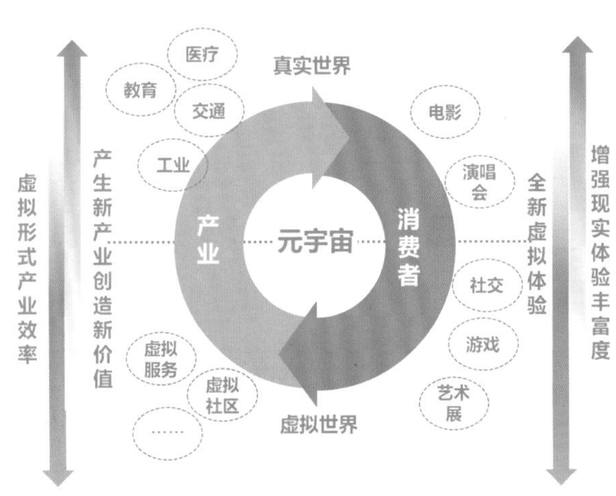

图 5-16 个人元宇宙及产业元宇宙的生态

应用层 数字化生存:游戏 数字化生产
激励层 货币系统 金融系统
治理层 分布式 去中心 自组织
算法层 低代码开发 渲染 AIGC（UGC/PGC）
数据层 万物互联 数字孪生
物理层 VR AR MR XR

图 5-17 元宇宙宏观架构

1. 区块链如何作用于元宇宙

区块链技术是连接元宇宙底层与上层的桥梁。在元宇宙的宏观架构中（图 5-17），治理层中区块链技术在数据层和算法层之上、应用层之下，其应用需要一套完善、缜密且成熟的技术系统支持元宇宙的治理与激励。元宇宙治理层的特征在于，由无数中心化机构和无数个人共同参与建构，因此应该是分布式、去中心与自组织的。元宇宙中的激励层的特征能确保数字资产的不可复制，可以保障元宇宙内经济系统不会产生通货膨胀，确保元宇宙社区的稳定运行。凭借区块链技术，元宇宙参与者可以根据在元宇宙的贡献度（时间、金钱、内容创造）等获得奖励。另外，基于区块链可以提供元宇宙专属的非同质化代币作为激励。

2. 虚拟数字人

随着元宇宙概念、建模、渲染技术和动作捕捉、表情捕捉技术及人工智能的发展，虚拟数字人的形态和应用场景不断丰富，伴随偶像文化、直播文化的迅速发展，通过“技术＋内容共同赋能”使虚拟数字人在设计上应用路径大大拓宽。虚拟数字人已经成为当前最容易被公众接受的跨次元形式，在商业化方面，实体经济与虚拟经济的融合发展有望由虚拟数字人这一连接两个世界的支点撬动，虚拟数字人有望成为元宇宙产业链版图中快速发展并规模创收的产业。虚拟数字人相关名词及内涵如表 5-18 所示。

表 5-18 虚拟数字人相关名词及内涵

类 型	内 涵
数字人	通过艺术化与结构化后的逼真的 3D 人体模型是趋近于真实的，它跟我们在很多资产商城里可以便宜买到的角色模型不同，需要尽可能逼真，可以通过 3D 艺术家和技术指导行业先驱及使用先进的渲染功能实现数字人惊人的逼真效果。身份设定可以是按照现实世界中的人物进行设定，外观也可以完全一致。按还原制作的数字人也可以称为数字孪生
数字替身	真实人类的复制品，大部分出现在电影的视觉特效中，通常它们的应用包括面部替换、数字特技替身、生物类型变换或体征变换
虚拟人	是虚构的角色，从 3D 资产转化成活生生的人类的层面，需要考虑它的应用场景。可以是虚拟助手服务人员或成为一名虚拟网红
虚拟分身 或称虚拟数字人	存在非物理世界中，通过计算机图形学、语音合成技术、深度学习、类脑科学、生物科技、计算科学等聚合科技（Converging Technologies）手段创造及使用，并具有人类特征［外貌特征、人类表演能力、思想（价值观）、交互能力等］的综合产物。人物形象、语音生成模块、动画生成模块、音视频合成显示模块、交互模块构成虚拟数字人通用系统框架

由以上内容可知，数字人、虚拟人、虚拟数字人的目标是通过计算机图形学技术（Computer Graphic，CG）创造出与人类形象接近的数字化形象，并赋予其特定的人物身份设定，在视觉上拉近和人的心理距离，为人类带来更加真实的情感互动（图 5-18）。

图 5-18　数字人、虚拟人、虚拟数字人之间的关系

由于计算机图形学、深度学习、语音合成、类脑科学等技术的不断发展，虚拟数字人正在逐渐演化成为一种新的物种和媒介，越来越多的虚拟数字人正在被设计、制作和运营，应用场景得到了极大的扩展，应用价值正逐步被发掘，激活了元宇宙生态，将成为未来人类进入元宇宙的重要载体。虚拟数字人将在传媒、教育、金融、医疗、休闲娱乐等领域得到更加广泛的应用，为企业数字化转型发展提供了新的路径，并将发挥越来越重要的作用，有助于企业生产经营提质增效。例如，虚拟主播可以实现 24h 实时直播；虚拟手语主持人可以缓解真人手语主持人的短缺问题，有效解决听力障碍人士的沟通问题；而虚拟员工可以扮演客服、导游、助手等功能性角色，不仅提高了工作效率，还具有陪伴、关怀等外延性价值。

虚拟数字人将成为元宇宙最核心的交互载体和入口，每个人都可能用虚拟分身进入元宇宙，沉浸式体验游戏、娱乐、社交、教育、运动等数字化内容，开启“第二人生”，追求更真实、更理想的自我（图 5-19）。未来，虚拟数字人将拥有法定数字身份，并与个人数字资产进行绑定，确保个人利益和资产安全。

图 5-19　OPPO 手机小布助手虚拟数字人

虚拟数字人是元宇宙的核心组成部分。近年来，元宇宙的热潮带动了企业、媒体、用户应用虚拟数字人的热情。从未来的媒体形态与服务模式来看，计算机图形学、语音合成技术、深度学习、类脑科学、生物科技、计算科学等聚合科技带来语义传播与无障碍传播的新空间，由此诞生的虚拟数字人将以新媒介角色，在元宇宙的新生态中扮演着新的媒介角色，承担着制造、传递信息的责任，是元宇宙中人与人、人与事物或事物与事物之间产生联系或发生孪生关系的新介质。

3. 数字孪生

数字孪生（Digital Twin，DT）是以数字化方式创建物理实体的虚拟实体，借助历史数据、实时数据及算法模型等，模拟、验证、预测、控制物理实体全生命周期过程的技术手段。数字孪生主要包含3个部分：一是真实空间中的物理产品；二是虚拟空间中的虚拟产品；三是将虚拟和真实产品联系在一起的数据和信息的链接。其所依托的是知识机理、数字化等技术构建数字模型，利用物联网等技术将物理世界中的数据及信息转换为通用数据，并且结合AR/VR/MR/GIS等技术将物理实体在数字世界完整复现出来。数字孪生的特征是具有互操作性、可扩展性、实时性、保真性及闭环性等特征。数字孪生可以发挥多种作用：一是可用于基于嵌入核心物理产品及其组件中的传感器和其他使用数据采集技术来监控当前使用条件；二是它可以作为消费者和制造商或服务提供商的接口来监控、选择、定义和订购不同的产品配置；三是可以模拟、监控、优化和验证整个产品生命周期中的各种活动。

人工智能是数字孪生生态的底层关键技术之一，其必要性主要体现在数字孪生生态系统中的海量数据处理、系统自我优化两个方面，使数字孪生生态系统有序、智能运行，是数字孪生生态系统的中枢大脑。数字孪生信息分析技术通过人工智能计算模型、算法，结合先进的可视化技术，实现智能化的信息分析和辅助决策，实现对物理实体运行指标的监测与可视化，对模型算法的自动化运行，以及对物理实体未来发展的在线预演，从而优化物理实体运行。

数字孪生最早应用于工业制造领域，在生产中发挥了很好的联通物理和信息两个世界的桥梁和纽带作用。随着大数据、物联网和人工智能等技术的不断发展，数字孪生的形态和概念不断扩展，并逐步提升为多维动态的管理模式和解决方案，同样对零售、教育、传媒等领域产生了深刻的影响。与专注于数字世界的CAD和专注于物理世界的物联网不同，数字孪生的特点是数字世界和物理世界的交互融合，可能会带来很多好处。一方面，可以让实体产品更加智能，根据虚拟产品的模拟实时主动调整其行为；另一方面，可以使虚拟产品更加逼真，以准确反映物理产品的真实状态。

展望未来，数字世界与物理世界的无缝融合，能够准确感知和还原物理世界，在虚实结合的世界中理解用户的意图，体验将驱动计算走向边缘，云与设备、设备与设备、虚拟与现实多维协同计算。云端将实现物理世界的建模、镜像，经过计算、加入虚拟的元素，形成一个数字世界；而边缘装置则具备听觉、触觉、视觉、嗅觉、味觉，可以实现人与设备的即时互动；而多维度的计算，则是将使用者所在的环境，化作一台超级计算机，计算环境信息，识别用户意图，通过全息技术、VR和AR技术、数字嗅觉、数字触觉等技术为用户呈现。

习　题

一、填空题

1. 互联网产品按照服务对象分为：________及________；按照运行平台分类分别为：________、________及________。

2. 物联网可用于识别、远程定位、传感、操作具有实时数据信息流的组件，从而实现3种互连模式，分别为：________、________及________。

3. 大数据质量的5V特征分别为：________、________、________、________及________。

4. 大数据质量的4R衡量标准分别为：________、________、________及________。

二、思考题

1. 请分析 IoT 与 AIoT 内涵上的异同，列出应用实例，说明其运作原理。

2. 请以大数据举例说明知识金字塔的 3 个层次。

3. 请说明大数据与物联网应用发展之间的关系。

4. 请说明 5G 移动通信技术的具体概念及应用场景。

5. 请说明云计算的具体概念、特点与优点及应用场景。

6. 请具体说明云计算、物联网、大数据之间的关系。

7. 请具体说明区块链的概念、特点与优点及应用场景。

8. 请分别说明 VR/AR/MR 的概念、特点及应用。

9. 请说明元宇宙与 VR/AR/MR/XR 之间的关系及应用。

第三部分

智能产品设计思维与价值创造

随着人工智能核心技术的提升与智能应用平台支撑技术趋于完整，智能产品正蓄势对人们既有生活中的人、事、物，展开新一轮的创新变革。如何让人工智能融入有效的应用场景并能够与商业模式紧密结合起来，是当下智能产品设计开发人员面临的重要课题。此外，正是因为智能产品在落地过程中需要设计活动引领创新，所以与产品设计开发相关的创变者应站在时代的前沿，针对生活中的人、事、物相关问题及各行各业应用场景，通过设计思维重新解构问题，建立更好的产品、服务、系统与技术融合、体验及商业的机会，提供新的价值及竞争优势产品与服务，进而驱动社会、经济、文化持续创新与变革。

智能产品要真正走入人们生活并发挥价值，除了在开发设计活动中应从“技术驱动”转变为“产品驱动”，还要经历一段适应过程才能提高接受度，这与大多创新产品在落地过程中的发展规律是相似的。从“产品驱动”来看，讲究以人为本的设计理念，科技与技术应该去兼容人性。因此，设计需要在对文化、经济、技术等社会要素深刻理解的基础之上主动提问，了解需求与问题本质为何，跨越不同领域去识别问题，寻找应用的场景，定义设计的作用域带来哪些实际价值，同时融合成熟的技术与营造美好的用户体验。在智能产品设计与思维的视角下，此部分试图带给读者以下几个必要的内容:

（1）如何通过创新为智能产品创造新价值;
（2）设计新思维：好设计、好商品、好生意;
（3）新思维：场景设计思维;
（4）新范式：场景与数据如何驱动设计;
（5）设计与智造：智能产品服务系统整合。

第 6 章
人工智能时代如何为产品创造价值

人工智能已成为 21 世纪的尖端技术之一，试图探索人类智慧的本质，全面革新计算机信息和知识的处理、分析、理解和应用等能力，创造自动化、智能化、创新化三层次价值，最终体现在企业业务量增长、风险降低、改善营运成本并提升用户体验与满意度等方面。智能产品的物理功能与服务的数字化、信息化相结合，形成了能够系统性、创新性地满足用户需求的产品服务系统（Product-Service System，PSS）。在物联网、5G 通信等技术日益成熟的背景下，企业不仅需要提供实体产品，还需要满足用户的特定需求，提供必要的、有价值的功能和服务。

智能产品的服务体系不仅是信息通信上的联结，而且是信息价值上的联结。因此，在新一代人工智能发展的背景下，有必要对智能产品服务体系为社会、产业等场景赋予的价值做进一步了解。在智能产品设计思维中，将数据和算法带入创新流程的核心，会给价值的创造、产品发展的逻辑、赋能的评估及商业化分析带来哪些变化？与过去相比，在产品设计开发为产品创造价值时又有哪些重点必须把握？接下来本章将带领读者做进一步探究！

学习目标

- 理解用户产品价值、使用总成本的相关内涵及分类；
- 了解行业、市场与产品的具体概念及相关分析与应用；
- 理解价值主张画布、商业模式画布的具体概念及使用方法。

学习要求

知识要点	能力要求
产品价值	能具体说明核心价值、感官价值、情感价值的相关内涵；能举例说明顾客使用总成本的相关概念；能说明产品设计中产品的价值—愿景—概念特征层级之间关系
行业、市场与产品	能了解如何进行行业、市场及产品分析；能举例说明智能产品中行业、市场及产品现况分析
商业分析	能了解价值主张画布的具体概念及使用方法；能了解商业模式与商业模式画布的具体概念及使用方法；能举例说明价值主张画布、商业模式画布与智能服务画布的相互关系

6.1 产品价值

在人工智能时代，对用户来说，价值由主观效用决定，用户为了获取价值（效用）而使用某个产品。产品的目标应包括提供个性化精准服务，提升效率和准确率、用户体验等。因此，在产品设计活动中，设计师在理解用户后，应从价值和效用的概念出发，提出用户价值的定义。

对产品来说，产品价值是由产品的功能、特性、质量、意义、品种与样式等所产生的。对一般顾客来说，购买某产品时依据产品本身的总价值与必须付出的总成本进行购买决策，其决策准则即是价值最大化。从产品价值来说，通常顾客会同时考虑能否带来解决问题的效用（核心价值）？该产品的外观是否满足偏好（感官价值）？该产品能否引发相应情绪或象征意义（情感价值）从而引发相关价值需求？另外，考虑必须付出多少代价？例如，该产品售价是多少？相应渠道付出多少成本？使用期间引发维护、维修、材料的成本是多少？因此，对购买决策来说，顾客获得的价值 = 产品总价值（效用）– 使用总成本（图 6-1）。

（1）核心价值：以有用、有效率、易用的方法，解决核心问题。

（2）感官价值：以优雅形式、愉悦体验演绎呈现。

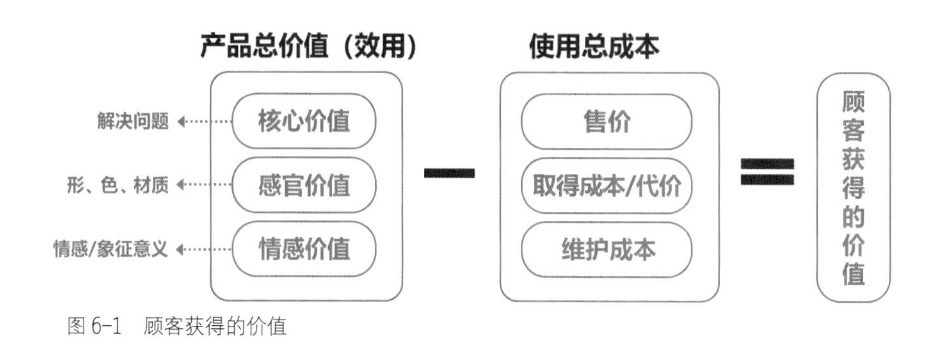

图 6-1　顾客获得的价值

(3) 情感价值：满足个人情绪，具有社会象征意义。

(4) 售价：实际商品交易花费。

(5) 取得成本 / 代价：通过渠道取得商品花费时间成本、距离产生的相关间接成本。

(6) 维护成本：某周期下合理使用产品期间引发维护、维修、材料的成本。

随着人工智能技术的日新月异，产品形态和价值都会产生无限种可能。要了解智能产品如何在其物质边界内外创造价值，首先，要将实际产品作为一组网络物理安排进行彻底的概念化；其次，在数字时代，企业正在竞相通过使用新技术来建立新的客户互动形式或商业模式。图 6-2 分别从产业、行业及消费者 3 个层级来分析人工智能驱动的新行业和新产品形态。

智能产品引发产业、行业及消费者价值的牵引如表 6-1 所示。

1. 智能产品价值的创造

智能产品设计就是为智能产品创造价值，基本上可分为两个核心（图 6-3）：一是问题解决的可用性；二是情感化体验设计。

此外，学者 Whitney Quesenberry 针对可用性价值提出的 5E 原则及内涵，如表 6-2 所示。

人工智能毕竟只是工具，如何用好它，需要设计师具有细腻的洞察力。只有找到合适的市场切入点，才能创造出有价值的产品。

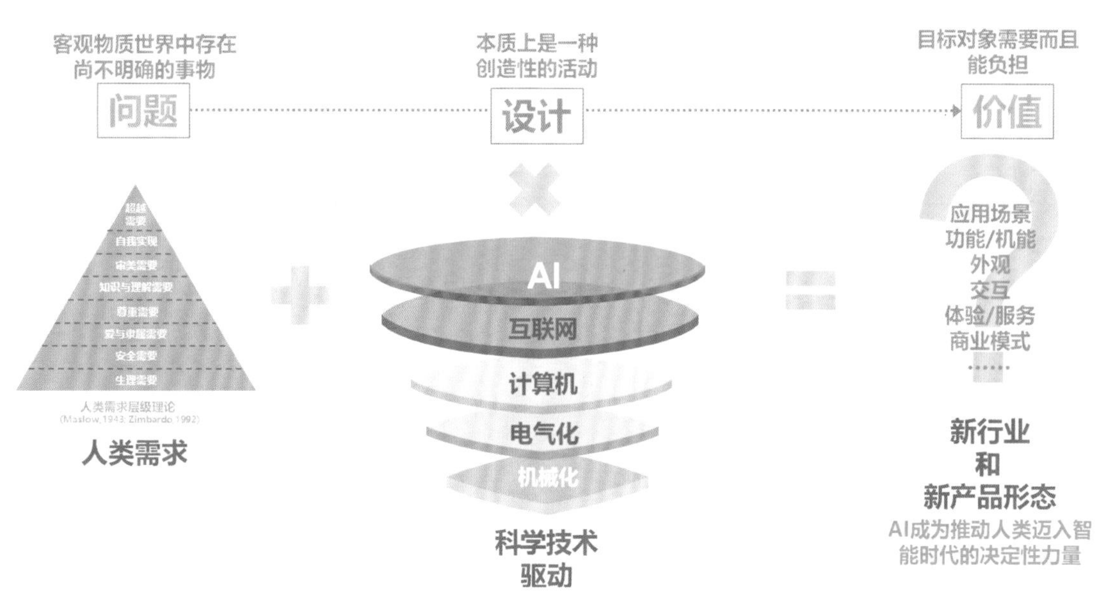

图 6-2 人工智能驱动新行业和新产品形态

表 6-1 智能产品引发产业、行业及消费者价值的牵引

产业模式变革	触发新业态和新的商业模式
带来行业创新	语音识别、图像识别、人机交互、大数据等技术的突破带来了创新动能
智能化生活	全新智能生活面貌，提升生活质量

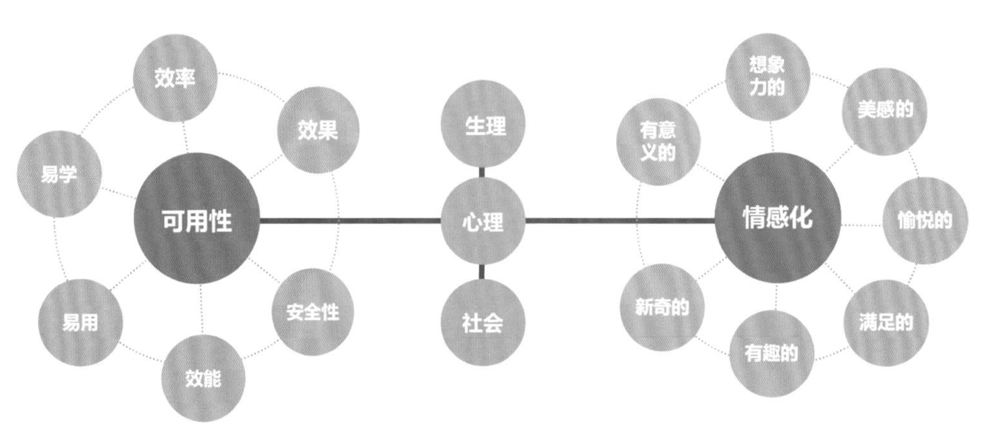

图 6-3　智能产品设计为智能产品创造价值的两个核心

表 6-2　Whitney Quesenberry 针对可用性价值提出的 5E 原则及内涵

指　标	内　涵
有效性	有用，满足了产品的基本功能的诉求
效率	具有稳定性及满足一定的交互效率，能够用最少的操作在最短的时间内达到使用产品的目的
易学习	操作简单、易学、好上手
容错	交互的适应性和稳定性的需求
吸引	愉快、满意或兴趣程度并乐意使用

2. 顾客价值层次模型

客户在购买产品和服务时，一方面，需要考虑产品和服务的功能和属性；另一方面，需要思考如何实现这些功能，进而产生对预期结果的期望和偏好，根据预期结果进一步形成对目标的预期(图 6-4)。最后，这些目标的预期构成了顾客价值层次模型(图 6-5)。

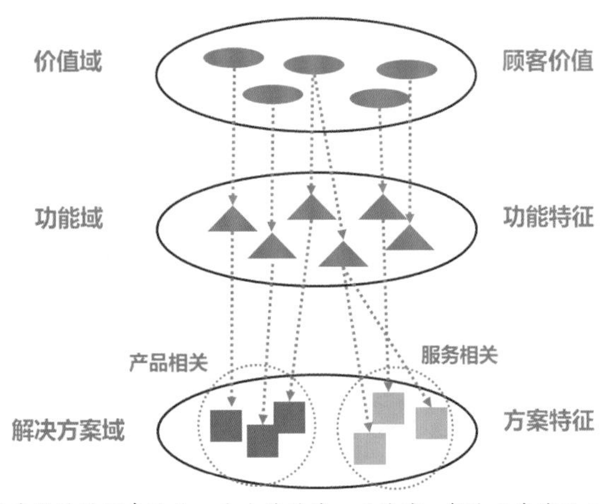

方案设计过程表达为一个由价值域、功能域、解决方案域及 3 个域之间的映射机制组成的过程。

图 6-4　设计三域映射机制

在方案设计过程中，首先通过分析顾客需求信息，获取顾客期望价值要素，提取顾客价值特征，然后将其转化为产品功能特征和服务功能特征。

首先，当顾客购买和使用时，他会考虑产品或服务的特定属性；其次，他会对这些属性达到预期结果的能力形成期望和偏好；最后，在预期效果下，顾客形成实现目标的能力。反之，顾客则形成基于属性的满足、基于结果的满足、基于目标的满足。此后，顾客会判断他们是否会选择或继续选择此类产品或服务；另外，在价值层次模型上，从左到右，顾客会根据自己的目的来确定产品或服务结果在使用场景中的重要性，结果的重要性会引导客户判断产品或服务属性的重要性。总之，从顾客价值层次模型可以看出，顾客在购买产品时获得的使用结果，是顾客实现购买产品最根本意图的途径；而价值实现是顾客使用产品或服务的最终目的。因此，在产品 / 服务设计时，应充分利用顾客价值层次理论来指导顾客需求获取，驱动产品或服务的解决方案设计。从顾客行为的更深层动机出发，应尽最大努力设计开发更具竞争力的产品或服务解决方案，以满足顾客的动态需求。产品价值、愿景、概念特征如图 6-6 所示。

在产品 / 服务设计解决方案流程图如图 6-7 所示，设计师首先根据数据提炼顾客信息模型，通过顾客调查和专家决策确定顾客价值模型。顾客价值更倾向于表达他们期望系统完成的任务阶段，而不是使用结果；因此，一般采用顾客期望的系统

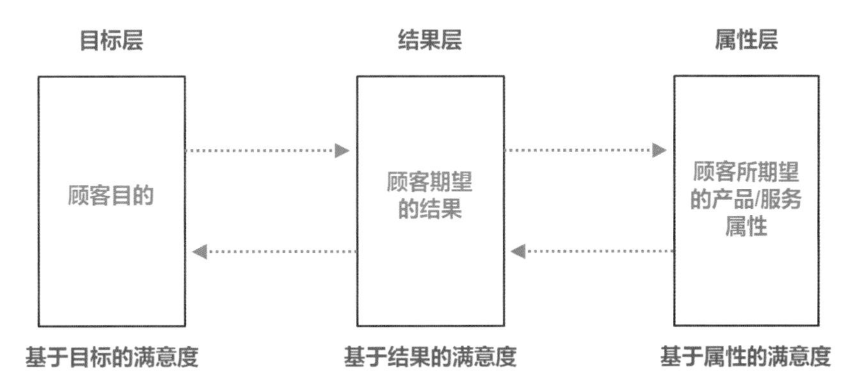

在顾客价值层次模型的目标层、结果层及属性层 3 个价值层次中，具体的产品属性只是达到顾客期望结果的手段，顾客能否达到目的，取决于使用产品的结果。顾客价值层次模型揭示了顾客满意的形成过程，也揭示了产品或服务的顾客需求的形成过程。

图 6-5　顾客价值层次模型

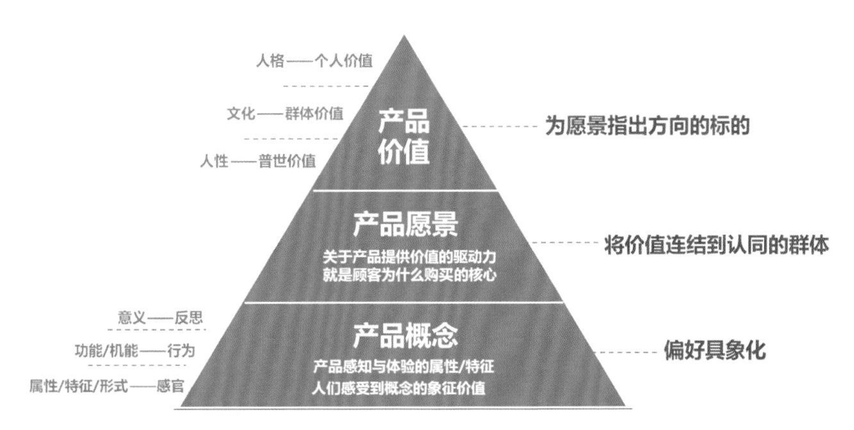

图 6-6　产品价值、愿景、概念特征

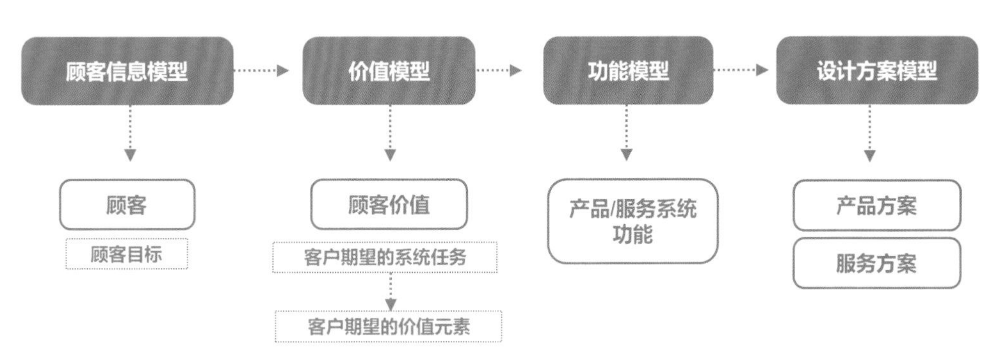

图 6-7　产品 / 服务设计解决方案流程图

任务，并使用顾客期望价值元素表达价值模型的属性模型。其次，依据价值模型开始设计产品 / 服务的功能，建立功能模型；在设计方案的功能建模中，表达了设计者规划的功能原理结构，而该模型是一个树状分解结构，是为顾客在价值模型中期望的系统任务而构建的。最后，进一步完成产品 / 服务设计方案并建立方案模型。

人工智能扩大了物联网的领域，提升了物联网的应用层次。然而基于人工智能的智能决策，需要向使用者证明其有效性和合理性，这不仅仅是人工智能技术本身需要解决的问题。在人工智能与物联网融合之后，面向具体应用落地时，更需要结合实际应用场景，有针对性地向目标用户解释决策的合法性，以提高智能决策的可解释性。

产品思维：B 端产品与 C 端产品设计。例如，一个产品属于 C 端还是 B 端，取决于这个产品究竟在解决什么样的问题，而不在于产品究竟会有什么样的功能。其中，C 端源自 Consumer、Client，本文中取“Consumer”，意为消费者、个人用户或终端用户，使用的是客户端。常见 C 端产品有 QQ、微信、抖音等。B 端源自 Business，通常为企业或商家为工作及商业目的而使用的系统型软件、工具或平台。例如，企业内部的 ERP 系统、客服系统、报销系统等。B 端产品与 C 端产品设计价值思维如表 6-3 所示。

C 端产品与 B 端产品在切入点、衡量模式、产品设计、用户消费和获客成本等方面有着本质的区别。在产品的切入点上，B 端产品注重行业的切入点和价值，C 端产品注重用户的需求；C 端的业务模式有日活、月活等成熟和通用的业务指标，B 端产品更多的是满足企业客户在使用中的需求，B 端产品是针对企业的实际操作问题和瓶颈；在产品设计上，C 端和 B 端的企业都要发现自己的需求，并将其转化为机遇；C 端的企业更多的是注重用户的总体操作流程，B 端企业需要对公司的各个环节和上下游的合作方式有非常深入的理解和清晰的判断；在用户消费层面，企业管理者在采购一项产品或服务时，往往是基于非常有逻辑性的分析判断和团队的共同理性决策，因此需要理解这条决策链上不同人的思维方式包括预算、责任边界和关键人等。产品解决客户问题只是基础，促成购买还需要信任。而影响 C 端产品的决策包括口碑甚至是消费欲望，所以企业要做好产品的决策就包括口碑、消费欲望。

表 6-3 B 端产品与 C 端产品设计价值思维

要 素	C 端产品	B 端产品
切入点	关注用户的刚需	寻找行业切入点
衡量模式	商业模式有很成熟、通用的业务衡量体系	商业模式是围绕运作中所遇到的问题和瓶颈而产生的
产品设计	注重用户的总体操作流程	需要对公司的各个环节及上下游的合作方式有非常深入的理解和清晰的判断
用户消费	依赖口碑、冲动消费购买产品	非常有逻辑性的分析判断和团队的共同理性决策
获客成本	获客周期一般比较短且切换成本很低	获客周期一般都比较长且切换成本比较高

6.2　行业、市场与产品

对于智能产品的设计开发，如何站在宏观、前瞻的顶层策略上，结合人工智能及行业特性来理解，才是成功的关键。隔行如隔山，怎样才能算是懂行业呢？“行业”一般指的是：围绕一个商品，从生产到销售相关的全部企业。习惯上，把提供原料 / 产品的企业称为上游企业，把接受提供的原料 / 产品的企业称为下游企业，把最终消费产品的用户称为终端消费者。那么，如何了解一个行业呢？可参考图 6-8 所示的行业分析 6 个维度。行业分析 6 个维度及内涵如表 6-4 所示。

图 6-8　行业分析 6 个维度

如何了解市场？需要行业的洞察力。洞察力是指通过对人—事—物—境等表面现象的观察从中找出规律，尤其是在这个信息大爆炸的时代，要具有抓住问题的本质、厘清发展的情境脉络从而了解其本质的能力。从产业分析来看，了解市场是指先找准产品对应的位置，再梳理不同产业链中的布局状况，把握市场的动向，最后根据自身情况以形成策略，如图 6-9 所示。

在智能产品产业结构中，产业链可分成基础层、技术层和应用层，如图 6-10 所示。

而在产品分析中，智能产品的基础框架如图 6-11 所示。

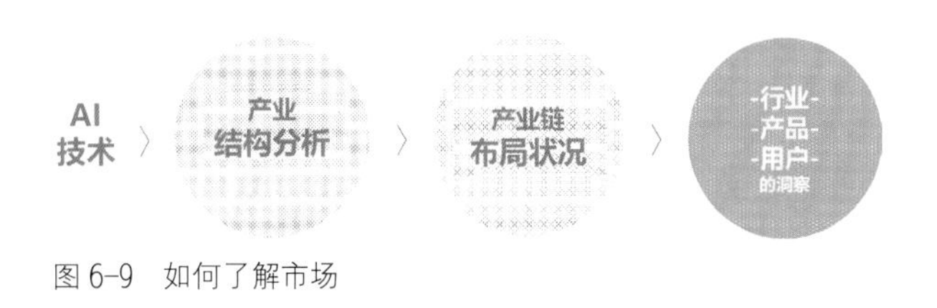

图 6-9　如何了解市场

表 6-4　行业分析 6 个维度及内涵

维　度	内　涵
行业特点	历史背景、当下增长力、风险及发展规律等
商业模式	行业的挣钱手段、产业链逻辑、价值链如何构成
行业运行趋势	国内外的行业发展趋势和方向
竞争力因素分析	行业内价格、品质、质量、分销能力、上游资源、成本、产品差异、技术壁垒
政府管制	准入门槛、国家法规、价格、税收、进出口等
行业升级整合	了解行业集中度、发展过程中会出现产业升级、基于价值链的某个或某几个环节产业整合等现象

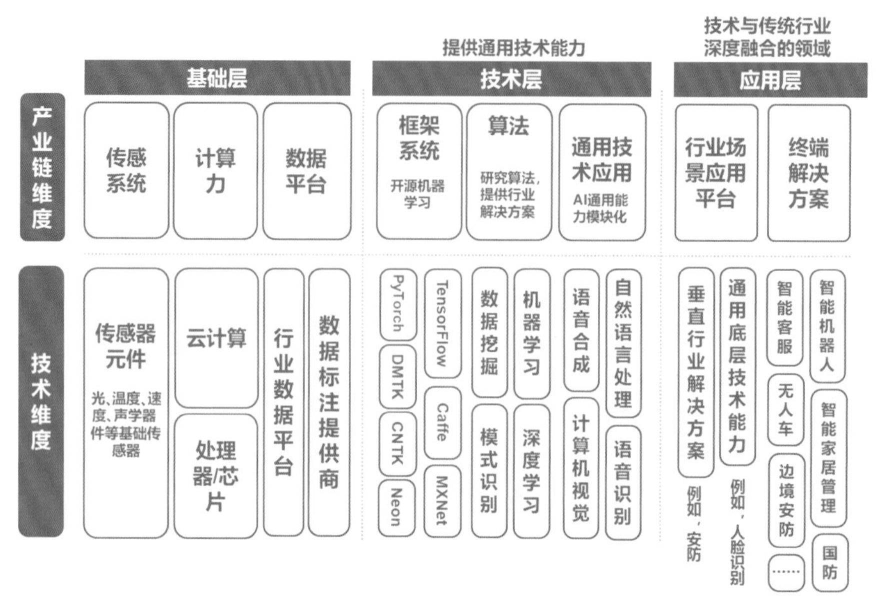

图 6-10 智能产品产业链结构

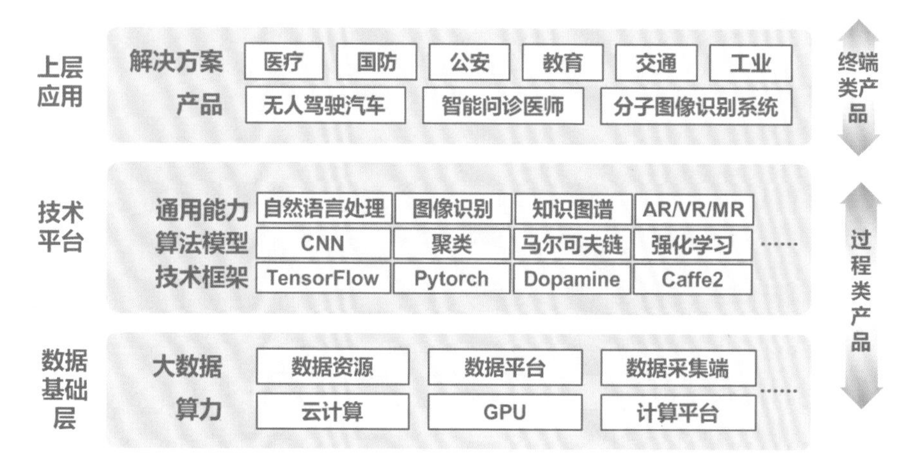

图 6-11 智能产品的基础框架

智能产品运作的基础框架可分为 4 个主要环节，分别是基础感知、网络传输、系统平台及终端应用，其相关内涵如表 6-5 所示。

在智能产品设计开发阶段，团队必须从设计管理角度做好从项目到产品化、服务化，最终实现平台化的整个规划和工程落地的节奏。在这个过程中，需要考虑企业发展速度、市场规模、技术实

表 6-5 智能产品运作的基础框架主要环节及内涵

环　节	内　涵
基础感知	负责用户使用情境（人—事—时—地—物—行为—体验）数据的收集
网络传输	负责数据信息及时、快速、有效地传递
系统平台	智能产品进行数据分析、处理、响应和服务的基础，包括： ① 操作系统，分为服务器操作系统、桌面操作系统和嵌入式操作系统； ② 云平台，主要是智能产品服务平台
终端应用	负责实现智能产品服务等商业应用

现瓶颈及业务本身的业务特殊性等因素，这时就需要具备成本意识、市场敏锐度、前瞻性和大局观等综合素质。行业分析过程可分为 3 个步骤：一是业务流程分析；二是产业链分析；三是商业模式分析。这 3 个步骤从业务流程开始分析，最终上升到商业模式分析。经过行业分析过程，可以更加深入地了解行业特性，也能从资本的角度去思考行业未来的发展方向。

实例：智慧医疗与健康物联网行业、市场与智能产品设计分析

(1) 行业分析：全球发展动态。
目前，美国、欧盟、日本和韩国是国际上智慧医疗与健康物联网应用较成熟的国家（地区）。美国出台了一系列扶持智慧医疗行业政策，包括：2010 年 3 月，美国出台《患者保护与平价医疗法案》(PPACA、ACA)，为智能健康和生物医学、电子硬件、机器人和无线技术等领域的技术开发项目提供国家经济支持；2016 年 5 月，美国能源部出台《小企业创新研究 / 小企业技术转移计划 (SBIR/STTR)》，为智能健康和生物医学、电子硬件、机器人和无线技术等领域的技术开发项目提供种子基金；2019 年 3 月，美国出台《物联网网络安全促进法案》，规范政府部门和医疗机构采购物联网设备；2019 年 7 月，美国出台《网络盾牌法案》，指出由美国商务部建立机制并鼓励医疗设备厂商对其物联网商品安全加密进行分级卷标认证；2020 年美国众议院连续发布 3 项法案，以加强在 5G 相关国际标准制定机构中的领导地位。

欧盟出台了扶持智慧医疗与健康物联网行业政策，包括：2010 年，欧盟委员会制定了“欧洲 2020 战略”，提出了三大战略优先任务、五大量化目标和七大配套旗舰计划；2014 年，欧盟启动实施了该旗舰计划的创新政策工具——“地平线 2020”，计划在物联网领域投入近 2 亿欧元，建设连接智能对象的物联网平台，开展物联网水平行动，推动物联网集成和平台研究创新，重点在包括智能可穿戴设备、智能养老等 5 个方面开展大规模示范应用，希望构建大规模开环物联网生态体系；2015—2016 年间，欧盟动作不断，先后重构物联网创新联盟（AIoTI），组建物联网创新平台，希望构建一个蓬勃发展的、可持续的欧洲物联网生态系统，最大化发挥平台开发、互操作、信息共享等“水平化”共性技术和能力的作用。

日本出台了扶持智慧医疗与健康物联网行业政策，包括：2003 年，日本 IT 战略部进一步制定了 e-Japan Ⅱ战略，将发展重点转向推进 IT 技术在医疗、食品、生活、中小企业金融、教育、就业和行政 7 个领域的率先应用；2009 年 7 月，日本 IT 战略本部提出了新一代的信息化战略——i-Japan 战略，将政策目标聚焦在电子化政府治理、医疗健康信息服务、教育与人才培育这三大公共事业，尤其在医院事业上，i-Japan 战略推动了电子病历、远程医疗等应用的发展；2019 年 1 月，日本信息通信产业主管机关总务省发布《电气通信事业法》，要求最迟于 2020 年 4 月，医疗联网终端设备必须具有防范非法登录的功能（如能切断外部控制、强制变更初始默认 ID 和密码，强制软件更新等），且唯有满足标准、获得认定的医疗设备才能在日本上市。

韩国出台了扶持智慧医疗与健康物联网行业政策，包括：2009 年，韩国通过了 U-City 综合计划，并将 U-City 建设纳入国家预算。U-City 是指通过宽带信息网，将 IT 的基础设施建设、技术等应用于卫生保健、公共安全、交通等城市基本需求中。2011 年，发表“2012 年广播电视通信核心课题”文件，强调了物联网对于民生环境的促进作用，提出重点推动智能交通、健康管理等物联网技术应用下相关服务的开发。

我国出台了扶持智慧医疗与健康物联网行业政策，包括：2009 年提出“感知中国”，将物联网列为国家五大新兴战略性产业之一。在随后的几年里，我国相继发布了《中国物联网白皮书（2011）》《物联网十二五发展规划》《物联网发展专项行动计划》。尤其在工业和信息化部于 2012 年 2 月发布的《物联网十二五发展规划》中，明确表示要重点支持公共安全、医疗卫生、智能家居等领域的物联网应用示范工程，并面向医疗、环保、交通、农业、电力、物流等重点行业需求，以重大应用示范工程为载体，总结成功模式和成熟技术，形成一系列具有推广价值的行业应用标准。2016 年 10 月，中共中央、国务院发布《“健康中国 2030”规划纲要》，部署全面推进实施健康中国战略，明确提出要规范和推动“互联网＋健康医疗”服务，创新互联网健康医疗服务模式。2018 年，国家卫生健康委办公厅发布国卫办医发〔2018〕20 号《关于进一步推进以电子病历为核心的医疗机构信息化建设工作的通知》。要求推进系统整合和互联互通，到 2020 年，三级医院要实现院内各诊疗环节信息互联互通，达到医院信息互联互通标准化成熟度测评 4 级水平。同年，国家卫生健康委统计信息中心印发《医院信息互联互通标准化成熟度测评方案（2020 年版）》。相比之前的测评方案，2020 版对 5G 和物联网有相应侧重，通过 5 级测评需要具有物联网和 5G 部署能力。2018 年 4 月，国家卫生健康委员会规划与信息司发布《全国医院信息化建设标准与规范（试行）》，主要针对目前医院信息化建设现状，对未来 5 ～ 10 年全国医院信息化应用发展提出建设要求。该文件将物联网技术列为新兴四大类技术之一，并明显加强了物联网、大数据、人工智能等新兴技术在三级医院的场景建设思路。2020 年 5 月，工业和信息化部发布《关于深入推进移动物联网全面发展的通知》，重点指出制定移动物联网与垂直产业融合标准，深入推进物联技术与医疗养老领域融合应用，加强移动物联网终端、平台等技术标准及互联互通标准的制定和实施，提升健康养老产业应用标准化水平。

综上可知，美国的物联网发展历程是从最初的军方试验逐渐转向民用推广。欧洲则较为注重制定全面完善的物联网规划体系，有序地逐一推进相关技术的发展。日本与韩国的发展路径较为相似，主要将对医疗健康物联网技术的研发应用纳入国家信息产业战略的制定之中，呈现出前期以发展网络技术及基础设施为主、后期以成为信息输出大国为目的的转变。目前，我国在智慧医疗与健康物联网行业政策环境建设方面取得了显著成效。通过积极进行技术研发、行业示范应用及制定相关的国家标准，我国已成为全球物联网发展最为活跃的国家（地区）之一。在政策上，我国于 2009 年以政策形式将物联网正式列入国家五大新兴战略性产业后，医疗健康物联网就走上了高速发展之路，并通过政策的引导，在医疗健康物联网领域的人才培养、企业支持方面都有了坚实的支撑。根据智慧医疗与健康物联网行业 4 层基础架构，可以将其产业生态链分为六大环节，分别是芯片、传感器、无线模组、网络运营、平台服务、软硬件开发及系统集成应用。

（2）国内外市场态势。

当前，世界智能医学和健康物联网产业的市场规模正在迅速增长。从 2017 年开始，全球医疗保健物联网的市场规模已经达到了 412 亿美元，并以每年 30.8% 的速度增长。随着老龄化问题的加剧，慢性疾病的人数越来越多，加之现代社会的压力越来越大，慢性病的年轻化越来越明显。目前，我国居民的卫生意识已从被动的医疗模式向积极的监控、预防转变，以期及早发现潜在的危险，采取有效的干预措施，实现市场规模的扩大。

近年来，为解决不同的医疗痛点、病人的实时监控、疾病预防问题，国内越来越多的企业投入智慧医疗与健康物联网新产品与医疗服务研发。此外，越来越多的医疗企业投身医院的核心业务场景，提供完整的软硬件结合的智慧医疗解决方案。根据应用对象的不同，可具体将其分为智慧临床、智慧患者服务、智慧管理与远程健康四大类应用场景。

(3) 产品分析：四大类应用场景。

图 6-12 所示为智慧医疗四大产品应用场景。

例如，在智慧临床部分，其应用场景包括输液监控、智慧病区、医疗急救、床旁智能交互。临床护理工作在医院的工作中占有举足轻重的地位，其工作的质量与效率直接关系医院的整体医疗水平。传统的护理工作多靠护理人员手工操作，存在的问题有：病人识别易出错，医嘱执行过程中无监控、无记录，人工审核易出错，已听医嘱或未执行医嘱无法及时发现，护理记录需要二次录入、出入量等汇总数据需要人工统计。各种护理文件的撰写也耗费了护士很多的时间，不能把时间留给患者。另外，存在大量的废纸浪费、经济效益低下、病人就诊体验不佳、满意度不高等问题。基于医院信息系统，利用移动终端设备，将物联网技术应用于病区护理管理，覆盖护理管理、智能采集、信息互联互通等各个环节，帮助护理人员及时获取患者最新信息，以便提供完善服务的同时，让护士得以从非护理工作中抽身，真正做到“将时间留给护士、把护士还给患者”，体现了“以病人为中心”的服务理念。在它的应用架构中，物联网能够实现对多维信息的实时、动态、连续地采集与分析，为临床护理提供精确的数据依据和强大的人工智能处理能力。物联网是由诸如无线 RFID 引导的自动产生系统的传感器和个人数字助理等装置来感知病人或其他被测对象的信息；智慧护理在智慧医疗中占有举足轻重的地位，推动智慧医疗建设的关键是护理的智能化。

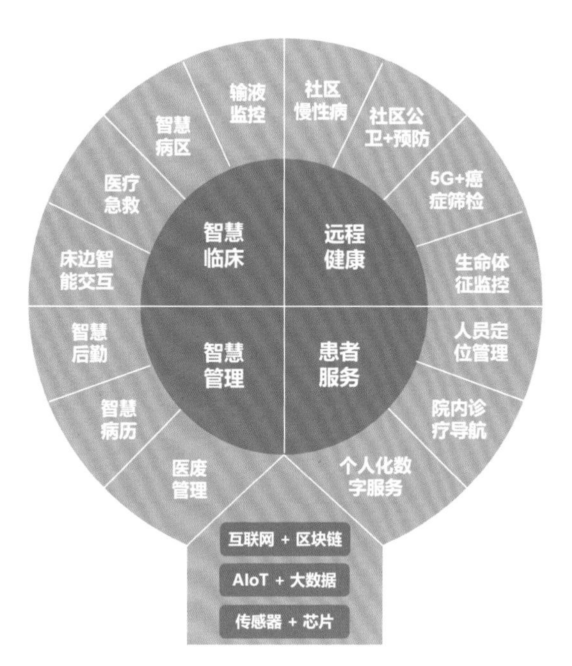

图 6-12 智慧医疗四大产品应用场景

静脉输液是目前临床上常用的一种方法。在医院，输液工作繁忙、琐碎、重复，常规输液流程要求病人或医护人员随时进行监测。目前，在临床输液过程中，护士人手短缺、工作任务繁重，主要由护士和患者共同监督。但是，该方法仍存在输液不及时、输液速度不准确等问题。整个输液过程耗时耗力，既影响病人的休息，又增加了医护人员工作的难度。基于智能设计思想，采用无线输液监测系统，通过医疗健康物联网，对输液速度、余量、终止报警进行实时监测，并通过自动校正，解决输液瓶摇晃和滴液中断等问题，使护理人员可以实现从医嘱下达、配液到实施的闭环管理，既提高了输液的安全性，又减少了工作强度。输液监测管理系统的主要作用是对多名病人的输液信息进行集中监测和管理，实时、精确地控制输液中的流量、剩余容量，并实时发送语音和可视提示、输入、存储、编辑、查询和备份等信息。护理人员可以随时掌握病人的输液状况，避免不必要的往返，从而提高护理工作的效率。

在智慧病区，可以利用信息化技术和互联网技术，从护理流程服务的角度出发，对病区信息化进行总体规划和设计，满足医院—护—患各个角色之间信息共享、服务交互的需求，构建病区医疗流程自动化、医患沟通智能化、护理管理精细化的数字化病区，是以患者为中心的住院诊疗服务模式的重要体现。便携式监护仪、体温贴、非接触式体征监护垫等智能仪器，能够自动采集、实时推送体征数据，帮助护士对病人的体征数据进行实时监控，从而打破了传统的护理流程。通过资讯系统及智能终端，扩展护理服务的应用，对医护业务、医嘱执行、体征采集等全过程资料进行综合分析，并以护理管理座舱的方式，呈现病床、护理业务、护理服务质量，让管理者更好地了解护理服务的效能与质量。

6.3 商业分析：如何从价值主张到商业模式分析

好的创意需要设计与科技 / 技术来实现，好的产品一定要搭配合适的商业模式才能卖座，进而展现产品价值。只有将设计、科技 / 技术与商业模式三者融合创新，才是一个好的智能产品设计。产品设计开发三要素如图 6-13 所示。

图 6-13 产品设计开发三要素

设计的主要任务就是创造价值，向顾客提供的价值就是解决顾客什么样的问题或满足顾客的需求或期望。提供的产品或服务可以为顾客所创造出的承诺价值，而这种承诺价值必须建立在满足顾客或潜在顾客需求的基础上，达到自身获利的目的。因此，必须先了解顾客在不同场景发生的事情情境脉络，并从中分析、判断、澄清价值。要掌握有意义的需求内涵，只有先了解顾客的痛点与获益，才能提供能满足的产品或服务。但进行用户调研分析时该如何澄清并定位价值呢？此时，可以借由瑞士的商业理论专家、商业顾问 Osterwalder 等提出的价值主张画布（Value Proposition Canvas，VPC）视觉化设计工具，来协助提出价值主张（Value Proposition），如图 6-14 所示。

其中，顾客描述是经由用户研究数据收集、调研、假设而得到的一套顾客特征、目的 / 任务 / 事件、痛点、需求与期望的关系，其构成包含：顾客任务，从顾客角度描述顾客要做的事或尚未满足的需求；痛点，描述顾客想完成任务面临哪些负面体验；获益，描述顾客期望的结果 / 寻求的具体正面体验。而价值地图是价值的创造活动，经由设计打造出一套能够吸引顾客的利益设计方案，其构成包含痛点解放，是根据顾客描述提出商品 / 服务如何减轻 / 解决顾客困扰 / 痛苦做法；获益引擎，具体提供什么商品 / 服务能为顾客达成目标；商品 / 服务，是指根据痛点解放 + 获益引擎

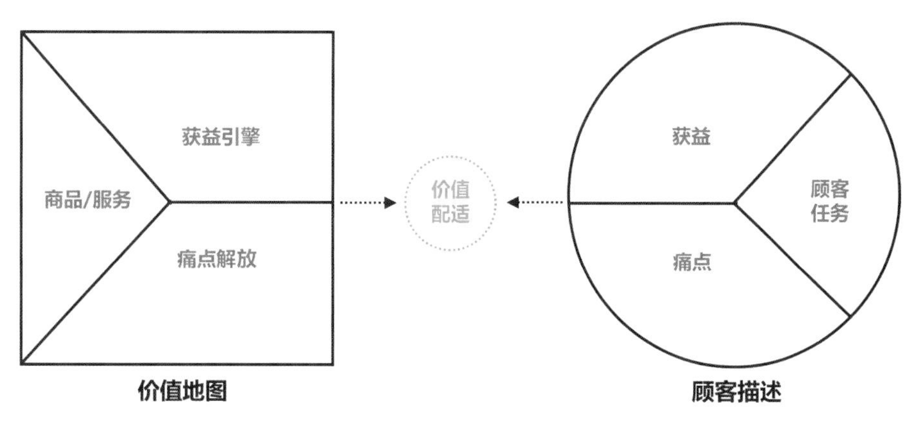

图 6-14　价值主张画布

连带设想的商品或服务。当价值地图与顾客描述吻合时，价格与价值配适。也就是说，商品 / 服务创造的痛点解放与获益引擎所能提供什么价值，符合一项或多项顾客所重视的任务、痛点、获益时，顾客需要的价值，与为之设计相对应的解决方案提供的价值匹配，达到澄清定位并依此凝练出一句话，提出价值主张。

在智能产品设计开发中，应清楚该智能产品提供产品或服务产生的价值主张必须满足以下要点：(1）提出的价值主张必须是真实的、可信的、可兑现的；(2）提出的价值主张必须是其他产品所没有的特点；(3）所提出的价值主张必须具有商业价值。

1. 商业模式与商业模式画布

商业模式（Business Model）是描述产品如何为顾客提供价值，产品组织内部结构、合作伙伴、关系资源等，如何实现创造、传递和获取价值的方式，产生可持续获益的运作模式。此外，产品必须随时创新才能在竞争的商业活动中保持竞争力，因此，商业模式可以说是使产品商业化后，达成目标并持续获利在商业上所运作的模式。商业模式运作的逻辑如图 6-15 所示。

为实现顾客利益最大化，需要把组织内外部要素整合，形成一个具有独特性核心的运作体系，来满足顾客需求，实现顾客价值，同时使企业达成持续获利目标的运作模式。另外，要能说明如何将问题 / 需求转为产品 / 服务，针对某顾客群提供所需价值，收取相应代价，并维系运作流程，包括每一个合作伙伴在其中起到的作用，以及每一个合作伙伴的潜在利益和相应的收益来源和方式。

因此，要建立智能产品的商业模式，就需要回答以下几个核心问题，如图 6-16 所示。

图 6-15　商业模式运作的逻辑

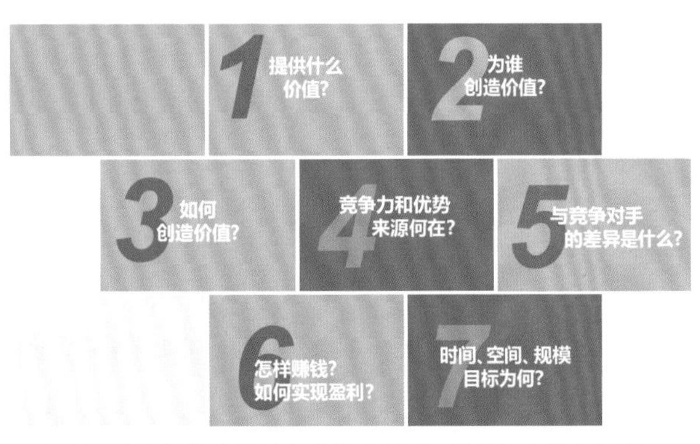

图 6-16　建立智能产品的商业模式需要回答的几个核心问题

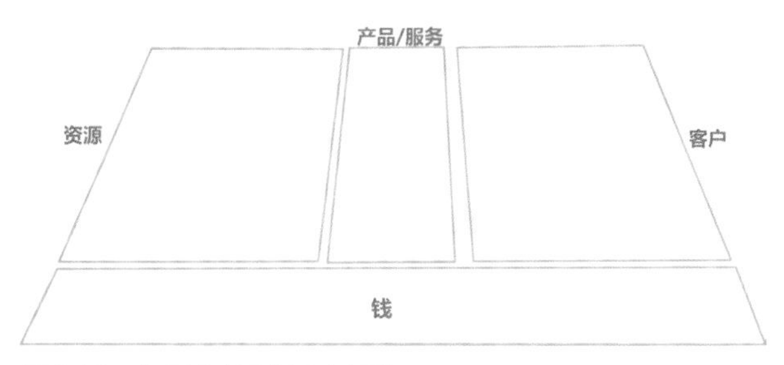

图 6-17　商业模式画布四大部分

(1) 要解决什么问题? 提供什么价值?
(2) 谁需要解决此问题? 针对哪个细分市场? 为谁创造价值?
(3) 如何创造价值? 如何提供此价值主张，其产品 / 服务是什么? 如何解决此问题?
(4) 竞争力和优势来源何在? 为何有此优势? 此优势能持续多久?
(5) 与竞争对手的差异是什么?
(6) 给顾客带来价值之后怎样赚钱? 如何实现盈利?
(7) 组织营运规划，在策略层级上时间、空间、规模目标为何?

商业模式涉及复杂的商业思维，范围广泛众多，如何快速有效地掌握商业思维进而设计出商业模式呢? 瑞士的商业理论专家、商业顾问 Alexander Osterwalder 提出商业模式画布 (Business Model Canvas，BMC) 的概念。商业模式画布是一个描述商业模式的工具，用来分析企业、组织和个人如何创造价值、传递价值、获得价值，能够帮助企业和个人看清楚自己的商业游戏规则和个人职业发展路径。

商业模式画布结构的组成包括：有产品与服务；东西要卖出去肯定要有客户；要提供产品与服务，其背后需要资源当后盾；而产品与服务生产所需资源及提供给客户，都需要钱作为代价。因此，商业模式画布可分为产品 / 服务、客户、资源及钱四大部分，如图 6-17 所示。

将产品细分为创造价值、传递价值和获取价值 3 个基本过程，这些对智能产品的商业模式规划有重要作用。提供一个商业模式的框架，它能使你描述和思考你所在的组织、你的竞争对手和任何其他企业的商业模式。在产品 / 服务部分，内涵为价值主张；在客户部分，其内涵分为客户细分、渠道通路、顾客关系 3 个模块；在资源部分，其内涵分为关键业务、核心资源、合作伙伴 3 个模块；在钱部分，其内涵分为成本结构、收入，用来源来描述产品的商业模式。

商业模式画布四大部分九大模块的内涵如表 6-6 所示。

商业模式画布由 9 个模块组成，每一个模块都代表成千上万种可能性和替代方案，纵向来看合作伙伴、关键业务、核心资源共同构成了成本结构。用户关系、客户细分、渠道通路通常是收入来源需要考虑的因素。通过这 9 个基本模块可以很好地描述并定义商业模式，因为它们可以展示出智能产品创造收入的逻辑 (图 6-18)。

如何理解其相互间的关系呢? 首先，我们看产品 / 服务部分，产品设计开发起点就是识别—评估商业机会，当通过商机的可行性分析之后，接下来通过仔细观察了解客户的痛点? 确定以何种产品 / 服务形式，提供客户所需的价值主张。其次，在客户部分：我们的产品 / 服务必须解决此问题吗? 针对哪个细分市场? 为谁创造价值? 目标客群是

表 6-6　商业模式画布四大部分九大模块的内涵

四大部分	九大模块	内　涵
产品 / 服务	价值主张	客户的痛点是什么？客户需要的产品、服务
客户	客户细分	目标客户群是一个还是多个？
	渠道通路	通过何种渠道接触客户，并传递价值主张？
	客户关系	与客户建立何种关系？如何维系？
资源	关键业务	商业运作中必须从事运作的具体业务是什么？
	核心资源	商业运转必须拥有的资源是什么？如资金、技术、人才
	合作伙伴	哪些人或单位可以进行战略合作？
钱	成本结构	在商业模式运作下，有哪些成本项目？引发多少成本？
	收入来源	在商业模式价值链中，有哪些获利项目？引发多少获利？

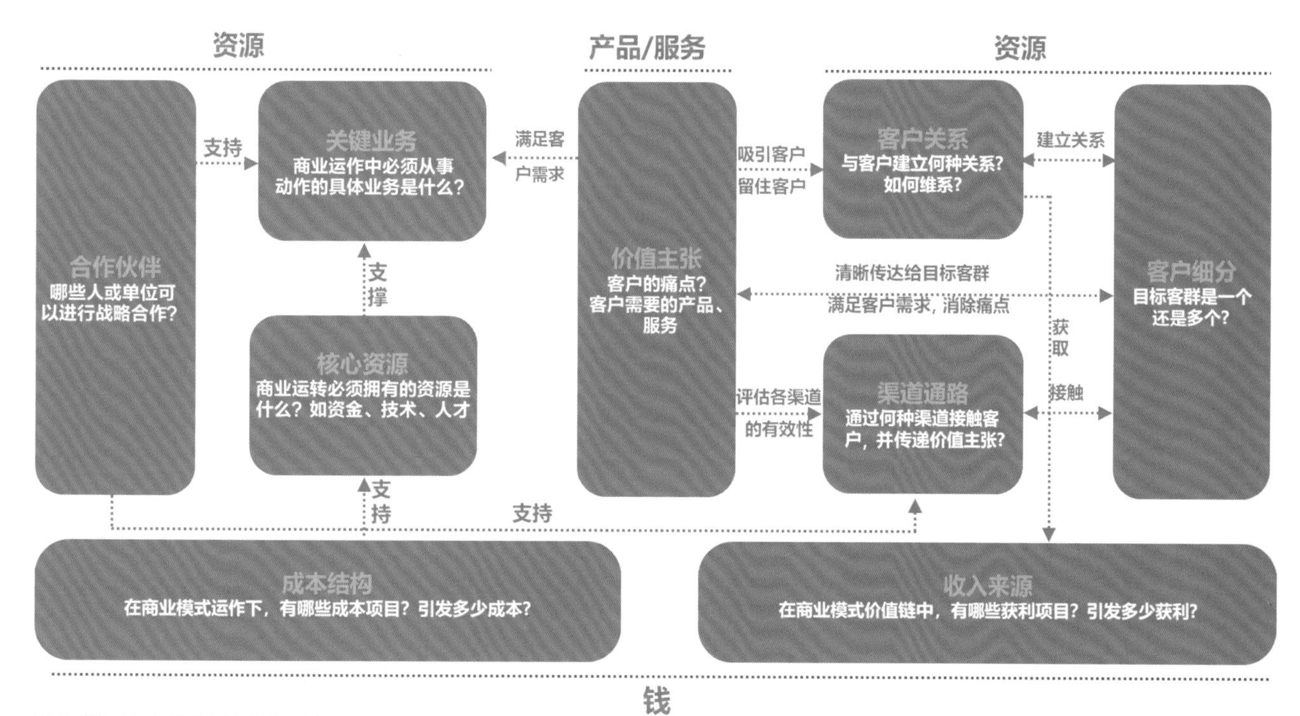

图 6-18　商业模式画布及其要点

一个还是多个？为了了解产品 / 服务目标客群，应该经由哪些渠道通路接触客户？满足客户需求消除哪些痛点？传递什么价值主张？此外，为了吸引客户、留住客户，应与客户之间建立何种关系？如何建立？如何维系？再次，在资源部分，在提供产品 / 服务的活动中，企业本身负责哪些关键业务？而有哪些是需要相关事业体的合作伙伴给予战略支持的？在这当中，为了让商业运转，必须拥有哪些核心关键资源？最后，在钱部分，在商业模式运作下，有哪些成本项目？其引发多少成本？相关成本结构为何？另外，在商业模式价值链中，收入来源有哪些获利项目？引发多少获利？

2. 智能服务画布

基于智能产品设计开发的特性，学者 Poeppelbuss、Durst 提出智能服务画布（Smart Service Canvas），允许对智能产品 / 服务的现有和未来概念进行建模和评估。它包含 4 个视角，分别从价值主张画布的价值地图和客户描述，作为智能服务画布的价值视角和客户视角的锚点，如

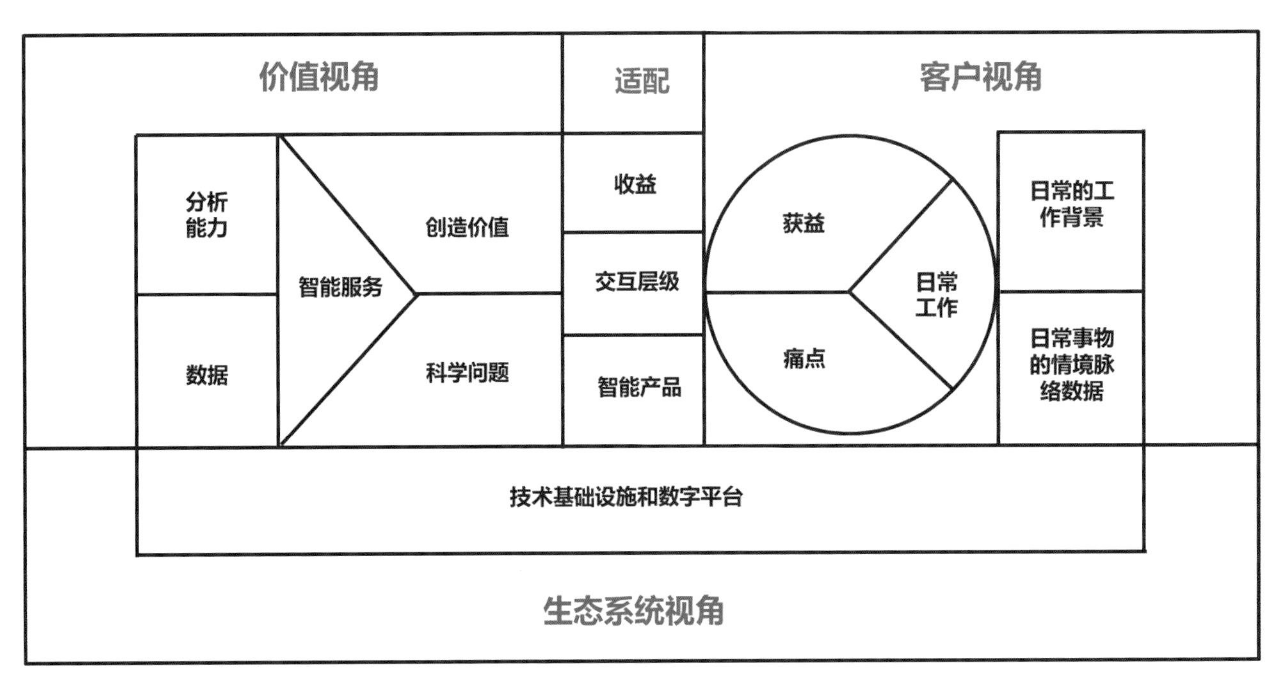

图 6-19 智能服务画布的价值视角和客户视角的锚点

图 6-19 所示。此外，智能服务画布增加了定义数字架构和平台的生态系统视角。

(1) 客户视角 (Customer Perspective)。客户视角描述了一个特定的客户细分，包括来自价值主张画布的客户描述文件中痛点、获益及日常工作 3 个部分。此外，智能产品服务系统的应用包括客户日常工作背景和日常事务的情景脉络数据。这两个部分基于来自不同来源的数据的合成，以促进智能产品能对客户情境脉络全面理解。客户日常的工作背景描述了一个细分市场的潜在客户想要完成的活动，包括要实现的具体结果、要解决的问题或需要满足的需求。日常事务的情境脉络数据描述客户在不同场景下，顾客事件、交互与体验之间关联。

(2) 价值视角 (Value Perspective)。价值视角采用来自价值主张画布的价值地图文件中痛点解放、获益引擎及商品 / 服务 3 个部分。此外，智能产品服务系统的应用包括分析能力和数据。强调相关数据的可用性和处理分析能力构成了提供智能产品服务系统的核心基础。智能服务部分描述了服务提供的核心，它抓住了智能服务概念的标签和基本的潜在想法，可以由各种部分服务元素（模块）补充。

(3) 生态系统视角 (Ecosystem Perspective)。生态系统视角包括描述技术基础设施和数字平台的通用领域，即智能产品服务系统的数字化架构，此外市场机制和治理机制，以及选定的数字平台的开放性也要考虑在内。

(4) 适配 (Fit)。当客户对所提供的智能服务充满热情，并且这些服务与他们的日常生活、工作和环境非常契合时，上述观点就会达成一致。重要的是，智能产品服务系统的技术设备、数据流和经济激励与它所嵌入的生态系统兼容。

3. 智能产品画布

通过商业模式画布可使商业模式可视化，并让设计开发团队能够使用统一的语言来描述、讨论和分析企业或组织的商业模式如何创造价值、传递价值、获得价值的基本原理和元素之间的相互作用。而在整个产品设计开发上，如何有效分析，融合市场、价值、技术与产品呢？可参考智能产品画布（Smart Product Canva），如图 6-20 所示。智能产品画布在 3 个层面上，通过 14 项指标，高效地确定产品规划、厘清产品脉络、确定产品结构，进行技术分析判断及效益分析，从而系统地提升智能产品的设计效率与价值。

<table>
<tr><td></td><td colspan="3">价值判断</td><td colspan="2">技术判断</td></tr>
<tr><td rowspan="2">产品分析</td><td>细分行业
行业特点
行业认知</td><td rowspan="2">价值指标分析
效能指标
价值指标</td><td rowspan="2">方案
可行性分析
产品范围
产品 3 个关键功能</td><td>技术指标设计
精确率 / 准确率 / 召回率</td><td rowspan="2">技术选择
框架选择
平台选择</td></tr>
<tr><td>角色特征分析
身份特征
人群特征
工作特征</td><td>算法分析
算法选择
网络选择</td></tr>
<tr><td rowspan="2">市场分析</td><td colspan="2">定价策略
定价体系分析</td><td>价值主张
社会价值
生产力价值</td><td colspan="2">渠道
推广渠道
购买渠道
交付渠道</td></tr>
<tr><td colspan="3">客群分析
用户、购买者、影响者、决策者</td><td colspan="2">竞争对手
公司优劣势对比、产品优劣势对比</td></tr>
<tr><td>效益分析</td><td colspan="3">成本分析
人力成本、硬件成本、市场成本、销售成本</td><td colspan="2">收入分析
盈利模式、收入、毛利润、净利润</td></tr>
</table>

图 6-20　智能产品画布

习　　题

一、填空题

1. 在智能产品产业结构中，一般可以将产业链分为 3 层：__________、__________及____________。

2. 对于行业分析，一般可将其分为 6 个维度：__________、__________、__________、____________、__________及____________。

3. 商业模式画布九大模块分别为：____________、__________、__________、__________、____________、____________、____________、______________及____________。

二、思考题

1. 请说明产品设计中产品的价值—愿景—概念特征层级之间的关系。

2. 请举例说明智能产品中行业、市场及产品现况分析。

3. 请举例说明价值主张画布、商业模式画布与智能服务画布之间的关系。

第 7 章 智能产品设计思维模式及程序与方法

设计是为创造一个更好的世界、追求美好生活而进行的创造性活动，是对社会、经济、环境及伦理方面问题的回应。而创新是经济、技术、社会发展的核心驱动力，也是设计的灵魂。简而言之，设计就是通过解决问题/建构意义来创造价值，也即先有问题/议题，然后通过设计手段以创新方式创造价值，来满足用户需求/期望。

随着问题复杂性的增加，产品设计不是以解决单一问题为目的，而是需要进行产品融合服务的系统化设计。基于此，哈佛大学教授 Peter Rowe 出版一本名为 *Design Thinking* 的著作，率先提出了“设计思维”的概念，倡议运用从思考出发到设计的产出。设计思维是一种思维方式，它有几个特定的步骤，可以视为实现创新的新途径与方法。设计师应思考如何运用这种思维解决人们的本质需求，同时解决社会问题，从而达到具有积极影响的社会效果。

智能产品设计与过去的产品设计在思维逻辑与本质上并没有不同，但在程序与方法上却存在些许差异，因此本章将帮助读者了解的知识内容包括：智能产品设计开发中应有的设计思维；智能产品设计的程序及设计方法；智能产品设计开发项目的开展程序与方法；如何通过场景化设计思维展开同理心。

学习目标

- 理解设计与设计思维模式的相关内涵及程序；
- 了解智能产品设计程序与方法的具体概念及应用；
- 了解智能产品设计在程序与方法上存在哪些差异；
- 理解智能产品设计开发项目如何开展；
- 了解智能产品场景化设计思维的具体概念及应用。

学习要求

知识要点	能力要求
设计思维	能具体说明设计、设计思维模式的相关概念；能说明产品设计中的设计思维程序
产品设计程序与方法	能了解设计程序的具体概念、分类及使用方法；能举例说明智能产品设计程序与方法，以及说明与过去的产品设计程序与方法存在哪些差异
智能产品设计项目如何开展	能了解智能产品设计开发项目的开展程序；能举例说明智能产品设计项目的开展方法
场景化设计思维	能了解场景化设计思维的具体概念及框架；能了解场景化设计开展的程序

7.1 设计与设计思维模式

设计是一项操作性、实践性很强的价值创造活动，当要展开设计活动时其面临的问题包括如何有系统并在合理时间内提出合情合理的设计提案？如何将想法化为现实？这时就涉及设计活动思维模式。过去，设计深受Bauhaus设计教育影响，将设计教育程序定为：学习技法—提出设计概念—具体化呈现。之后，随着设计关注范围的扩展演化（图7-1、图7-2），Donald A. Norman于1988年出版《设计心理学》，提出以人为本设计的理念，其设计的程序为：目标—评估—执行，撼动了设

以前的产品设计大部分属于设计的范畴，聚焦在产品的外观、样式、功能、包装等方面，重点在于从现有产品存在的问题出发，找出解决方案。设计思维是站在最终用户的角度，发现用户需求，通过一整套的工具和方法论满足用户较高的体验解决问题。

图7-1 设计关注范围的扩展演化

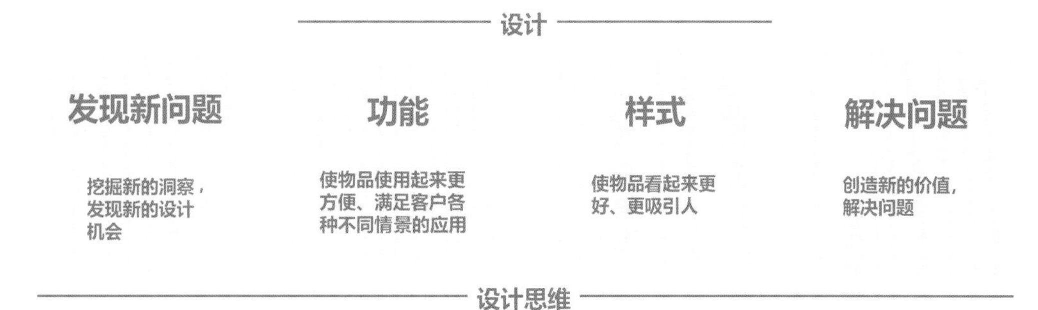

过去的设计聚焦功能与样式，而设计思维可向前拓展发现新问题，可向后通过解决问题创造新的价值。
图 7-2　设计思维与过去设计的区别

计学哲理的传统思维。而近年来，称为“设计思维”的新的思维模式的概念被全球顶尖的设计公司 IDEO 创办人 David Kelley 与 CEO Tim Brown 于 2020 年进一步提出，他们认为设计思维是以人为本的设计过程，通过系统地走过发散和收敛的阶段，逐步寻求解决方案的方法，这个过程中有观察、有步骤、有系统、隐含创意激荡的策略，既考虑人的需求、行为，也考虑科技或商业的可行性。

设计思维作为一种以人为本的创新思维方法论，关注创造和反思创造之间的关系，构建了设计景图（Landscape），从而不断优化和再创造。它作为一个持续地产生想法（溯因）、预测结果（演绎）、测试和概括（归纳）的循环，成为处理不确定的组织问题的一种方式，对于熟悉基于认知的实践管理者来说，这是一项必要的技能。在设计学科中，设计程序及方法是最具操作性的理论，是由实践经验总结出来的成功理论，具有普遍意义，而且在不断发展和变化着。设计思维是一个在理论和实践方面都密切相关的概念，从理论观点来看，设计思维既是一种解决问题的活动，又是一种推理 / 理解事物的方式，更是具有意义的创造。设计思维属性不是松散耦合的现象，而是一种综合性、创造性和人文性的设计理念和实践，引发了创业、创新和成长。在设计实践中，设计思维作为设计公司在设计和创新方面的工作方式，是解决不确定问题的一种方式，也是实践管理者的必要技能。

设计思维的设计参与者不再是单一的设计师，而是一个跨领域团队，在团队里每个人必须具有跨领域合作能力，所有的想法都是集体共有的，团队成员也需要为这些想法负责。在跨学科团队中，3 种常见的活动和方法是需求发现、头脑风暴和原型设计，促进创造力和创新，克服认知偏见并影响组织的文化。目前，设计思维已成为创新管理（Innovation Management，IM）话语中的一个公认术语，作为一种基于设计师实践的创造力和创新方法逐渐成为商业竞争的主要工具，也是管理机构解决社会问题的重要手段，最终将发展为一个体系完整并适应市场需求变化的设计系统。整体来说，产品设计需要跨学科、具备综合思维能力的人才，而设计思维正是一种以跨界、多学科协作的综合思考方式，它融合了科学、艺术、商业等思维，是产品设计创造活动中的核心，也是不可或缺的技能并进一步促进发展创造能力和创新能力。而在智能产品设计开发上，基于智能产品的设计开发有别于过去的特殊性，在设计思维上更强调场景化思维、数据思维、生态思维。

7.2 智能产品设计程序与方法

设计问题的复杂性源于人的复杂，随着消费结构、商业规则、社会环境的变化，需要从更多维度来理解以解决设计问题。因此，在设计思维下的设计活动，需要进一步的程序与方法来支持，以确保设计能有序并有效地推展。设计界泰斗David Kelley在1991年创建了全球知名设计公司IDEO，并且将设计思维的概念商业化，强调用以人为本的原则进行产品的创新设计，其设计思维经历3个阶段：启发（或者称为灵感）、构思和实施（图7-3）。

其中，启发是激发人们从某些现象、问题和挑战中发现一些需要解决的问题；构思是对原型设计进行测试创意的过程；实施是通过团队、用户、客户的沟通，将想法从项目阶段推向人们生活的路径。

2005年，David Kelley离开了IDEO公司，来到了斯坦福大学设计学院，把他过去数十年来从设计角度思考解决问题的经验萃取成一套思考系统，提炼出设计思维的5个程序，分别为同理心（Empathies）、定义（Define）、构思（Ideation）、原型（Prototype）、测试验证（Test），如图7-4所示。

斯坦福大学设计学院的设计思维程序及内涵如表7-1所示。

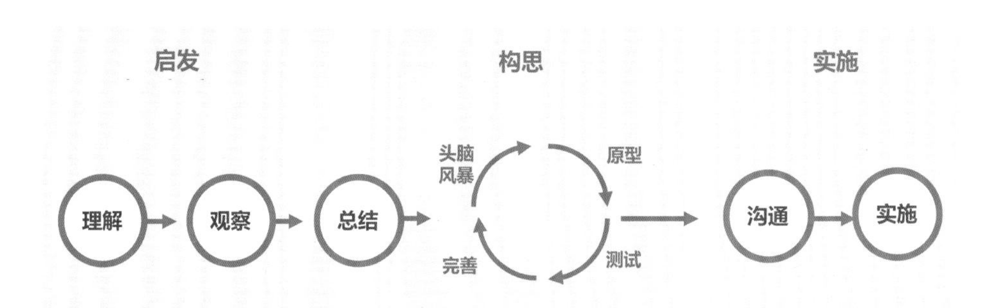

图7-3 IDEO公司的设计程序

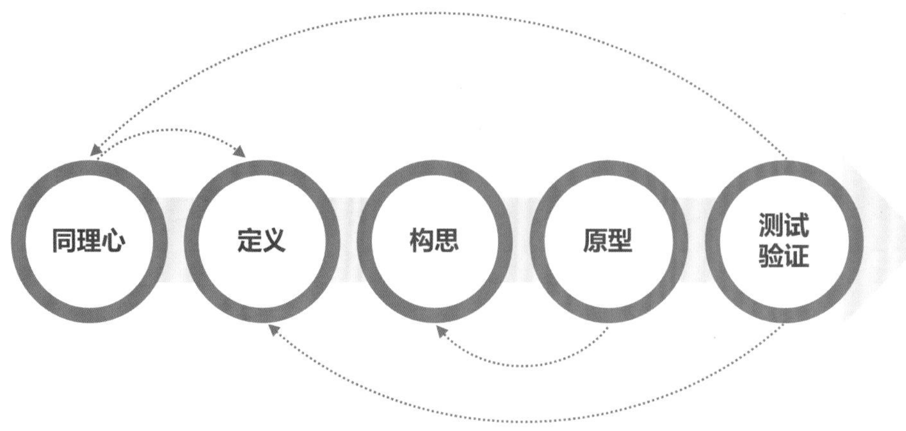

图7-4 斯坦福大学设计学院的设计思维程序

表 7-1　斯坦福大学设计学院的设计思维程序及内涵

流程		内涵
1	同理心	通过观察、接触、沉浸，以同理心移情理解用户的行为、想法、情绪等，体会他们所处的世界，把握用户的真实体验，以作为未来产品的设计走向
2	定义	对通过同理心搜集的信息进行拆解与整合，从中发掘出需求，并推敲需求背后的洞察，发展出明确且独特的设计观点并取得共识
3	构思	围绕着设计观点，团队成员以非传统、跃进式的方法，在别人提出的点子上进一步叠加想法，以便于解决问题。结合团队每个成员的观点，从意料之外的地方探索解决方案
4	原型	动手将想法简要制作出来，让团队借助原型快速测试确立团队的想象是否一致，探索更多不同的可能。粗糙也好，精细也罢，制作出足以得到用户真实回馈的模型才是重点
5	测试验证	经由原型测试的过程进一步从用户身上验证洞察确定的最佳解决方案，尽可能地模拟真实使用时会遇到的情境，搜集回馈并依此往回验证我们的构思或者设计观点，以及时修正推进流程

其后，David Kelley 和 Tim Brown 将设计思维这一理念引入商业，于是各个企业开始学习并应用设计思维进行创新，有的甚至设立了创新中心或实验室，期望通过设计思维将企业从生产力竞争优势转向创新力竞争优势。此后，另一个名为双钻模型（Double Diamond Model）的设计思维程序由英国设计协会提出。该设计模型的核心是：发现正确的问题、发现正确的解决方案，把设计分成 4 个程序，分别为探索（Discover）、定义（Define）、构思（Ideate）和交付（Deliver）。

由修订版双钻模型可知（图 7-5），设计是由“未知”到“已知”，由“可能是”到“应该是”的过程。而在现实中，时代始终在发展，科技和知识日新月异，这种不停地循环也变相成为一种检测机制，为设计带来持续的新体验。探索、定义、构思及交付 4 个程序互相联系，前后紧扣，精简来说是一条“调研—概念—设计—实现”的完整设计路线，前两个阶段的目标是正确的决策，确定有价值的设计方向；后两个阶段的目标是正确地执行，用有效的方式设计并实现。

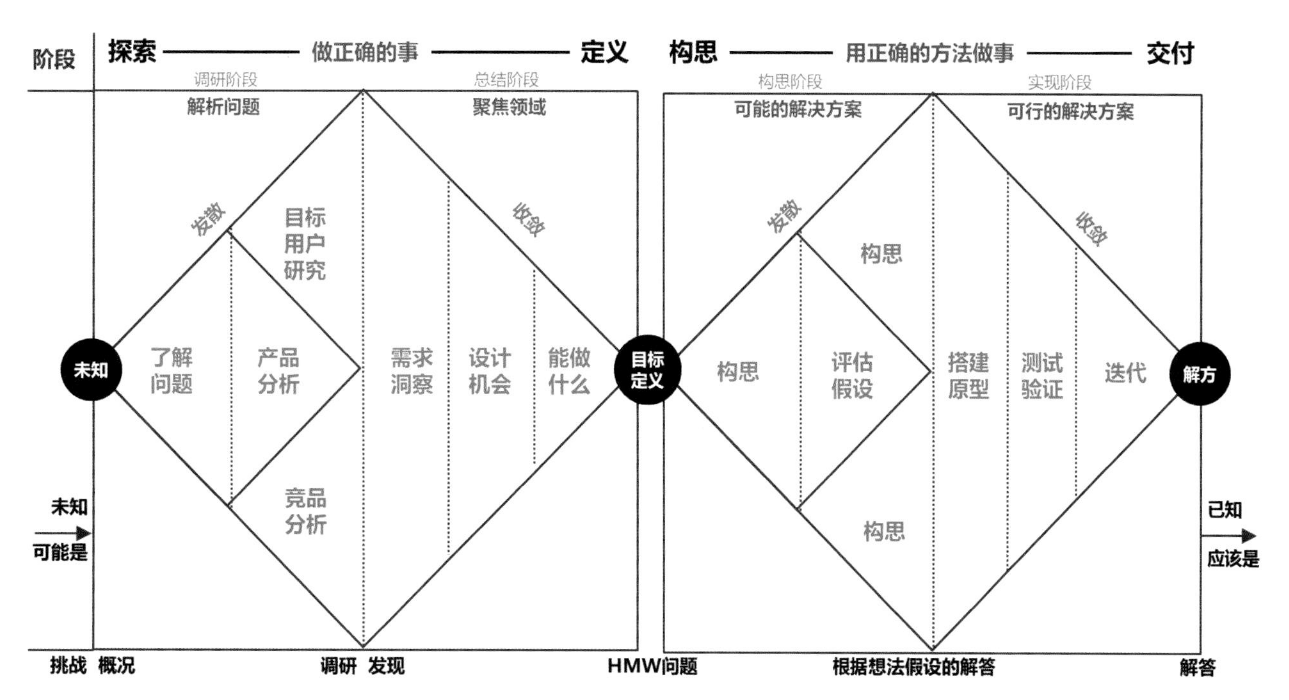

图 7-5　修订版双钻模型

阶段一：做正确的事（第一颗钻石——探索期和定义期）。无论做什么事情，都需有的放矢，找到真正需要解决的问题。这是一个关于定义要做什么的阶段。

阶段二：用正确的方法做事（第二颗钻石——构思期和交付期）。一旦找到了真正要解决的问题或该做的事，要保证自己在用正确的方式执行。这是一个关于如何做的阶段。

双钻模型能够给问题的解决带来启发，一般应用在产品设计、服务流程设计和交互设计阶段，帮助人们在设计过程中更好地把控住正确的问题，提炼出有效的解决方案。

智能产品设计与过去的产品设计思维逻辑其本质并没有不同，但在程序与方法上存在些许差异，差异主要有以下几个方面：

（1）讲究场景化。目前智能产品的设计和应用仍处在新兴阶段，且技术应用尚未达到强人工智能水平，因此单一智能产品在不同场景间的理解和判断力明显受限，其适应性导致现阶段智能产品设计开发是场景化导向。

（2）用户数据驱动。在物联网时代，无时无刻不在产生数据，智能化的核心是算法模型，算法提炼自用户场景数据，驱动着智能用以服务用户。其过程注重从数据中获取信息，从数据中挖掘事物之间的关系，从需求到数据，从数据到规律，用规律满足需求，构建不断迭代、不断优化模型的过程。数据取自用户，用于挖掘需求，提炼出智能产品服务用户并根据用户新数据持续优化产品功能与服务。因此，数据驱动产品设计开发，并贯穿购买后的使用体验，扮演着极为重要角色。

（3）由点线到面的生态化。物联网让产品可与其他产品或人互联，形成物与物、物与人、物与境的连接，形成线或面的关系，实现场景应用生态化，并导致产品的运作方式和解决方法有很大的差异。在人工智能产品的服务体系视角下，可以从系统层面上分析与整合需求进而将智能产品视作服务体系的触点进行设计，实现价值的有机互补与连接，创造更丰富的产品和服务契机，完善产品链条，定制化、“一站式”的完整解决方案新的价值。

（4）技术整合与跨领域应用。智能产品在设计问题求解上，大量融合多项前沿技术，如在产品设计开发上数据的取得、算法的使用、模型的建立都需要不同专业领域人才共同协作揭示其关联与逻辑，才能发展出以人为本、融合实际情境脉络的智能产品，如此才能提高产品接受度。

智能产品设计开发与过去的产品设计思维逻辑其本质并没有不同，但智能产品设计引发变革，导致在程序与方法上存在些许差异。在智能产品设计程序中，有多项内容是过去产品设计中没有的，如数据预设计（图7-6）。但在智能产品数据驱动设计下，有相当多的工作是不能建立起精确的数学模型并用数值计算方法求解的，而需要设计团

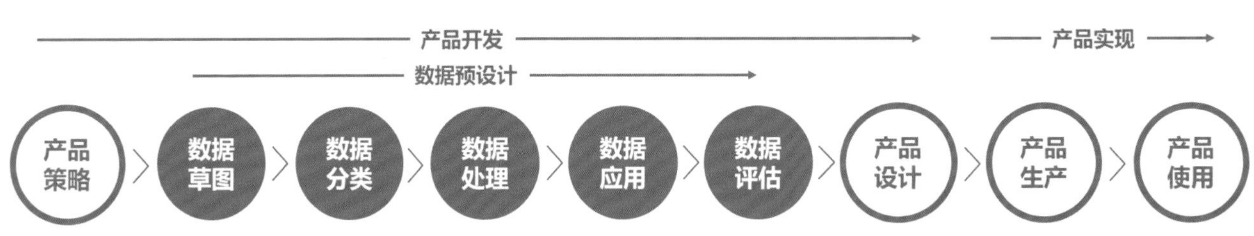

图7-6 智能产品设计程序

队应用过去既有的设计方法（如实地访查），应用多学科知识和实践经验，进行分析推理、运筹决策、综合评价，才能取得合理的结果。

用以人为本的设计理念来看智能产品设计程序，如图 7-7 所示。

接下来，以设计思维与智能产品设计结合（其本质与过去的设计逻辑大同小异）的理念来看智能产品设计程序，如图 7-8 所示。智能产品设计程序及内涵如表 7-2 所示。

图 7-7　以人为本的设计理念下的智能产品设计程序

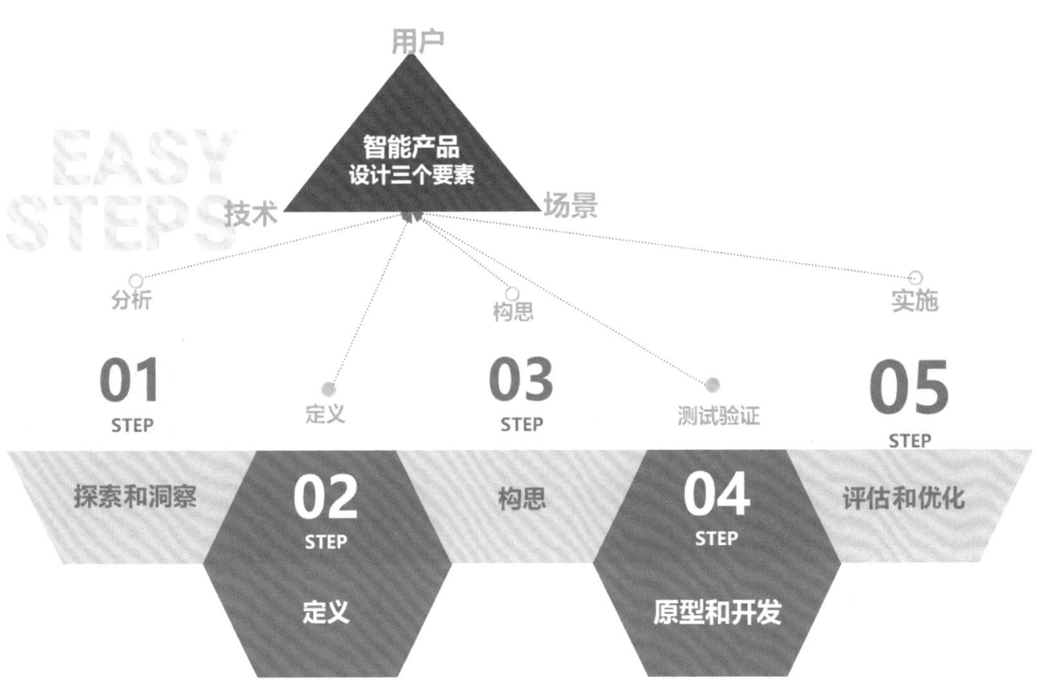

图 7-8　智能产品设计程序

表 7-2　智能产品设计程序及内涵

步　骤		设计活动	产　出	AI 设计意识
1	探索和洞察	同理心：用户 / 利益相关者访谈； 当前用户旅程体验地图	用户画像； 场景分析； 洞察设计机会； 综合功能、社交和情感维度的用户需求并确定其优先级别； 绘制用户旅程中的痛点	从大数据到需求； 哪些是重复性任务； 与算法工程师商讨数据维度、结构与关联； 区分用户与利益相关者、层级、质量的关联
2	定义	设计场景； 构建未来愿景	定义价值主张和成功的衡量标准； 愿景故事与旅程地图； 设计关键词——意象板	如果我们可以预测？会怎样？ 如果我们可以自动化，会怎样？

续表

步骤		设计活动	产出	AI 设计意识
3	构思	构思潜在的解决方案	产品路线图； 产品外观、结构、服务、交互	从需求到分析数据类型、属性、关联； 传感器、数据存取、运作逻辑； 算法工程师建模
4	原型和开发	构建低保真原型； 研拟技术解决方案； 构建高保真原型	完成高保真（产品 / 功能）原型	用少量或混乱的数据开始工作； 着手将模型输出与用户连接起来
5	评估和优化	衡量用户行为； 调校	验证假设； 确定是转向还是坚持	优化数据和模型； 持续从用户反馈中学习

7.3 智能产品设计开发项目的开展

智能产品的设计开发过程可概括为设定产品目标、技术预研、需求分析、设计实现、生产和营销，共 5 个程序（图 7-9）。当组织正准备从 0 到 1 研发一项创新智能产品时（即 1 到 n 大量生产前），该如何以设计思维有效地推进呢？

在此总结先前所提内容，提出一个通用程序并对其相关内容及工具进行介绍以供参考，如图 7-10 所示。

图 7-9 智能产品的设计开发过程

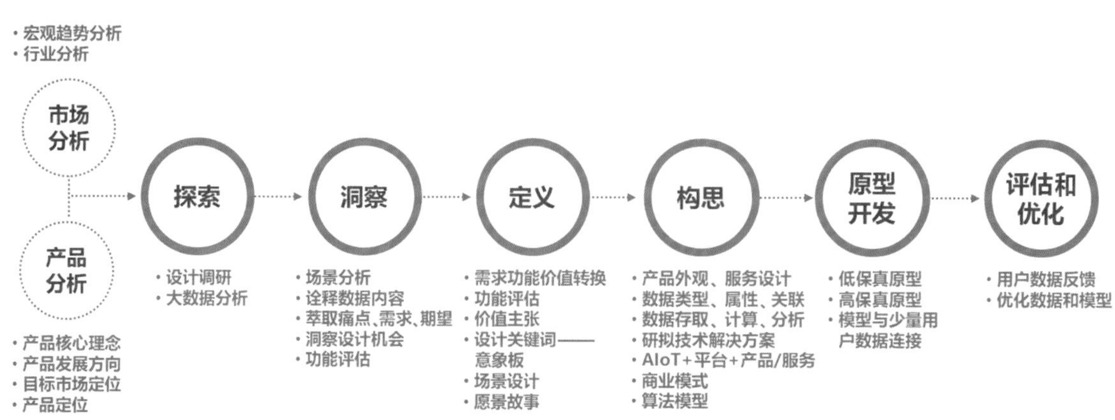

图 7-10 智能产品设计开发项目的开展

1. 市场分析与产品分析（Market Analysis and Product Analysis）

当设计团队正着手设计开发一个创新智能产品时，应该先就设计议题、市场及潜在竞品进行初期评估分析，以确定产品的核心价值、定位和发展方向。此举的目的是，因产品设计开发是一件耗时耗力的事，务求降低产品设计开发风险，所以正确的策略是让设计团队能先做对的事情，然后把事情做好。也就是说，务求产品先在正确的核心价值、定位和发展方向上，然后依此目标有效兑现，并做好设计、技术、商业每一个相关环节。

（1）宏观趋势分析。从政策、经济、社会、技术四大方面进行未来宏观趋势分析，如表 7-3 所示。

（2）行业分析。常见的行业分析，诸如行业认知、市场规模、市场的结构、关键技术、面临问题挑战、产业链分析、商业模式分析、业务流程分析、市场的发展前景等。

（3）产品的核心理念。产品的核心理念是战略层面包含的目标，也是最基本的底层支撑。简单来说，产品要给消费者传递的价值观、信念和行为，以指导行动和对待利益相关方指南。在初期策划产品时，我们可以先回答以下 3 个问题：

① 现在存在什么问题？
② 你的产品如何解决此类问题？
③ 为什么需要你的产品来解决？

（4）产品发展方向。根据市场分析结果，拟定以何视角切入解决问题，满足顾客需求？或选择采取某核心技术 / 系统框架作为产品发展路线？

（5）目标市场定位。目标市场定位包括潜在竞争分析、消费分析及目标消费群属性 3 个部分。依此结果，以某变项对市场进行划分区隔，并参酌自身特性从中决定适合自身发展的目标市场，选出目标客群决定产品卖给谁。简而言之，就是定人：市场区隔决定产品卖给谁。目标市场定位可用 STP 理论（市场细分、目标市场选择、市场定位）的 3 个步骤来完成，如表 7-4 所示。

表 7-3　未来宏观趋势分析及其内涵

政策	对组织经营、产品设计开发活动具有实际与潜在影响的政策和有关的法律、法规等因素
经济	经济制度、经济结构、产业布局、资源状况、经济发展水平及未来的经济走势等
社会	在社会中成员的民族特征、文化传统、价值观念、宗教信仰、教育水平及风俗习惯等因素
技术	引起革命性变化的发明，还包括与企业生产有关的新技术、新工艺、新材料的出现和发展趋势及应用前景

表 7-4　目标市场定位 3 个步骤及内涵

步　骤	内　涵
市场细分	依据消费者的需求和欲望、购买行为、习惯等变项，把某一产品的市场整体划分为若干消费者群的市场分类过程，每一个消费者群就是一个细分市场，而每一个细分市场都具备类似需求倾向的群体。一般市场细分变项采用地理、人口特征、心理状态或行为因素等来划分，市场细分的结果必须具备可衡量性、可营利性、可进入性
目标市场选择	针对细分的市场，依据市场前景，商业潜力、产品发展方向或长期策略决定选出目标客群决定产品卖给谁。考虑因素包括市场规模、获利率、容易接近、技术优势等
市场定位	根据目标市场客群特性，考虑如何让产品在目标客群心中存在一个鲜明的个性印象，让客户在选择相关产品或服务的时候有充足购买理由

(6) 产品定位。根据目标市场定位选出目标客群决定产品卖给谁，就其对产品本身不同属性期待的重视程度，如何塑造产品鲜明个性或特色，以求和竞争对手形成差异。也就是说，如何营造定位出目标客群想要的产品本身特色。

简而言之，就是定价值：对目标客群而言，产品营造定位是什么？具有什么特点 / 价值感？常见的定位策略有比附定位、场景定位、档次定位、情感定位、用户定位、USP 定位、比较定位及品类定位等。产品定位可以分 5 个步骤，如表 7-5 所示。

表 7-5 产品定位的 5 个步骤及内涵

步 骤	内 涵
步骤一	了解竞争对手的产品定位
步骤二	找出能带来优势的差异点
步骤三	确定产品的定位策略
步骤四	拟定产品的定位声明
步骤五	定位声明传播与分享

定位声明通常包含 4 个基本要素，如表 7-6 所示。

表 7-6 定位声明的 4 个基本要素及内涵

要 素	内 涵
目标客户	产品试图吸引的目标用户群体的特征是什么？
市场定义	产品在哪个类别中竞争？
产品承诺	对目标用户而言，产品相对于竞争对手的产品的好处是什么？
相信的理由	对于产品的承诺，有哪些具有说服力的证据？

产品定位与市场定位的区别在于：市场定位是指对目标消费者或目标消费者市场的选择。产品定位是指用什么样的产品来满足目标消费者或目标消费市场的需求。

建议可采用的工具 / 方法有 PEST 分析法、PESTEL 分析模型、RWW 市场机会、特性要因图（鱼骨图）、SWOT 分析、市场机会价值分析矩阵、STP 理论、波特五力分析模型（Michael Porter's Five Forces Model）、感知地图（Perception Map）、雷达图。

2. 探索（Explore）

(1) 设计调研。设计调研的目的是能有效地指导设计活动开展和产生积极的结果。通俗地说，就是要弄清楚目标对象认知、态度、行为、情境脉络并建立用户画像，从中理解痛点、需求、期望，然后通过设计来解决问题创造需要的价值。针对产品所处的阶段，设计调研通常可以分为已有产品和全新产品两种形式。

① 针对已有产品，通过调研找出产品存在的问题并进行改进，提升产品体验。

② 针对全新产品，通过调研提出设计，让用户进行体验，并不断改进和完善产品，直到满足用户需求。全新产品包含已有产品，贯穿于产品形成到消亡的整个过程。

调研方法可分为定性和定量两种。还可根据程序分为数据采集和调研分析。但是，在设计调研中，不仅仅在开始时需要数据采集，每个阶段都可能通过一定的数据采集来帮助调研的进行。设计调研常见程序与方法如表 7-7 所示。

表 7-7 设计调研常见程序与方法

程 序	方 法
数据采集	二手资料法、问卷调查法、观察法、访谈法（专家、焦点、个别）、日志法、情景访查、头脑风暴法、实验法——现场试验、仪器量测法等
调研分析	亲和图法（或称 KJ 法）、卡片分类、A/B 测试、统计分析、情境分析、行为分析、表情分析、概念测试、发声思考等

(2) 大数据分析。大数据分析是以大量数据作为切入点，快速熟悉整个产品的一种思路。可从数据的角度对产品进行宏观、中观、微观的全面扫描，包括产品所属的互联网领域的现状、生态环境、竞品相关情况、产品核心数据指标及其意义、产品的KPI、用户特征、产品各功能的数据、用户流量分布、用户用后评论文本、用户特征等。相关数据取得线上产品，可以利用既有用户掘取相关行为数据或向外部购买相关商用原始数据，通过进一步的数据处理实现数据提取、挖掘、处理和分析。通过大数据机制可以产生典型用户画像、捕捉用户行为，进而发现用户的潜在需求，能够较为理性和客观地以较高的效率熟悉一款陌生的产品，但仍然存在一些局限性。

(3) 海量数据资源。海量数据资源是指国内外互联网巨头凭借其海量数据资源、开放的大数据指数服务。

① 百度指数。百度指数是以百度海量网民行为数据为基础的数据分享平台。在这里，你可以研究关键词搜索趋势、洞见网民需求变化、监测媒体舆情趋势、定位数字消费者特征；还可以从行业的角度分析市场特点。例如，百度指数机器人数据如图 7-11 所示。其模块包括趋势研究、需求图谱、人群画像等。

② 微信指数。微信指数是微信推出的基于微信大数据的移动端指数。现阶段微信指数作为内嵌于微信当中的小程序形式存在，便于微信用户了解关键词搜索热度，帮助企业更好地掌握实时搜索舆情状况。微信指数意义主要集中在：一是捕捉热词，看懂趋势；二是监测舆情动向，形成研究结果；三是洞见用户兴趣，助力精准营销。

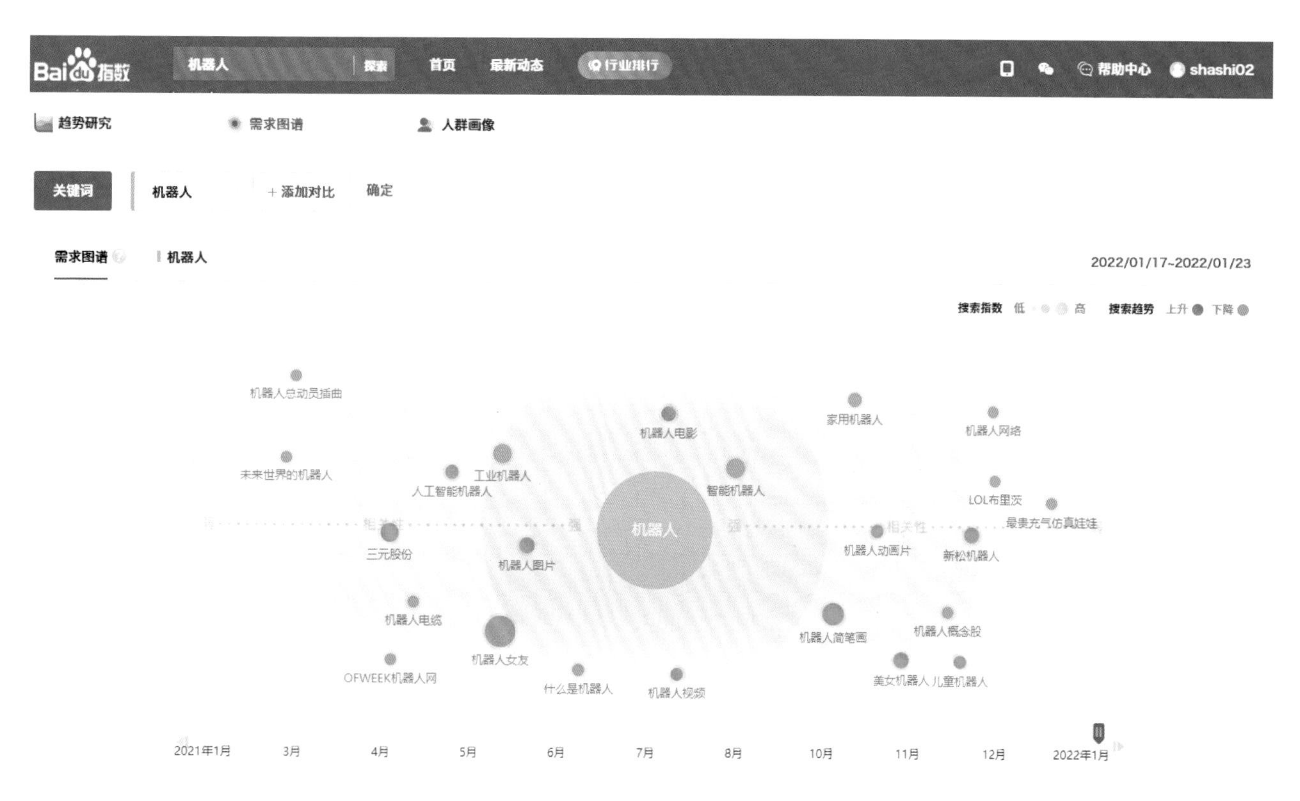

图 7-11　百度指数机器人数据

③ Google Trends。Google Trends 又称 Google 趋势，是 Google 在 2008 年推出的免费服务。只要输入关键词，就可以通过指定的国家（区域）、时间、数据源范围，使用正确的分词就能进行关键词时间序列趋势（Trends）分析和洞见（Insight）。例如，图 7-12 所示的 Google Trends 自动驾驶汽车数据。

另外，还有探索和分析类 app，如七麦数据、易观千帆、App Annie、Growing10 等。

3. 洞察（Insight）

（1）场景分析。相关内容在后面章节详述。

（2）诠释数据内容萃取痛点、需求、期望。其过程为先根据场景分析数据，组织数据，归纳结构，建立可视化模型，展开整体轮廓，然后举行跨职能设计团队解读会，彼此根据不同专业提出见解，最后共同理解并形成共识，有助于诠释需求并促成洞见设计机会。

通过数据分析诠释实现同理心—共鸣，正确理解用户的感受和情绪，进而做到相互理解、关怀和情感上的融洽，为洞见做准备。

实现同理心—共鸣的 3 个维度及内涵如表 7-8 所示。

实现同理心—共鸣可采用的工具 / 方法有用户画像（Persona）、用户特征（User Profile）、用户移情图（Empathy Mapping，或称同理心地图）、顾客旅程地图（Customer Journey Map）等。

（3）洞见设计机会。洞见可以理解为使用者需求背后更深层的动机，要发掘使用者行为或想法背

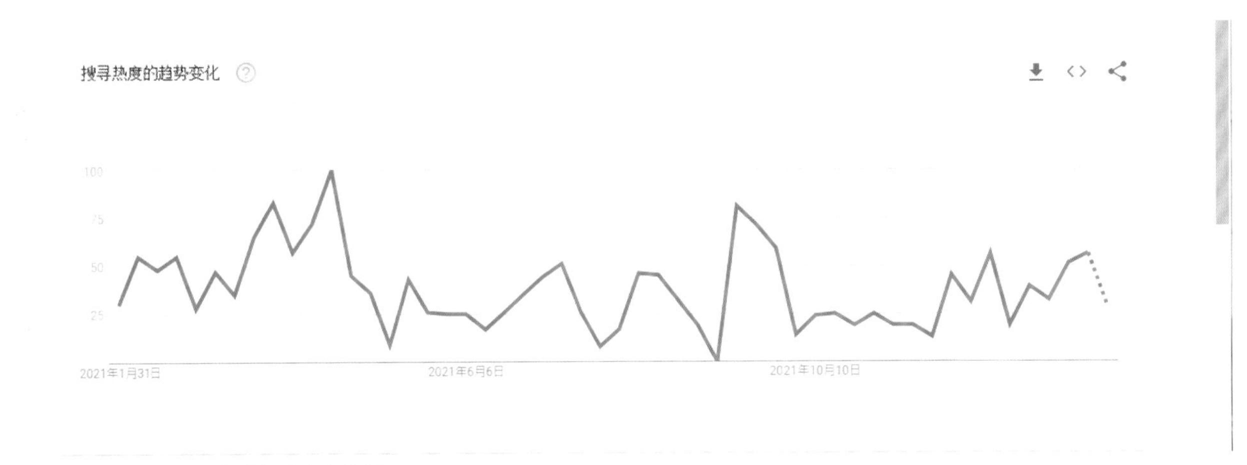

图 7-12　Google Trends 自动驾驶汽车数据

表 7-8　实现同理心—共鸣的 3 个维度及内涵

维　度	内　涵
认知共鸣	设计师放下自身的经历、经验，和用户站在一起以同理心进入其所处情境，理解其痛点、需求与期待，以形成共同的认知，然后进行设计思维，只有这样其产出的结果才能易于被接受并引发认知上的共鸣
生理感受的共鸣	了解、想象用户生理条件下使用产品 / 服务时的生理上（听觉 / 视力 / 重量 / 大小等）的感受是否友善，如给老年人设计产品交互时需要充分考虑老年人的视力水平
情感共鸣	要感受用户的情感（如快乐、痛苦、无助、孤独、恐惧等），理解其情感需求，并为他们设想使用产品 / 服务时，如何创造最佳感受体验，以引发情感共鸣

后的原因。其形式为 AAA 需要 BBB，因为对他来说 CCC 很重要。因此，在进行设计洞见时，可以试着在发现一些有趣、互相冲突或怪异的点，多问一个为什么，并后退一步，重新审视关于使用者的线索。

团队从探索阶段观察、访谈或沉浸所得的数据时，进行梳理（事实、现象、语言和行为背后的意涵）和诠释，从而洞见并发展出明确且独特的设计观点。通过设计观点（POV）摘录表（表 7-9）进一步产生设计观点或发现设计机会。

或者，以表 7-10 所示的设计洞见表进一步提炼出设计机会。设计洞见表一般是使用单独的一个表格，采用一个洞见或相似的洞见，设计洞见表使用范例如表 7-11 所示。

（4）功能评估。相关内容在后面章节详述。

4. 定义（Define）

设计定义先是根据设计问题及目标客群通过设计调研进行解构，然后根据数据诠释进一步洞见出设计机会，接着根据评估结果确定价值主张并进行相关设计定义，对设计属性进行由抽象转具象的重组，最后形成设计方案。设计定义的起承转合如图 7-13 所示。

（1）需求功能价值转换。Olson 和 Peter（1993）认为属性的意义是由消费者的认知所赋予的，也就是产品的属性可以带来什么结果与价值。换言之，产品的属性被视为达成目的的一种方法，此目的可能是一种结果（利益或风险）或一种抽象的价值。方法目的链模型如图 7-14 所示。

（2）功能评估。产品需求通常是指产品应具备的能力。在用户需求中，一般解析出产品需求，确定产品应提供哪些功能和属性以满足用户需求。产品需求主要有两种，即功能性需求和非功能性需求，其内涵如表 7-12 所示。

并非所有需求都同样重要，有些需求必须实现，否则可能导致项目失败；有些需求应该实现，它们能够增加产品的竞争力或带来更好的用户体验；有些需求可以实现，它们有实现的意义，但没有也无关紧要；还有些需求完全不必实现，因为实现了这些需求反而可能对产品造成不好的影响。

表 7-9　设计观点（POV）摘录表

谁 界定清楚的一个对象	需　求 用动词表示	原　因 以洞见说明需求产生的原因
思考：我们如何能……		

表 7-10　设计洞见表

项　目	内　容
共通事实洞见	拼凑综合问卷调查、移情图、典型用户产品 / 服务情境脉络、用户画像、小组访查发现，从中归纳并构成研究洞见
证据来源	用来佐证研究与发现事实，主要通过逐字逐句来呈现
发现设计机会	利用整合归纳出的洞见，客观描述用户行为模式与需求
头脑风暴	根据研究发现进行头脑风暴，产生创意并使想法合理

表 7-11 设计洞见表使用范例

项 目	内 容
共通事实洞见	① 相较于手机，iPad 读者多半不是想到阅读就拿起来看，而是特别留一段完整的时间给 iPad 作为阅读时间； ② 用 iPad 阅读，除在桌前看书外，大部分时间喜欢坐在沙发或卧在床上进行阅读； ③ 相对于 PC 或 Laptop，用 iPad 阅读可以摆脱空间的束缚，氛围是轻松愉悦的，感觉是吸引人的
证据来源	根据 Diary Study 数据，睡前时间是使用 iPad 最高峰时段。根据 Contextual Inquiry 数据，读者除了坐在桌前阅读，大部分时间是坐在沙发或床上进行阅读： ① iPad 阅读不应该只是用看的，有时候“用说的”也不错，也比较吸引人； ② 在床上阅读经常不小心就睡着了，有时 iPad 会掉在地上； ③ 在床上阅读，iPad 曾经被自己压到； ④ 看小说时捧着 iPad 经常要换页，不是很方便； ⑤ 忙的时候，如果能用听来代替阅读也不错； ⑥ 试过 iBooks 语音辅助功能，但与需求不符
发现设计机会	读者喜欢在睡前阅读，并在悠闲的情境下，以轻松的心情及姿势进行感性或多感官的阅读，但 iPad 互动接口设计上忽略了这部分的情境需求
头脑风暴	① 增加语音朗读功能，可同时看书和听书，并有指针指出语音播放位置； ② 利用 iPad 内的三轴向陀螺仪来感测，增加倾斜加速功能，直接利用机身控制播放，垂直则变快，水平则变慢，平放则停止； ③ 即使 iPad 合上仍可朗读内容，以章节为单位设定朗读范围

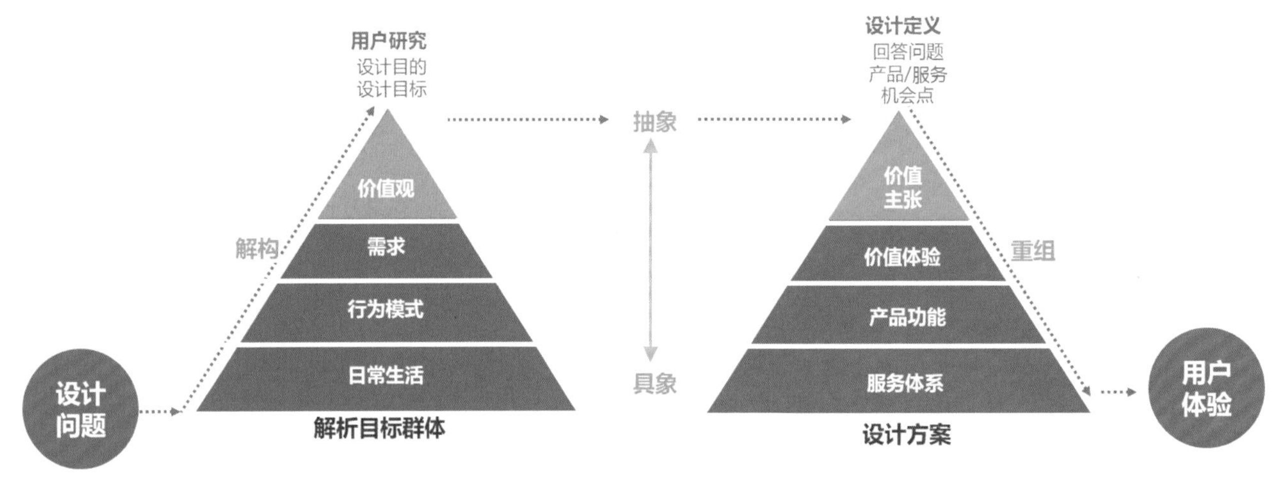

图 7-13 设计定义的起承转合

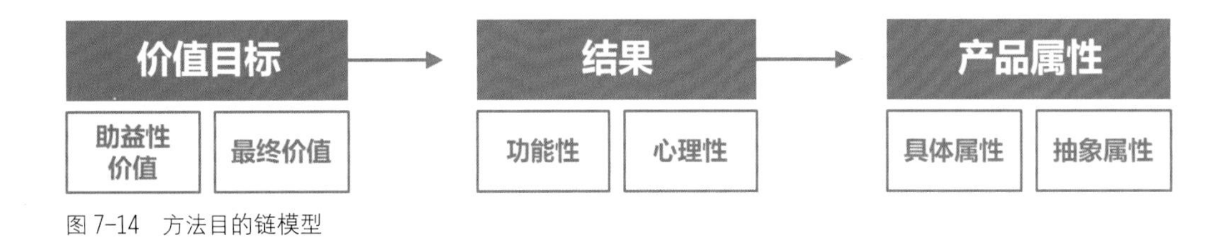

图 7-14 方法目的链模型

表 7-12 产品需求类别及内涵

类 型	内 涵
功能性需求	描述了产品应该做什么，定义了产品应该提供的功能和服务、产品应如何响应用户的操作和输入，以及产品在满足某些条件或特定情况下的行为方式等
非功能性需求	描述了产品是什么样子，即与产品向用户提供功能或服务没有直接关系的那一类需求。非功能性需求定义了产品所提供功能和服务的相关约束条件。简而言之，非功能性需求描述了产品如何表现，以及对产品功能和服务有何种限制

需求应该具备优先级的，这样当项目的时间、预算或其他因素发生变化时，就知道如何对需求进行取舍。需求具备优先级能让产品研发团队始终都聚焦在当前对完成项目而言最有价值的需求上，避免将时间和精力浪费在不重要的需求上。

(3) 价值主张。价值主张可以用一句话来描述，即为什么要用此产品 / 服务（解决什么样的问题或满足消费者什么样的需求），其提供的最终价值特征或好处是什么？什么才是好的价值主张呢？好的价值主张要注意以下几点：

① 符合用户的表达习惯，具有感染力，用理念感动人；
② 主题鲜明、清晰、通俗易懂；
③ 提出的主张必须是其他竞品所没有的；
④ 所提出的主张必须具有吸引力，能传递核心价值，能引发客户共鸣；
⑤ 必须是真实、可信的。

面向价值主张的定位思考如图 7-15 所示。

(4) 设计关键词。设计关键词是指依据设计调查数据的诠释与洞见的结果，团队列出不同设计要素的相关设计关键词，作为设计表达的依据。例如，图 7-16 所示为护理机器人设计关键词。

图 7-15 面向价值主张的定位思考

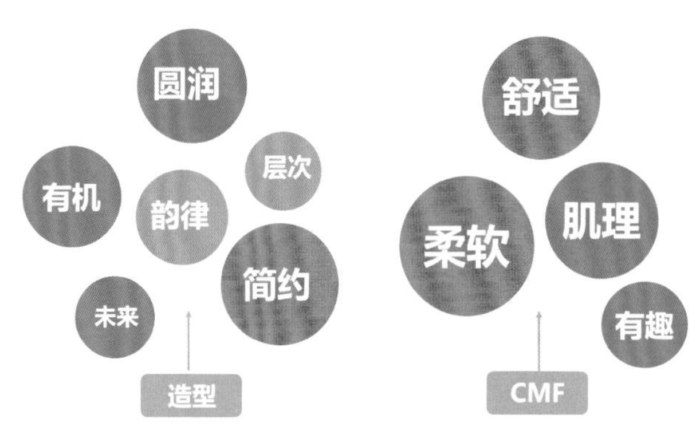

图 7-16 护理机器人设计关键词

(5) 抽象转具象。设计关键词是抽象概念，可通过产品意象板（Product Image Board）将抽象转为具象，以对产品设计属性进一步定义。首先，根据价值主张及设计关键字去寻找符合目标用户的图像元素；然后，根据设计关键词和目标用户的图像元素展开的 4 种产品意象板，分别如图 7-17 所示。

图 7-17 4 种产品意象板

产品意象板的类别及内涵如表 7-13 所示。

表 7-13 产品意象板的类别及内涵

生活形态看板	传达目标用户个人和社会价值的信息、生活方式的意象
心情看板	产品应该表现的心情是第一眼被看见时所释放出的情感、感觉或情绪
设计特征看板	展现产品核心价值和设计关键字等特性
情境氛围看板	五感体验、使用情境等氛围体现

最后，设计团队讨论寻求共识，确定产品意象板所取的意象图片，作为后续设计表达依据，由视觉特征来启发设计灵感，把握产品外观的形、色、材质、工艺、质感相关基调及风格，让设计能准确一致地表达出价值主张及设计关键字的内涵。例如，图 7-18 所示为设计特征看板。

(6) 场景设计。相关内容在后面章节详述。

(7) 愿景故事。无论是内部需求还是外部需求，都可以使用用户愿景故事引导设计，促进团队表达、分享、共塑、内化。在构思中，设计师根据产品内涵对用户的使用情境进行考虑并模拟用户的特性、事件、产品与环境之间的关系，通过想象描述未来的使用情景，视觉化及实际体验的方式。通常，一个典型的用户愿景故事包含 4 个要素，如表 7-14 所示。

表 7-14 典型用户愿景故事的 4 个要素

角色	要实现某个目标的人
场景	角色所处的时间、地点、境遇、环境、媒介
活动	需要执行的任务、事件、行为与动作
价值	为什么需要这个活动？它能带来什么价值？

典型的用户愿景故事刻画内容包括：①消费者特征（心理描述、年龄、性别、经济状况及所述社会群体）；②引入新产品后的方案（新的方法、促成因素、使用情景）；③引入新产品后的效益（体验后果、带来的效益）。萃取典型用户使用场景脉络对该事件内容本身（发生的人、事、时、地、物及发生方式）设想满足需求和期望的概念设计赋予意义之外，还可解释某事件之所以会发生的背后原因，排列各事件的发生先后次序，以有效地连成一个故事。

(8) 研拟技术解决方案。整合新资源和新技术，将其融入产品设计理念，使用以用户为中心的设计方法，挖掘用户最自然的行为习惯，并以此设计人工智能产品。不仅要学会找到算法和用户需求的交叉点，而且要有意识地去修炼自己的软硬件技术整合能力、跨行

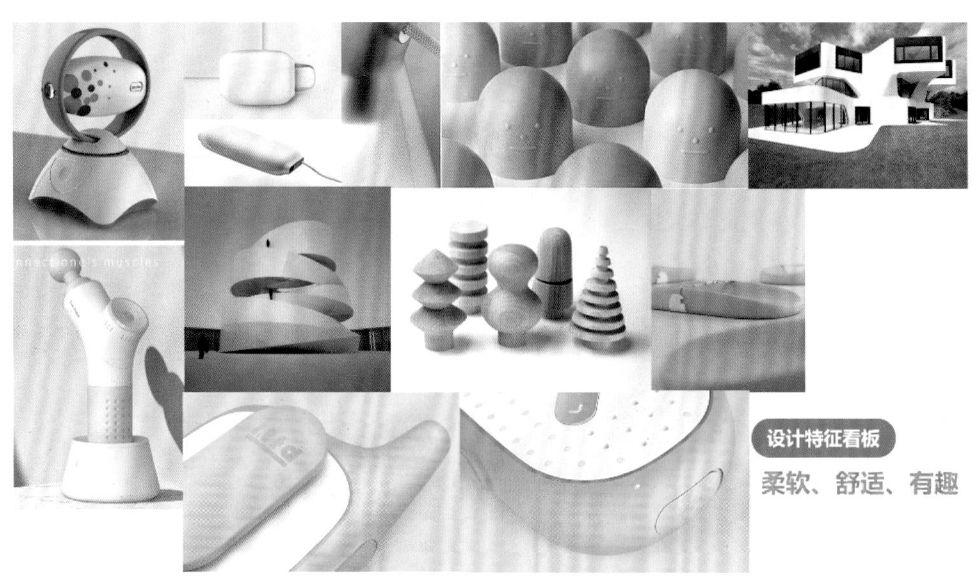

图 7-18 设计特征看板

业技术融合能力、交叉文化理解能力和创新能力等。

5. 构思（Ideate）

（1）产品外观、服务设计。包括产品外观的形、色、材质（概念发想—细部设计）、机构结构设计、服务流程数字化系统整合、系统 UX/UI 等设计。这部分与过去设计差异不大，在此不进一步说明。

（2）数据类型、属性、关联。数据驱动设计先考虑清楚 3 个基本问题及内涵，如表 7-15 所示。

（3）研拟技术解决方案。技术应用于产品的前期探索，重点工作在于将产品功能分为功能子模块，并确定每个功能子模块对应的算法种类、筛选的业务数据、算法的输入要求与数据处理。具体工作程序包括技术调研、技术选型、功能分解、数据选择。

（4）算法模型。数据、模型和用户体验是相互依赖的，不能独立解决。在此部分，产品设计师可根据设计调研数据诠释与洞见结果提供给算法工程师，这些新的数据点为数据科学家提供了指标、模型架构的要求，以及他们可能从未考虑过的许多新功能。此外，对技术预研的成果与算法工程师进行深度沟通，最终确定模型的具体开发方案。具体工作程序包括业务数据处理、模型训练、模型测试、模型优化。

以数据为中心的提示和问题，通过大量整合研究阶段，完善了成功产品的设计流程。由于机器学习过程是一个持续数据输入、模型持续调优的动态过程，产品设计师应和算法工程师共同完成模型训练、模型调参后的效果校验，以及评估整个项目过程中可能遇到的风险。此阶段通常包括构建角色，通过移情映射和用户访谈来了解用户和机器，深入了解用户实际需要的模型。至于模型的洞见力是否需要、有用和可操作的问题只有在目标用户接触到它们后才能得到解答。

6. 原型开发（Prototype Develop）

构建产品原型的主要目的是验证产品概念和产品设计方案，这是研发过程中不可或缺的工作。在整个产品研发周期中，产品研发团队可能需要通过各种形态、保真度不一的原型，来对产品的方方面面进行测试和验证，以了解哪些设计是可行的，哪些设计是不可行的。产品原型也可以简称原型。原型通常以物理或数字的形式来表达产品概念或产品设计方案，是最终产品的等比例缩小版本、模拟或演示版本。创建产品原型是实现产品概念的第一步，相关内容在后面章节详述。

7. 评估和优化（Evaluate & Evolve）

监控已上线的智能产品并不断优化其性能，目的在于不断增进产品与用户间的关系，发现产品缺陷，从而对产品进行迭代优化。对算法的理解、对行业的认知、对产品流程与价值的把控，具体主要工作包括收益分析、活动管理、用户关系维护、营运数据分析等。智能产品和传统产品的研发逻辑流程有较大差异，这对测试人员提出了更高的要求，由于产品设计师对技术边界和需求量化都有比较深刻的理解，因此需要与测试团队共同制定测试标准，并在产品上线前依据产品设定的目标进行产品交付质量的确认。

表 7-15 数据驱动设计的 3 个基本问题及内涵

问 题	内 涵
需要哪些数据?	实现需求往往需要不止一个数据
这些数据是从哪里来的?	弄清楚每一个数据的来源，并确保这些数据已经到位，尤其是需要从合作部门或其他公司那里获取数据
这些数据要到哪里去?	思考需求的实现方式和数据的呈现形式。例如，做成报表还是做成订阅邮件? 数据是按日更新还是按月更新? 对其他数据指标及智能产品是否会产生影响?

7.4 场景化设计思维

在智能产品设计开发中，讨论的议题除了需求与数据外，还有一个高频出现的词汇就是场景。由于智能产品以物联网为背景，因此在产品 / 服务设想中并不是单点式产品思维，而是以整个使用场景为单位进行场景化思维。例如，设计团队在讨论时会经常问：你这个需求的场景是什么？

在设计领域，国内外学者对场景的构成做了许多研究，有学者认为场景是关于人和他们行为的故事，场景构成包括背景、角色、角色目标、目的、情节。学者 Flower 等认为场景就是描述一个故事，场景构成包括边界、描述（角色、活动 / 任务、事件 / 对象）、时间范围、特定的目的（沟通 / 分享、设计分析：诱导用户需求、决策）。从用户使用场景的角度对场景进行研究，有学者认为场景的 6 个要素包括环境、用户、时间、空间、产品、行为。一般而言，在既定时间、地点由人构建起的一个事件系统，包含人、事、时、地、物 5 个维度。场景分析框架如图 7-19 所示。

场是时间和空间的概念，景是情景和互动。一个场景就是某时空下用户与某事物互动的情景脉络。场景结构概念如图 7-20 所示。

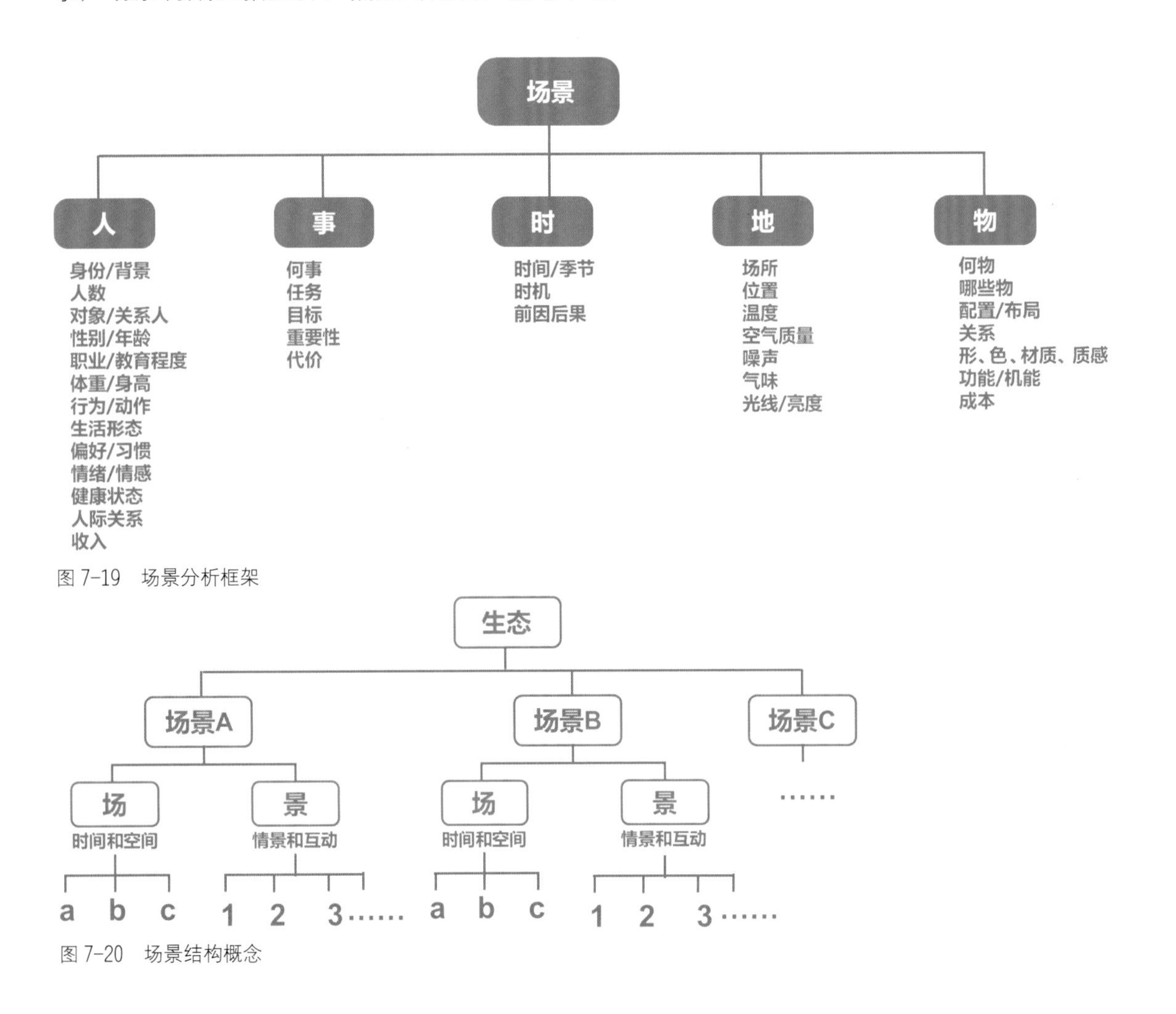

图 7-19 场景分析框架

图 7-20 场景结构概念

场景可拆分为以下彼此相互影响、相互作用的构成元素，如表 7-16 所示。

表 7-16　场景构成元素及内涵

元　素	内　涵
人物	有哪些角色？关系
时间	发生时间点 / 时机
环境 / 空间	哪种环境 / 空间条件？布局 / 状态关系
目的 / 事件	从事目的 / 事件 / 活动
物品	涉及哪些物品？状态关系
互动 / 行为	进行哪些行为 / 动作？体验状态关系

场景由人物、时间、环境 / 空间、目的 / 事件、物品、互动 / 行为等元素构成，当用户停留在这个空间的时间里时，要有情境和互动。场景是一种生活情境，吃饭休闲是生活的一部分，产品使用所对应的场景同样也是生活的一部分。生活中缺乏什么，就在场景情境中添加相关情节让用户沉浸共情，将乐趣、惊喜、融入产品，既有功能，也有感情，要衔接用户的喜怒哀乐、悲欢离合，让场景成为幸福生活的容器。

1. 场景化设计

场景是基于特定的时空领域范围，是以人为中心的设计。场景化是智能产品设计的驱动力，场景化思维是一种从用户的实际使用角度出发，以场景为单位将各种场景元素综合起来的一种思维方式，站在用户角度用同理心去思考问题。场景成为新的体验单位，能在特定场景下为用户提供相应的体验才是智能的体现。因此，场景应先识别出若干关联节点，通过这些节点以需求为导向去绑定其他场景，然后以感知设备为载体，以事件为表现形式的行为序列总和，让场景紧紧地拥抱用户，让用户能够完全沉浸其中。

智能产品是集合感知、认知与行为能力的载体，其中情境脉络上下文感知是一个关键。情境意识是指产品准确解释其所处环境的能力，以便有目的地执行适当的认知并做出相应行为。上下文的概念已经从认知和计算机科学等不同的学科角度进行了广泛的研究。而在实际场景化设计应用上，学者 Norberg—Schulz 等根据场景化思维提出场景化设计的构成框架，如图 7-21 所示。场景化设计的构成及内涵如表 7-17 所示。

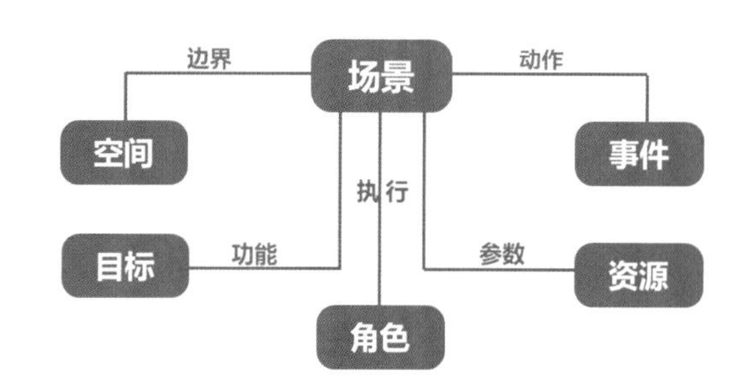

图 7-21　场景化设计的构成框架

表 7-17　场景化设计的构成及内涵

构　成	内　涵
空间	空间是场景存在的基础，是场景运行的上下文环境，可以是实际的物理空间，也可以是虚拟的网络空间或心理空间。空间为产品设计的创新空间，运用在产品设计的上下文中
角色	角色是在场景中的人物、组织、设备或系统，是场景运行的施动者，数据驱动场景化设计，实现产品创新
目标	为实现场景的各个功能的集合，目标就是通过相关方案实现产品设计各个场景的功能，在产品的设计流程中会有不同的场景
事件	场景运行行为的动作集合，是对场景行为的描述，表现为动力学因素
资源	资源是实现场景功能所需要的参数或手段

场景中的情境涉及产品感知及认知的解释、学习和整合，以指导决策、行为。上下文信息可以通过不同方式获取，如通过显式方式（例如，产品、用户和环境之间的直接通信）、隐式方式（例如，数据分析已发现许多产品共享的有意义的模式），可以结合在不同时间点获取的上下文信息来构建整体的上下文感知。历史数据对上下文建模和挖掘有用，实时数据对上下文匹配和学习有用。无处不在的计算数据可用于上下文预测和适应。对此，学者陈中育基于 Norberg—Schulz 等的观点进一步提出新框架，其中增加连接构面，并对各构面相关内涵进行了诠释，如表 7-18 所示。

由于智能服务场景众多，以及智能服务具有实时化、动态化的特点，因此必须借用不同科技资源设计的需求。美国学者谢尔·伊斯雷尔在其著作《即将到来的场景时代》一书中指出场景构成五要素，进一步具体指出大数据、设备、媒体、传感器、定位系统相关应用技术，并将其定义为颠覆未来商业与生活的“场景五力”。此外，场景分拆的信息获取、梳理、拆解可通过与用户浅层交流获得，而典型场景的梳理与拆分是将目标用户与核心价值交叉得到的，会存在几个典型的场景，如图 7-22 所示。

线上场景和线下场景的区别在于场景中位置对应的元素，如线下场景是指现实中的位置，可通过 GPS、蓝牙、Wi-Fi 等来检测；而线上场景指 app 中的某个页面或页面中的某个位置，如首页、某功能页面、待命页面等。

场景化设计思维的 4 个步骤：第一步，要界定场景目标；第二步，要定义场景问题；第三步，通过场景关联分析，得出联系流图；第四步，给出场景解决方案。阿里巴巴设计团队张晶晶通过对大量案例进行分析和归纳，总结出场景化设计活动的 4 个步骤（图 7-23），以及场景挖掘地图工具（图 7-24）。

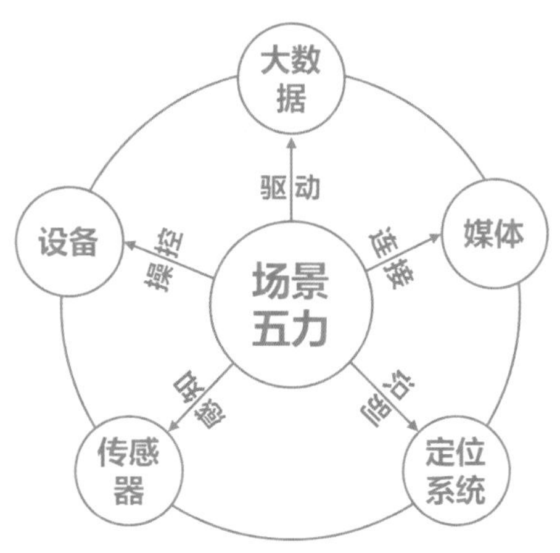

图 7-22 场景化设计“场景五力”相关应用技术

表 7-18 场景化的系统行为设计的构面及内涵

构 面	内 涵
空间	空间是场景的边界和存在的基础，也是设计场景故事发生的背景，可分为物理空间和虚拟空间。物理空间是指物理世界真实存在的场景，如医院、学校、公司等场景；虚拟空间指非物理空间，是人为创造的场景，如游戏、电影等场景
角色	角色是场景运行的执行者，也是场景设计研究的目标对象，不仅包括场景内的典型用户，而且包括与之相关的利益相关方，可分为典型角色和次要角色
目标	目标是为实现场景各个功能的价值表象，是设计场景的构建目的，是场景存在的理由。本书研究的目标是指满足用户需求的功能定位
事件	事件是场景运行的动作集合，是设计场景的情节表达，也是特定场景下用户与行为的高度概括
资源	资源是实现场景功能的技术或手段，包括实现产品功能的智能技术和场景有效运行的手段
连接	连接是场景内交互行为设计的集合，不仅包括场景内各要素之间的合理运行，而且包括产品的交互技术和交互方式

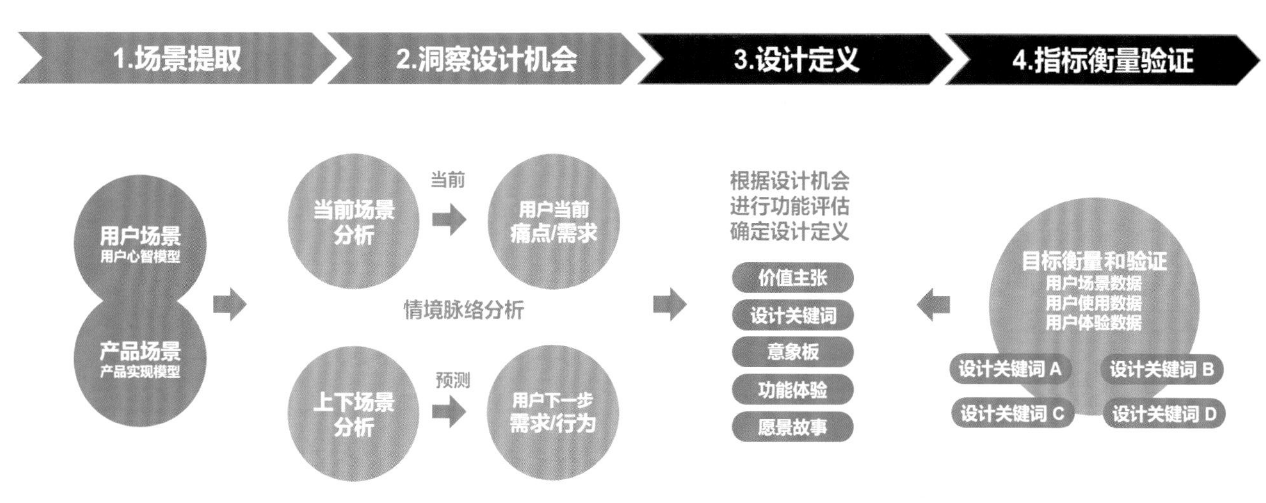

图 7-23　场景化设计活动的 4 个步骤

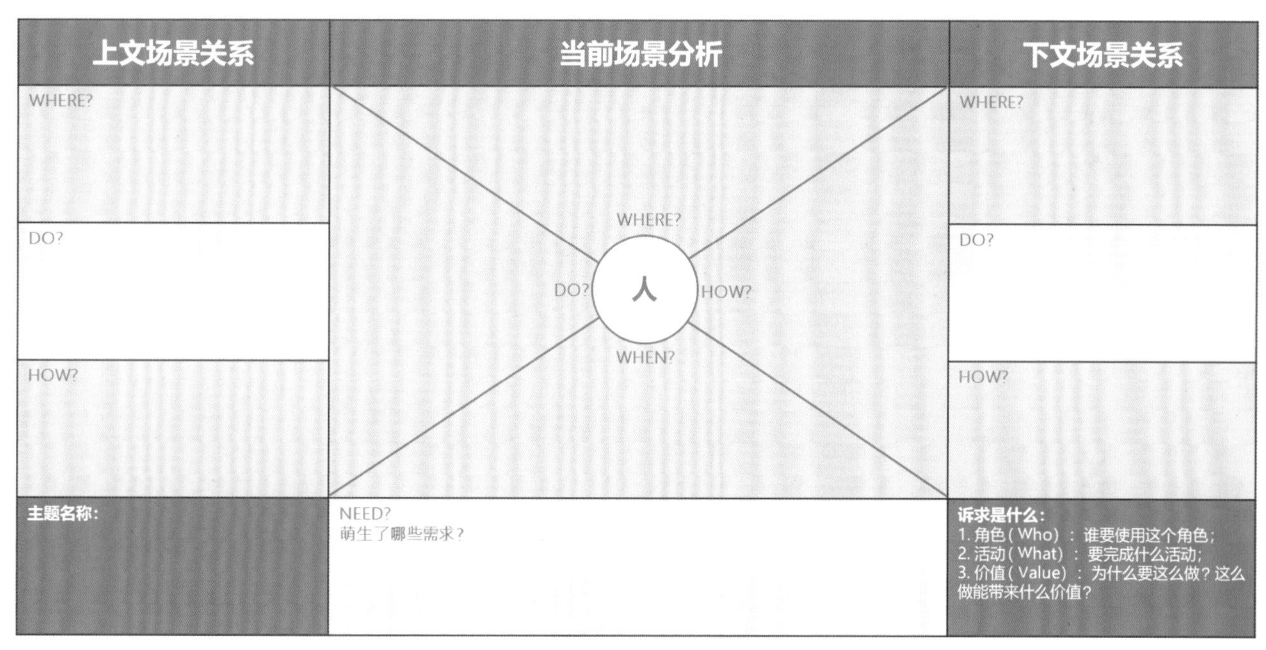

图 7-24　场景挖掘地图工具

场景化设计将基于场景的设计方法归纳为 4 个步骤：①场景列举；②机会点挖掘；③设计策略；④衡量标准。场景挖掘工具应用在场景设计四部曲中的前两部，对关键场景进行描述，帮助设计师更清晰地分析需求预期意图、挖掘机会点。

场景化设计 4 个步骤及内涵如表 7-19 所示。

如何让智能技术更好地服务于人与社会，场景因其强大的连接能力因而备受关注。场景是一种由社会、体制、习俗、动作和心理等因素共同作用于场所形成的多维度空间。场景是用户需求分析、设计定义和验证原型最重要的依据。场景化设计在设计过程中可应用在以下几个方面。

（1）理解用户：在实际场景中，以同理心分析场景，萃取痛点和需求。

（2）洞见机会：根据场景挖掘机会点设计场景。

表 7-19 场景化设计 4 个步骤及内涵

步 骤	内 涵
场景列举	通过梳理完整的目的、事件、活动流程图来依次提取其中的关键场景，并对场景进行描述。根据需要，可再细分为常用场景、特殊场景
机会点挖掘	通过场景挖掘工具对场景进行分析和预判，挖掘机会点。可分析当前场景挖掘机会点或通过预期用户目标寻找机会点，挖掘到场景中的一些设计机会点
设计策略	着眼于如何将机会点转化为设计方案。根据价值主张及设计定义提出一些相应的设计策略
衡量标准	根据原型，通过设计定义的测试验证设计方案是否可行

(3) 原型开发：评估想法、交互的验证场景。

(4) 持续优化：根据用户购买后真实使用的场景，持续优化产品与服务。

场景设计应用关系如图 7-25 所示。

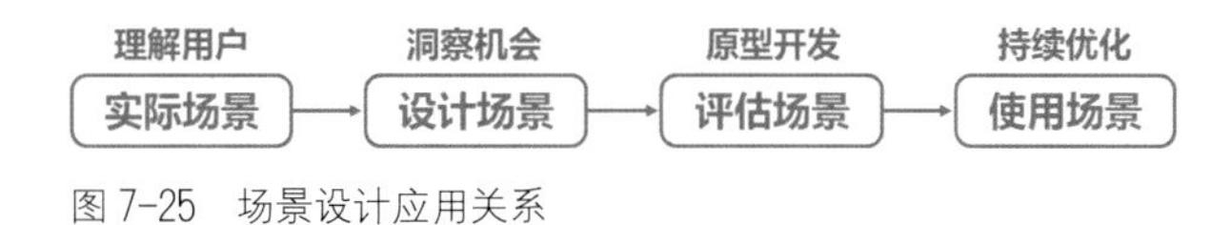

图 7-25 场景设计应用关系

2. 理解用户：厘清用户实际的场景并洞见机会

了解用户痛点与需求的方式，一是通过用户调研获得的；二是基于对行业或市场的充分了解提炼出来的。在用户调研中通过同理心进行用户实际场景分析，可以帮助设计师更清晰地分析需求和挖掘设计机会，探究产品的场景和目标，厘清用户的场景人工智能应用究竟在解决哪个层次的问题，问题的重要性如何。在进行产品功能设计前，分析用户产品使用情境脉络中的任务、感受、影响、痛点、目标。设计场景是关于产品的故事，同时场景是产品设计情境，在产品设计过程中，通过场景化设计构建设计师、产品与用户的连接空间，在这个空间里进行设计过程，具备场景属性的产品可以链接用户与商业，提高产品的使用体验和商业价值。用户具有异质性、情境性、可塑性、自利性、有限理性这 5 个属性，如表 7-20 所示。

场景描述了关于角色、背景信息、目的或目标、一系列活动和事件等内容，说明用户 / 客户具体的业务或需求场景是什么？如果产品 / 功能投入使用，用户将在该场景中哪个流程环节上使用它们？当产品没有问世之前，用户 / 客户都使用什么样的替代方案？替代方案在多大程度上满足了用户 / 客户的需求？因此，在场景化同理心分析中应把握任务、感受、影响、痛点、目标 5 个要点，如图 7-26 所示。

智能化应用究竟在解决哪个层次的问题，问题的重要性如何？场景分析就是对场景进行梳理，明确产品场景，分析用户的核心诉求，如图 7-27 所示。

表 7-20 用户的 5 个属性及内涵

属 性	内 涵
异质性	用户的偏好、认知、所拥有的资源是不一样的
情境性	用户的行为受情境的影响，没有情境就没有用户，同一个用户在不同的情境下会有不同的反应和行为
可塑性	用户是可变的，其偏好和认知会随着外界不同的信息刺激发生变化和演化
自利性	用户追求个人总效用最大化
有限理性	用户虽然追求理性，但判断经常出错，也经常被骗，所以只能做到有限的理性

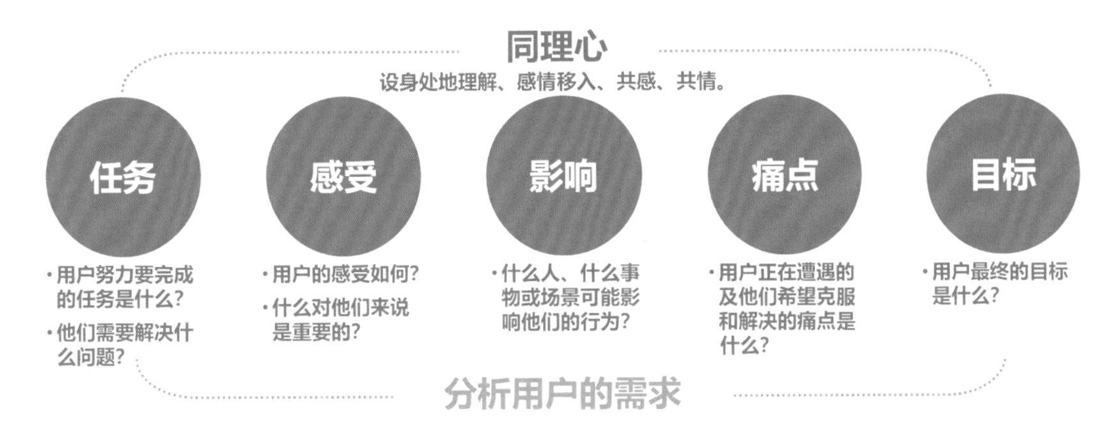

图 7-26　场景化同理心分析的五个要点

图 7-27　厘清用户的场景类型

厘清用户的场景类型及内涵如表 7-21 所示。

在还原场景的过程中，我们需要学会以“用户故事”的方式去还原产品使用的过程。在用户 / 客户痛点分析中，要清楚痛点来自自身还是来源于外界的某种压力（如来自更高管理者的压力和关注）？为什么存在这种压力？痛苦链条是什么？痛点是否来自人性？该痛点涉及的面有多广，是普遍问题还是个别问题？该痛点涉及的需求是否为高频应用？用户 / 客户愿意为此痛点付出什么样的代价来解决这个问题？

3. 需求的产品转化

智能产品究竟要解决马斯洛需求哪个层次的问题，以及问题的重要性如何，如图 7-28 所示。

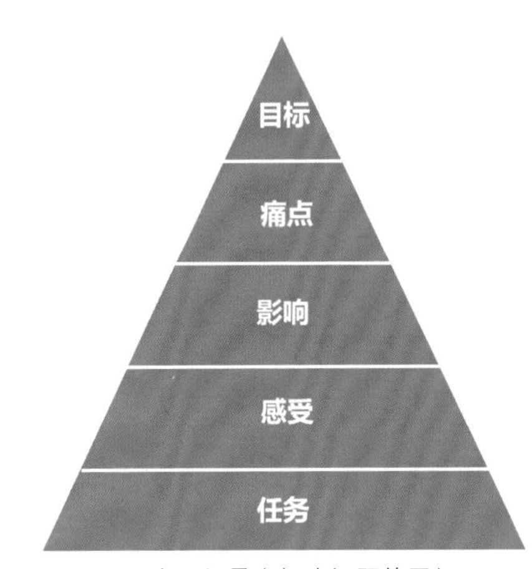

图 7-28　产品场景中解决问题的层级

产品场景中解决问题的层级及内涵如表 7-22 所示。

过去，服务扩展或替换了产品的功能（服务化），或者产品仅仅是服务的载体（产品化）。智能服务的出现，家庭自动化、医疗保健或制造等行业的众多应用领域改变了这些行业的业务开展方式。从概念和实践的角度来看，创建和评估智能服务是一项复杂的任务，其成功需要对客户感知和行为进行深入了解。

表 7-21　厘清用户的场景类型及内涵

场景类别	内　涵
角色场景	根据用户角色的不同，衍生出不同需求的场景
业务场景	围绕用户需要完成的具体的某件事或某项工作，产品功能是围绕业务的核心目标进行考虑的
物理场景	用户在使用产品时的情况和环境
虚拟场景	用户使用的操作系统，通常是移动端还是 PC 端

表 7-22 产品解决问题的层级及内涵

层级	内涵
任务	用户努力要完成的任务是什么？他们需要解决什么问题？
感受	用户的感受如何？什么对他们来说是重要的？
影响	什么人、什么事物或什么场景，可能影响他们行为的是什么？
痛点	用户的感受如何？什么对他们来说是重要的？
目标	用户努力要完成的任务是什么？他们需要解决什么问题？

4. 设计定义：设计愿景场景

智能产品的设计源于人们的需求与设想，只有了解人们的核心需求，并以此为切入点，才能寻求突破性的创新。探究需求的本质是要厘清需要解决的根本问题，保证产品功能的价值能够持续发挥。因此，不同行业和业务下的目标是：为了解决问题还是为了提升效率？产品的用户是谁？产品在解决什么问题？提供什么价值？

设计愿景场景的 4 个评估要素及内涵如表 7-23 所示。

设计师应注意收集用户生活形态数据，通过相关数据处理系统，分析不同场景任务、感受、影响、痛点、目标中人—事—时—地—物情境脉络关联，以同理心客观地理解用户的内心痛点、需求、期望等感受，并以此设计定义出合理的产品与服务。

设计场景是关于产品设计的故事，故事指的是什么人、在什么地方、做什么事，归纳而言，故事构成三要素就是人物、背景、情节。简而言之，产品的组成元素可以是功能、技术、交互，以故事和产品组成元素的综合分析，依据设计场景的构成框架，设计场景主要包括角色、事件、空间、目标、资源、连接，如图 7-29 所示。

表 7-23 设计愿景场景的 4 个评估要素及内涵

评估要素	内涵
市场	整体现状如何？根据现有的市场情况评估产品的发展情况
需求	套用马斯洛层次需求理论进行分析，可以大致分析出用户对此产品的需求程度、用户的付费意愿等
频次	用户使用这个产品的频次，是按天、月、季度、年计算，还是在特殊的节点使用？人工智能产品经理通过使用频次可以评估用户的依赖程度
发展	产品应满足市场的刚性需求，还有产品未来的发展前景是否具有上升空间

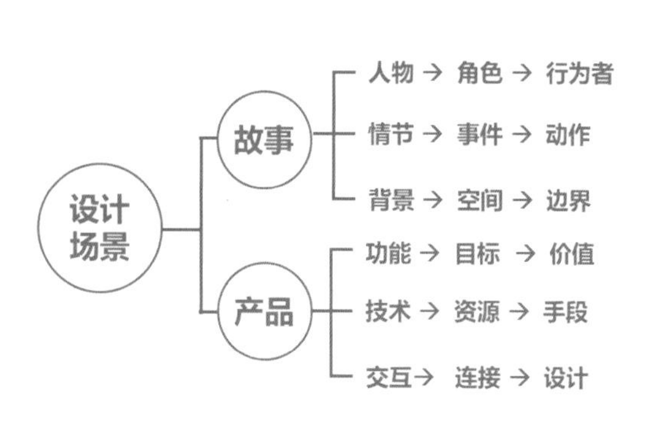

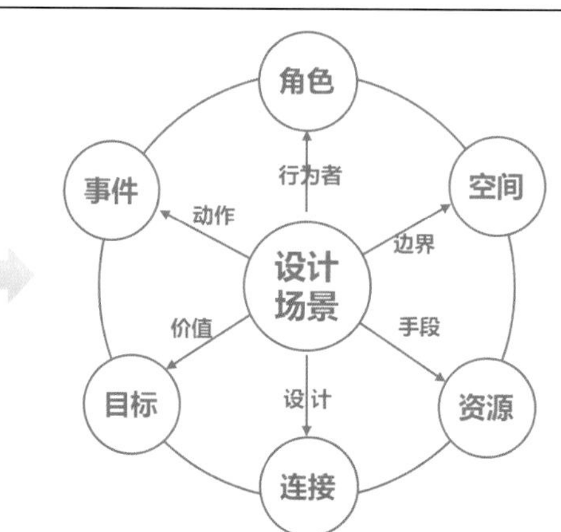

图 7-29 设计场景分析及构成

在此情况下，场景成为新的体验单位，能在特定场景下为用户提供相应的体验才是智能的体现。它不仅需要稳定开放的产业生态的支持，更需要场景设计人员具备挖掘场景的能力，如“关键智能场景是什么？”“智能场景具备哪些要素？”“如何分析、设计场景？”“提供相应的功能、服务与价值是什么？”等，这些都是需要思考的问题。最后，以愿景故事在既定时间、地点由人物构建起的一个事件系统，包含时间、地点、人、事、物 5 个维度，并以“人、产品、环境、事件”的集合出现。其具体设计定义包括价值主张、设计关键字、意象板、功能体验、愿景故事。

现代设计正处在一个智能产品时代的边缘，物联网技术的广泛应用，让设计者重新认识人和物、物与物的连接方式。在技术革新基础上的“物与物”相连的互通新模式是设计革新的焦点。场景化设计是基于当前场景的判断与分析。使用场景进行分析与预期，可以帮助设计师找到用户与场景的内在联系，探索新的功能及交互方式。利用新一代信息技术来改变智能服务产品与使用人群之间的交互方式，理解用户的痛点和需求，结合前后文预测用户的目标及意图，通过设计提供交互的明确性、效率、灵活性和响应速度，提供更多用户惊喜与感动，使用户期待。

随着物联网技术的发展，产品设计的智能化，以及智能化的手段越来越多；产品设计人员在这一次的设计变革中将会有更多的可能、新的设计思路、新的设计理念，以及更高的技术水平；对消费者来说，新的产品不仅是为了让人们的生活更方便，而且是一种新的生活方式。

习　题

一、填空题

1. 斯坦福大学设计学院的设计思维程序分为 5 道程序：________、________、________、________及________。

2. 双钻模型的核心是：________及________；其将设计分成 4 道程序，分别为：________、________、________及________。

3. 常见宏观趋势分析行业分析 PEST 有 4 个维度：________、________、________及________。

4. 目标市场定位的 3 个步骤分别为：________、________及________。

5. 实现同理心—共鸣 3 个维度分别为：________、________及________。

二、思考题

1. 请说明何谓设计思维，并进一步说明其与过去设计的区别。

2. 请举例说明智能产品设计与传统产品设计在程序与方法上存在哪些差异。并说明差异主要来自哪几个方面。

3. 请说明智能产品设计流程及内涵。

4. 请说明目标市场定位与产品定位有何不同，彼此的关系是怎样的？

5. 何为设计研究？其发生时间点在设计活动的前、中、后阶段各有何具体差异？

第 8 章
场景与数据驱动智能产品的设计

随着新 IT 技术的进步，场景与数据驱动的产品设计时代正在到来，在产品设计计算机辅助工具的支持下，设计过程比以往任何时候都更加数字化。由于智能产品具有智能性，并且可以适应环境，因此管理自主运行的产品机制很重要。智能产品设计的一个核心问题是物理生命周期的哪些组件应该被建模为虚拟生命周期，以及必须获取和集成哪些数据才能以数字孪生的形式获取附加信息，这与管理大数据的挑战有关，因为它具有不同的数据属性。在物理世界中，借助物联网、云计算、人工智能等技术，可以直接实时捕捉和分析产品的性能、行为及与用户的交互情况。但是，一般来说，虚拟产品和实体产品的构建、分析和升级是相互分离的，这可能导致信息支持不完整、信息物理不一致、数字地图不完善等问题。因此，数据驱动的产品设计需要一个新的框架，从而能够有效地整合、同步和融合与虚拟产品、实体产品及与其交互相关的日益“大”的数据。在虚拟世界中，创建可视化产品结构、模拟产品行为并验证产品性能。

学习目标

- 理解场景与数据驱动设计思维模式的相关内涵及方法；
- 了解智能产品数据与模型的具体概念及应用；
- 了解智能产品设计在功能设计程序中的常见方法；
- 理解智能产品设计中用户体验的重要性；
- 了解智能产品原型与测试验证的具体概念及应用。

学习要求

知识要点	能力要求
数据驱动设计	能具体说明数据驱动设计思维模式的相关内涵及方法；能叙述产品设计中数据驱动设计的思维范式
数据分析	能了解数据驱动设计的具体概念、分类及使用方法；能在数据分析中评估数据的 3 个维度
数据与模型	能了解 CRISP-DM 模型的 6 个阶段
功能设计	能了解价值复杂度矩阵、KANO 模型的具体概念及框架
用户体验	能具体说明用户体验及五大体验要素具体概念；能综合应用用户体验常见工具
原型与测试验证	能具体说明原型与测试验证的相关内涵及方法；能综合应用测试验证循环

8.1 场景与数据设计范式

近几年，随着科技、设计的不断革新，物联网、大数据、云计算及人工智能等前沿技术已经深入我们日常生活中的不同场景，并引发了新的设计范式——场景与数据设计。该设计模式不仅仅将大数据和深度学习技术结合起来，更将设计领域的知识融入模型，通过对经济、社会、环境等方面的综合影响，实现从技术驱动向以人为本的价值创新的转变。智能产品设计是一个融合互联感知、数据、识别、表达、学习、计算、自动化、个性化及自适应的有机体智能系统，如何梳理复杂、抽象的使用场景下的人、事、时、地、物情境脉络，收集相关数据即时识别、分析、学习并响应等一连串的处置。

数据的定义非常宽泛，它早已不是常规意义上的“数字”，在开展业务过程中所有产生的或被记录下来的痕迹都可以叫作数据，不仅包括传统意义上的数字，而且包括文字、图像、声音、视频等。数据是人工智能体系搭建的基础，不同场景下的数据特征，对于建模的工作量要求是有很大差别的。只有深挖行业需求、选择恰当的行业数据、深入用户生活脉络，才能构建符合行业场景的人工智能模型，设计出成功的智能产品。数据驱动设计是随着物联网、大数据和信息物理系统等信息技术的发展而发展的，与传统基于 IT 的案例高效传递信息不同，这种基于信息学的智能互联产品设计方式强调“创造有价值的信息”，进而改变人们的生活方式。

预计到 2030 年，全球连接总数量将达到 2000 亿个，传感器的数量达到百万亿级，而这些传感器会源源不断地从物理世界采集数据，如温度、压力、速度、光强、湿度、浓度等。要让机器人具备“视觉、触觉、听觉、味觉、嗅觉”能力，则需要更加多维的感知能力。数据量、时延等原因致使产生感知的计算在边缘完成，边缘将具备智能的数据处理能力（边缘计算是一种分布式运算的架构，将应用程序、数据资料与服务的运算，从网络中心节点移到网络逻辑上的边缘节点来处理）。未来，会有许多感知计算在边沿上进行，处理约 80% 的资料。感知智能让海量数据的采集、分析成为可能，使得更多的产业能够了解“自己”，并通过云中的数字孪生，与实体社会合作，推动产业的数字化革新。

在设计中，必须考虑用户的动机、想法、过程行为、期望等，而这些可以概括为用户因素。用户因素是不确定且多元的，过去用户研究主要依赖访谈、问卷调查、实验测试和其他主观性很强的定性和定量方法的专家经验，与这些传统的用户研究方法相比，使用客观量化方法、数据驱动的数字孪生服务化和生理测量更加科学有效。此外，数据驱动设计问题求解是从技术的角度充分挖掘利用数据的价值，数据驱动用来辅助设计问题的求解过程和设计问题解决方案的评判，用信息论的方法来解决设计问题，求解的不确定性，具有理论框架和实践基础。由于计算的参与物本身的高度智能化，使得人与物的关系发生了变化，形成“个人—智能—产品—情境—数据”的复杂关系。在物联网和大数据支撑下的机器学习，使为机器注入的智能成为设计的主体，能够自主独立完成部分任务，并最终与设计师深度互动、协同完成设计的工作。数据是智能时代智能产品的基本技术特征，智能产品本身能够产生数据或获取数据，能够通过数据与人或其他产品连接并互动。用户通过数据参与设计开发的过程，实现产品与用户的连接。产品产生的数据链接用户与企业，企业进行数据挖掘可以创造新的产品类型，为用户提供更好的服务。人工智能场景与数据的驱动力不仅让产品、服务或系统等的体验过程变得有趣，而且让用户愿意投入情感和创新力并参与其中，甚至使用户的行动及思想也成为场景中的一部分。这也是人工智能的底层逻辑，所以数据在人工智能领域是最重要的资源。

1. 深度学习变革解决问题的思维范式

数据驱动设计的一般方法有两种：一是收集大量的量化数据（通常是“大数据”）作为设计流程的参考资料，这种方法广泛应用于各个领域；二是从质量数据中获取数据，从而为设计流程提供信息。量化的数据反映用户的真实状况，着重分析用户所反映的真实结果，包括 A/B 测试、眼动追踪、大样本调查等；定性数据用户的动机，提出用户的动机和意图，重点分析用户为什么会做出这样的决定，方法包括访谈、对手分析、用户流程图等。

在数据时代，有效组织、挖掘和建模数据是企业的核心能力。目前，大量使用深度学习，通过人工神经网络，使得利用资料直接进行问题求解。在数据训练中，忽视了知识抽取的过程，可以使人类从“知识范式”向“数据范式”转变，如图 8-1 所示。其中，“知识范式”是指人们用知识来解决问题的方式，而“数据范式”是指在没有从数据中抽取知识的情况下，通过数据来解决问题的方式。

设计活动往往被视为一门艺术，传统的设计决策更多地依靠设计师的直觉和实际经验，如果仅仅依靠直觉而非依靠数据来获取真实的信息是非常

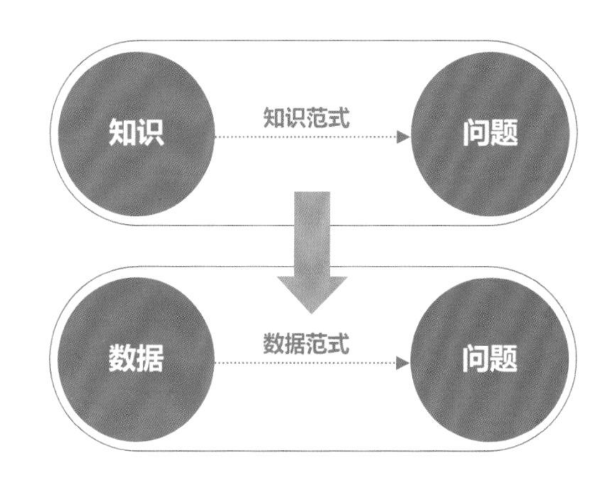

图 8-1 深度学习变革解决问题的思维范式

危险的，因为这样做会让设计师不能理解用户的意图，从而造成设计不符合使用者的要求，并且会让设计师花费大量的时间和精力去修改那些没有意义的设计选项。人类运用数据思考来解决问题，可以用数据来弥补知识上的不足，但这并不代表要彻底抛弃知识。在未来，我们必须把知识范式和数据范式这两种思维方式进行协调，并运用不同的方法来处理各种问题，然后通过数据提供科学化管理、挖掘衍生新的产品、产生新的解决方案。

如何从海量的数据中挖掘有效的信息？在我们的日常工作中往往并不缺数据，真正缺少的是有效的数据。那么，我们要如何利用数据驱动产品迭代升级，如何通过数据看到隐藏其中的产品模式呢？一般可将数据分为业务数据和行为数据。业务数据：业务系统产生的数据，如交易数据、商品数据、用户数据等；行为数据：分析用户在某个产品上的路径和行为，发现问题、找到原因、输出分析结论，从而指导业务决策。而基于场景情景与数据驱动的设计方式所带来的最大改变是通过与大数据相结合来帮助设计师获得最佳实践结果。它能够根据用户行为、态度和需求等数据帮助设计师创建以用户为中心的设计和更好的用户体验。设计师能够通过量化的数据来检验自己的直觉，并且通过质量数据更好地理解使用者的需要和动机，从而做出相应的设计。数据驱动设计需要设计师在设计时兼顾直观与数据，避免让数据局限于创意，而把它当作一种辅助手段，以启发灵感，做出更好的设计方案。另外，数据是设计的一种辅助手段，可以让设计师在设计中获取更多的信息，而数据驱动的设计技术则可以节约时间和资源，通过对用户的研究资料进行呈现与分析，可以减少重复次数，减少修改和试错，将更多的时间投入创意工作，从而有效地提升设计师的工作效率。

数据的发展也带来了思维模式的转变：从之前的被动产生数据，转变为当前的主动利用数据；从之前的人脑产生知识，转变为从数据中提取知识。这种数据思维模式的转变，对未来数据科学乃至人工智能技术的发展具有深远的影响。未来需要对数据进行融合交叉，将不同维度的数据进行组合，以创造更大的价值。如今，数据可以在产品的整个生命周期中积累，包括设计、生产、分销、使用、维护、升级和回收。数据与产品的状态、行为和性能有关（如实用程序、维护、故障信息、升级信息、退化状态、剩余值和回收计划记录中的状态采样数据）。数据与何时、何地、如何、由谁在何种情况下使用产品，以及与对应客户的人口统计信息、行为和偏好有关，因此，数据驱动产品设计的技术支柱是物联网和大数据分析。

2. 场景与数据驱动的设计

场景与数据驱动的设计是一种以用户为导向的设计方法，即由数据支持帮助设计师了解目标受众的设计方法。它通过了解现有的条件以帮助推动设计的发展和创造，能够使数据反映的信息支持设计师的直觉或引导他们找到更好的解决方法，可以被定义为设计过程中的一种依赖用户行为与态度的数据的决策方法。这种方法能够了解设计师的设计目的是否在用户交互过程中得以实现，以此来指导设计决策，并达到设计契合用户需求的目的，帮助设计师创建最佳用户体验。数据驱动的设计方法也能够很好地支持设计问题的相关研究。如学者 Fiore 等通过收集实际的家电购买数据，以及调查用户需求，发现家电实际购买量在物联网场景下并未达到预期，他们在此数据调查基础上提出可以通过关注产品的可持续性来缓解这种技术压力，在实现产品创新的同时提高用户体验，实现具有环保意识的产品设计。学者 Nachtigall 等通过使用数据驱动的算法、参数和生成系统来进行鞋子的设计，他们描述并部署了一款协助设计师打造个性化产品服务的鞋类设计游戏，以帮助设计师适应数据与数据制造系统，对传统设计制作方式提出了新挑战。

数据是人工智能模型学习和训练的基础，数据分析则是挖掘隐藏的信息，而数据标注则是从智能产品开发过程中衍生出来的一项工作。通过数据，学习如何运用数据来推动产品的设计，可以让产品不再局限于个人的主观感受。要善于运用这些数据，从而发掘出隐藏在数据后面的机遇。数据分析的步骤如图 8-2 所示，数据分析的步骤及内涵如表 8-1 所示。

数据在产品的全生命周期中扮演着重要的角色，智能产品设计与开发过程可划分为市场需求分析、商业需求分析、产品需求方案设计、产品研发、产品测试、产品上线等阶段，硬件类产品还涉及工艺设计、样品试制、生产制造、销售与售后服务等阶段。通过数据埋点获取数据，有时需要增加数据标注工作，明确数据口径，对数据进行清洗，从而形成一套高效、可靠的数据，再利用数据分析方法，挖掘出数据背后的信息，最终实现对产品的设计。可以说，在智能产品的设计中，数据是必不可少的，即使是在产品推出后，也需要对其进行分析，以保证不断地升级。

在任何一个大数据的应用场景中，都包含数据主体、数据生产者、应用场景这 3 个元素。数据主体是指数据所描述的各方主体（无论用于商业还是其他应用）；数据生产者是指收集、处理、存储或分发数据的各方；应用场景是指在现实生活中产生、处理和利用数据来促进经济或社会活动开展的场景。

分析场景中的数据，并利用人工智能技术解决用户痛点，满足其期望性需求。

数据是人工智能体系搭建的基础，先有数据可获取，再谈数据完整，之后再谈数据全面。所以，我们需要从 3 个方面来评估数据维度：数据是否可以获取？数据是否全面？数据是否够多？如图 8-3 所示为数据金字塔：数据评估层次。

数据驱动设计的程序如图 8-4 所示。数据驱动设

图 8-2　数据分析的步骤

表 8-1　数据分析的步骤及内涵

步　骤		内　涵
1	梳理业务	了解业务需求，业务是数据分析的前提
2	确定目标	弄清楚产品的目标及当下的首要问题
3	事件设计	记录与目标相关的数据，并定义事件
4	数据采集	数据采集的质量将直接决定分析的准确性
5	指标体系	指标体系决定分析的力度，确立第一关键指标
6	数据分析	根据需求进行产品和用户等分析，并进行迭代优化

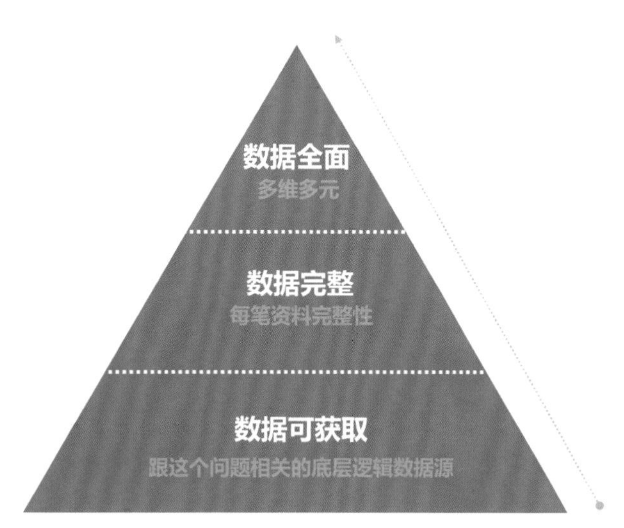

图 8-3 数据金字塔：数据评估层次

计的程序及内涵如表 8-2 所示。

通过产品中的数据机制捕捉用户行为，发现用户的潜在需求。针对用户的潜在需求制定并实施产品运营方案，然后对比方案实施前后的数据，以评估用户反馈和运营效果。

3. 数据预设计应用的方法

数据预设计是“理性的数据分析”与“感性的设计思维”相融合的状态。设计师通过分析工具，先获得数据本身传达出的简单信息，再添加自己对使用者的情感分析和活动场景的模拟，让数据能更好地服务人类。这需要我们不仅能理解数据本身，而且能理解人类的行为与意识，并将二者融入智能产品的设计研发。数据预设计的程序与智能产品设计程序相同，如图 8-5 所示。在智能产品数据驱动设计中，数据预设计的程序及内涵如表 8-3 所示。

4. 人和情境场景分析

由于任何场景都不是独立存在的，因此还需要深挖与场景相关的人和情境。行为科学研究得出结论，一个人在一天的行为中大约有 5% 是非习惯性的，而其余 95% 的行为都源自习惯。这基本上意味着，是习惯而非逻辑决定了我们的一生。学者 Feller 提出的内容分析建议包括 3 个

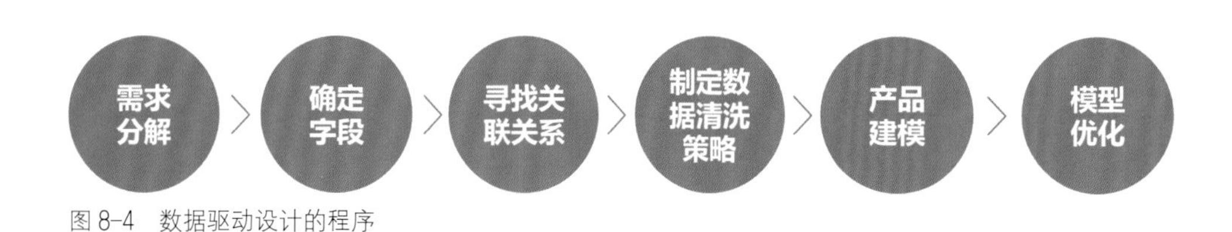

图 8-4 数据驱动设计的程序

表 8-2 数据驱动设计的程序及内涵

程序		内涵
1	需求分解	先明确需求的总体目标，即明确具体产品用于解决什么样的问题；再分解需求
2	确定字段	在确定字段过程中，先将所有字段都列举出来，依次排开。确定字段其实是在帮助梳理数据，无论数据是在一个系统中还是在不同的系统中，都需要先列举出来。如果没有相关数据，则可向第三方平台购买
3	寻找关联关系	将分解后的需求与字段进行连线。连线的原则是，只要产品经理认为需求与这些字段有关，都可以进行连接。这一步的作用是帮助梳理需求与数据之间的关系
4	制定数据清洗策略	在明确需要哪些数据之后，即可制定数据清洗策略，从原则上讲，处理后的数据可达到建模的数据水平
5	产品建模	基于需求进行产品建模
6	模型优化	对模型进行持续优化

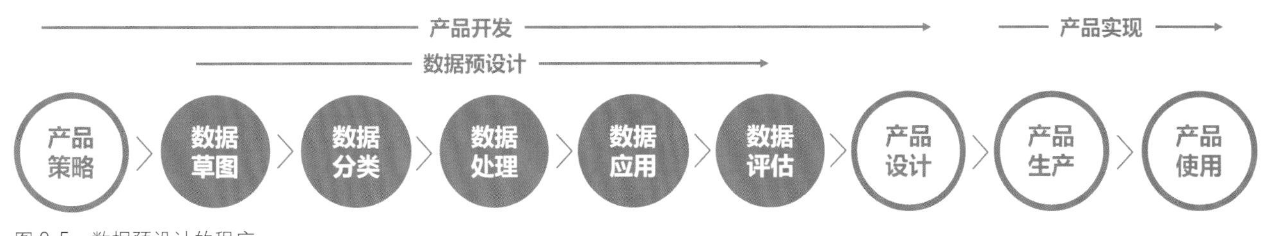

图 8-5　数据预设计的程序

表 8-3　数据预设计的程序及内涵

	程　序	内　容
1	数据草图	与产品设计之初进行思维概念的手绘草图一样，在智能产品的数据采集之前，就应该考虑在某个场景中使用者可能需要的信息、对应的数据种类，以及如何将不同维度的数据组织起来，才能带来高层次的体验效果。对这些数据进行场景性、流动性的思维模拟，对数据的采集内容及组织形式提前规划，确定最终的采集目标，勾勒出一张与智能产品设计息息相关的“数据草图”
2	数据分类	体积庞大的数据要想被高效使用，必须依据其承载信息的不同，在源头对其人为地进行分类。对分类后的数据进行有目的性地采集与保存，为后续的处理做好准备；同时，还需要对分类后的数据进行处理与转化方法的匹配，进一步降低巨量型数据的应用成本
3	数据处理	数据预设计必须考虑技术层面的问题。数据的体量、密度、延时性会影响系统稳定性，最终都会导致产品用户体验的提升或降低。综合数据体量提升后，可能带来种种问题，因此需要选择最优的解决方式，在技术与设计间找到平衡点，形成理想的数据处理方式
4	数据应用	只有把数据转换为有用的信息和功能，才能满足用户的各种需求。依据活动场景，从不同来源的数据中提取出有用的知识信息，针对使用者的不同需求，添加设计师的情感分析和场景还原，最终驱动智能产品延伸出相应的解决方案。这是最好的数据预设计思维下所采取的合理的数据应用模式
5	数据评估	设计师在设计和分析过程中，人为地干涉了原始数据。但是，这样的“设计”是否正确，必须在系统运行的各个环节中对其进行精确的评价和思考，并对其所反映的问题做出合理的改善。最后，数据预设计的数据集合更具有人情味，使得智能产品自身更具有人性化，提高了用户的体验

阶段，即预分析、内容分析、结果的处理和解释。目前，在智能产品设计开发时，可分为技术驱动（Technology Driven）与设计驱动（Design Driven）两种类型。一般而言，先有技术然后才思考如何应用，这导致产品应用无法妥善反映用户情境脉络，难以取得共鸣；先有设计概念然后才思考用哪些技术才能实现，这样常导致单方面感性的想象而无法实现。两者各有优点与缺点，但在打造新时代与智能生活相关的产品时，显然无法应对。我们深信科技来自人性（Technology is Connecting to People），产品为人所用，其设计开发应本着以人为本的设计理念。在智能产品设计开发中，各学科应有效交叉融合，让技术与设计研发团队能各尽其职，协作共创，发挥综效（Synergy）。现在产品科技信息含量越来越高，产品更需要社会文化来引导和表达产品的内涵。因此，产品一旦被赋予某种美好的情感，就会缩短人与产品在情感上的距离，它既包含人类生理、心理因素，又包含社会、文化因素。

场景与数据驱动设计问题求解是从技术的角度充分挖掘利用数据的价值，数据驱动用来辅助设计问题的求解过程和设计问题解决方案的评判，用信息论的方法来解决设计问题求解的不确定性具有理论框架和实践基础。因此，在智能产品设计时，想要解决问题，就需要具备跟这个问题相关的数据，要考虑的问题包括：①我遇到的问题中有哪些影响因素？②这些影响因素是数字化的吗？如果不是，能否数字化？③这些数据是否可以获取？成本高吗？值得吗？

当我们想要利用人工智能技术来解决实际问题时，需要仔细分析的问题包括：①到底有哪些影响因素？是否有对应的数据？②有数据的因素是否足够全面？③关键因素的数据有遗漏吗？

用户通过数据参与到设计开发的过程，进而实现产品与用户的连接。产品产生的数据会连接用户与企业，企业再进行数据挖掘可以创造出新的产品类型，可以为用户提供更好的服务。

学者Kalimuthu等认为，典型的人类活动可分为行为、姿势/手势、事件、复合动作、人与人互动、人与物互动6类，如图8-6所示。其中，行为指的是个性、简单动作（坐、站、慢跑、抬起手臂等）、情绪（笑、哭等），以及人类的心理状态。姿势/手势为一个人身体部位的原始动作，这些动作可能与人类的某个动作有关。事件为个人之间的意图或社会行为，被归类为高级活动。复合动作为由多人执行的活动。人与人互动表示涉及两个或更多人的活动。人与物互动是由两个或多个对象组成的活动。学者Kalimuthu等还认为在数据驱动设计下典型的人类活动识别（Human Activity Recognition）系统框架由3个部分组成，即用于预处理的原始数据收集/预处理、特征提取、活动分类，如图8-7所示。

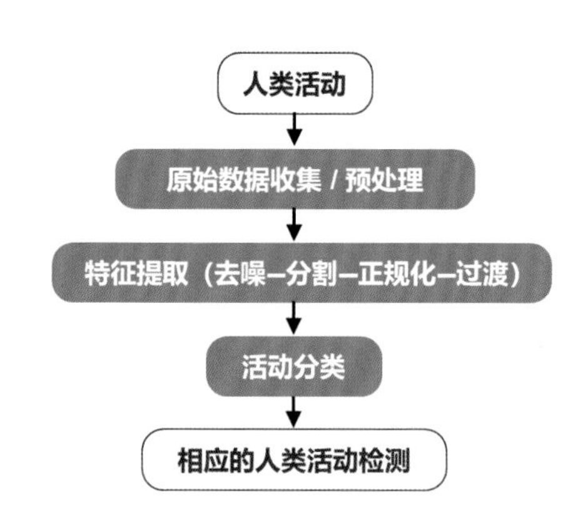

图8-7　典型的人类活动识别系统框架

当前社会生活中产生的数据繁多，但多数是比较混乱的非结构化数据，真正能够用来进行数据分析的结构化数据相对有限。数据已经变成公司的一项资产，或者一种战略资源。将数据转化为资产并非一件容易的事，需要经过数据治理的过程，需要从数据存储、数据结构、数据关系等方面提升数据价值。所以，未来数据发展的重点在于如何突出数据的价值，不仅要发展与数据科学相关的新技术，而且要将这种价值应用到业务场景之中并形成计算模型，进而为企业拓展商机、构建新的商业模式。只有具备良好的商业模式，才能保证数据价值的稳定输出。随着释放数据全部价值的能力成为竞争优势的关键来源，数据的管理、治理、分析和安全也正在发展成为一项重要的新业务功能。

虽然以数据为导向的产品设计已成为一种趋势，但仍然存在以下几个问题：一是如何有效收集、整合不同互联网、物联网（用户和环境的各种不

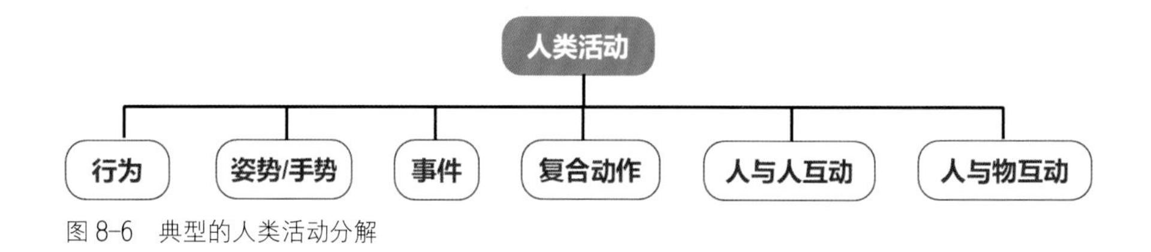

图8-6　典型的人类活动分解

同数据）间的数据源，如何使用不同的方法来发现深层隐藏的规则模式；二是如何有效地将海量数据转化为一小部分可供设计师直接查询的有用信息，以支持他们在设计过程的不同阶段做出设计决策；三是如何基于实时数据快速响应现实世界中正在发生的当前事件，以及如何基于历史数据预测未来将发生的事件。

由于产品需求决定了产品设计的生命周期，因此必须制定一个足够客观的产品需求框架，以符合用户的认知和期望。在设计中，必须考虑用户的想法、思维活动、期望等，而这些大脑活动可以概括为用户因素。用户因素是不确定的、变化多端的，衡量它们的工作主要依赖于用户访谈、问卷调查、实验测试和其他主观性很强的定性和定量方法的专家经验。与这些传统的用户研究方法相比，使用当前技术的客观量化方法、数据驱动的数字孪生服务化和生理测量更科学有效。这些用户因素研究方法具有明显的优势，使用这些方法中的一种或多种通常会产生令人满意的结果。然而，这些方法都面临着同样的问题：它们很难概括为一个有效的框架来复制或帮助没有经验的设计师构建一个全面的、现实的需求框架。近年来，以用户为中心的设计方法在用户需求研究中得到了广泛的应用，这种设计方法对智能产品同样有效。然而，以用户为中心的设计方法通常偏向于用户的认知研究，很少涉及情感因素。要了解用户对产品的体验，必须考虑人脑的情感系统。人为因素尤其是人文关怀和情感设计，已成为近年来重要的产品设计问题。理解用户情绪的能力对设计过程来说至关重要。

8.2 数据与模型

随着新一代信息技术的迅猛发展，生产和生活中的各个领域正在由 IT（Information Technology）时代转向 DT（Data Technology）时代。数据是这个时代最强大的产品价值创造引擎，是做决策和达成共识的重要工具。智能产品的构建注重从数据中发现某种模式或关系，采用并确定这种模式或关系就确认了模型。智能产品的核心是模型，数据是建立模型的要素，而智能产品的构建需要从数据中驱动提取信息，所以在智能产品的构建流程中，数据与模型密不可分。在进行数据分析与建模时，设计师需要与不同领域的团队协作。数据分析与建模时参与的团队角色如表 8-4 所示。

表 8-4 数据分析与建模时参与的团队角色

角 色	工作内容
数据分析师	承担数据的挖掘、分析、提炼等专业探究
开发工程师	参与数据产品需求评估，从技术维度进行可行性研究，评估和制订数据技术方案； 实现数据产品需求，完成数据产品及组件和功能的开发； 监控已上线的数据产品并不断优化其性能
算法 / 模型工程师	负责运营商产业整体数据架构规划、模型设计，算法优化并推动实现； 负责数据模型及算法的设计和优化，并指导开发落地
测试工程师	数据产品测试的把控人与监督者； 搭建数据产品测试体系，为用户产品提供数据测试工具； 评估和制订数据测试方案，对更新的数据产品模块或功能实施回归测试

1. 数据驱动设计

数据是人工智能体系搭建的基础。由于统计特征往往只能反映数据的极少量信息，为了对大数据进行更深层次的探索，需要在大数据技术的基础上应用以机器学习为代表的人工智能技术，对数据特征进行识别与总结。人工智能技术在挖掘、分析和使用 3 个维度中的应用，显示出其对用户的洞见力的一致性和广泛性。在用户数据的使用这一维度，人工智能技术主要针对用户的属性、需求、偏好等信息，通过人工智能算法对用户进行自动分类，并针对不同类型的用户进行针对性的分析、预测，提供对应的需求服务以增强其用户黏性等，可以有效地提升使用者的数据使用效率和可靠性，帮助使用者在市场营销、维护、二次转化等领域中的创新运用，为企业的发展提供新的启示与帮助，为使用者提供新的体验、尝试与赋能。

数据是智能时代智能产品的基本技术特征，智能产品本身能够产生数据或获取数据，能够通过数据与人或其他产品连接并互动。产品设计开发过程可分为从数据到需求和从需求到数据两阶段，两者是一个相互渐进、反复循环的过程。由于人工智能产品的构建需要从数据中提取信息，所以人工智能产品的构建流程与数据挖掘流程密不可分。数据库知识发现的本质是从数据中提取知识，其核心内容就是数据挖掘。常采用的流程为跨领域数据挖掘标准流程(Cross-Industry Standard Process for Data Mining, CRISP-DM）模型，共分 6 个阶段，如图 8-8 所示。CRISP-DM 模型的 6 个阶段及内涵如表 8-5 所示。

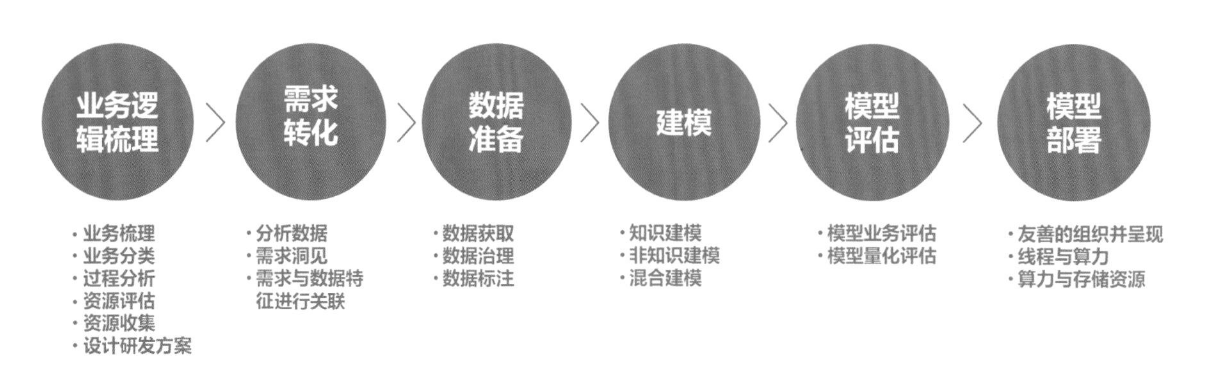

图 8-8 CRISP-DM 模型的 6 个阶段

表 8-5　CRISP-DM 模型的 6 个阶段及内涵

阶　段		内　涵
1	业务逻辑梳理	在构建智能产品之前，需要对业务逻辑与产品逻辑有清晰的认知。业务逻辑包含业务流程、业务规则等内容，只有业务逻辑清晰，产品逻辑才会清晰。产品逻辑包含智能产品设计原则与方法。可以通过业务梳理、业务分类、过程分析、资源评估、资源收集、设计研发方案 6 个步骤，从商业的角度上了解项目的要求和最终目的，并将这些目的与数据挖掘的定义及结果结合起来，对智能产品进行设计方面的思考
2	需求转化	先分析原始数据，形成需求洞见，然后将需求与数据特征进行关联，并作为后续数据用于建立模型
3	数据准备	(1)数据准备是建立模型的重要准备工作，一般可分为数据获取、数据治理、数据标注 3 个方面。数据获取可以通过整理自己早期的数据或购买数据等方式获得；数据治理是为了使数据从产生到应用拥有规范的流程与格式，是一套规范化的数据管理机制；数据标注是使原始数据获得人类智能的过程。 (2)从原始数据中构造用于建模的最终数据集，构造过程包含观测选择和变量选择、数据转换和清理等活动。人工智能从本质上来看是通过对标注数据进行学习，模仿人类智能处理相关事务
4	建模	(1)建模的过程是将人类经验表示为可用数学符号描述的策略或运算模式的过程。建模的过程本质上是对人类经验进行转化的过程。 (2)建模可分为知识建模、非知识建模和混合建模 3 种。知识建模是指将人类知识直接转化为数学模型，也可看作知识的数学符号化。非知识建模是指直接通过数据进行模型训练，跳过复杂的知识提取过程而直接得到模型。非知识建模是当前大数据时代的主流建模方式，可以通过数据中蕴含的人类经验快速得到相应的模型。混合建模是结合了知识建模和非知识建模的建模方式。 (3)在建模过程中，会存在数据维度过多、数据特征不显著的情况，可以利用特征工程的相关技术手段对数据进行处理，这样更有利于得到高效、可靠的模型
5	模型评估	(1)回顾建立模型的各个步骤，确保模型与业务目标一致，并决定如何使用模型的结果。 (2)在建模完成之后，需要对模型进行评估。模型评估的主要工作是评估模型的泛化能力、准确性、稳定性等内容。 (3)模型评估分为两个过程，即模型业务评估和模型量化评估。模型业务评估主要目的是检查有没有重要的业务要素被遗漏，模型逻辑与业务逻辑有没有明显冲突；模型量化评估是通过各种指标对模型进行评估
6	模型部署	(1)以友善的方式组织并呈现从数据挖掘中所获取的知识，供设计决策过程中灵活地应用模型。 (2)进行模型部署时，要重点关注线程与算力等问题，需要将算力与存储资源能力提升到最优状态

2. 数据获取

在一般情况下，数据获取方式有 3 种，分别为通过交易或合作获取数据、通过爬虫系统获取数据、通过数据采集终端获取数据，如表 8-6 所示。

而利用数据理解用户的六步循环如图 8-9 所示，其内涵如表 8-7 所示。

数据采集包括图像采集、语音采集、道路采集、文本采集、视频采集等。数据采集是数据分析的基础，而埋点是最主要的采集方式。数据采集，顾名思义就是采集相应的数据，是整个数据流的起点，采集得全不全、对不对，直接决定数据的广度和质量，并影响后续所有的环节。在数据采集有效性、完整性不好的公司，经常会有业务发现数据发生大幅度变化。数据采集的 3 个标准动作分别为埋点、采集、上报，其相关内涵如表 8-8 所示。

数据采集有多种方式，埋点采集不论是对 C 端产品还是对 B 端产品来说，都是其中非常重要的一部分。所谓埋点（Event Tracking），也叫事件追踪，是数据采集领域的术语，指的是针对特定用户行为或事件进行捕获、处理和发送的相关技术及实施过程。数据埋点目的就是对产品进行全方位的持续追踪，通过数据分析不断指导优化产品。进一步分析其效益则可分为数据驱动、产品优化、精细化运营 3 个部分，如表 8-9 所示。

表 8-6　常见的 3 种数据获取方式

通过交易或合作获取数据	互联网上有很多免费的数据资源，包括科研数据集与人工智能竞赛数据集等，如美国临床试验数据库平台免费提供全球药物临床数据。提供商业数据的平台按照交易类型提供数据服务，如数据库提供交通车辆图像、汉字字体数据、广告交易数据等多种类型的数据服务
通过爬虫系统获取数据	针对行业化人工智能产品，对特定行业网站使用爬虫系统获取数据是较好的选择，如医药行业可以直接从临床公示平台爬取临床试验信息，媒体行业可以直接从新闻网站爬取信息进行舆情分析等
通过数据采集终端获取数据	通过数据采集终端获取数据是以硬件为基础的数据获取方式。通过传感器采集的数据为原始数据，在进行数据处理时需要重新设计数据种类和存储结构。如果将手机作为数据采集终端，则可以采集用户的手机应用小程序（app）中的行为数据。在采集行为数据之前，产品经理应该定义好数据采集类型与存储结构

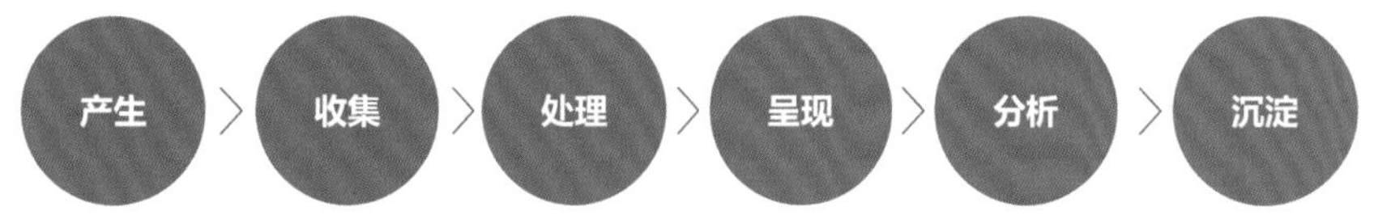

图 8-9　利用数据理解用户的六步循环

表 8-7　利用数据理解用户的六步循环及内涵

步骤		内　涵
1	产生	是数据从无到有的步骤，用户与产品的交互行为是数据产生的前提
2	收集	是将产生的数据由客观世界引入计算机世界的步骤； 用户产品的数据收集工作通常会在技术上与数据产品体系中的数据采集组件对接
3	处理	是将收集的数据进行规范化、逻辑化处理的步骤，为数据的呈现和分析做准备； 意味着存储的数据能够被我们直观地获取
4	呈现	以友好的形式展示数据，便于进一步分析
5	分析	对数据进行全面解读和分析，并挖掘其中蕴含的意义； 数据化运营最关键也是最具技术含量的一步； 机器学习在数据分析中也日益发挥着重要的作用
6	沉淀	通过分析数据，将挖掘到的信息与产品现状结合，落实产品及运营方案，进而促进产品的综合增长

表 8-8　数据采集的 3 个标准动作及内涵

动　作	内　涵
埋点	在需要采集数据的操作节点，将数据采集的程序代码附加在功能程序代码中，当用户触发操作时，相应的功能逻辑和数据采集逻辑均会奏效，既让用户完成了与产品的交互，也采集到了该操作的数据
采集	一旦埋点被用户触发，数据便会产生，采集动作将捕获这些数据，做初步的格式化、组装、暂存，为上报动作做准备
上报	经过采集的数据，从用户产品被运往数据接入层的动作过程就是上报。只有完成上报，一个数据才算进入数据产品体系

表 8-9　数据埋点带来的效益及内涵

效　益	内　涵
数据驱动	埋点将分析的深度下钻到流量分布和流动层面，通过统计分析对宏观指标进行深入剖析，发现指标背后的问题，洞见用户行为与提升价值之间的潜在关联
产品优化	对产品来说，用户在产品里做了什么、停留多久、有什么异常，这些都需要关注，这些问题都可以通过埋点的方式实现
精细化运营	埋点可以贯穿整个产品的生命周期、流量质量和不同来源的分布、人群的行为特点和关系、洞见用户行为与提升业务价值之间的潜在关联

数据埋点的质量直接影响数据、产品、运营等质量。其做法是，首先，通过设计定义流程和规范，将特定用户行为和事件作为采集重点，还需要处理和发送相关技术及实施过程；然后，数据分析师基于业务需求或产品需求对用户行为的每一个事件对应位置进行开发埋点，并通过 SDK 上报埋点的数据结果，记录汇总数据后进行分析，推动产品优化和指导运营。数据埋点既服务于产品，又来源于产品，所以跟产品息息相关。数据埋点存在于具体的实战过程，跟每个人对数据底层的理解程度有关。

而在埋点的框架和设计部分，可分为埋点采集的顶层设计、埋点采集事件及属性设计两部分。前者涉及想清楚怎么做埋点、用什么方式、上传机制是什么、具体怎么定义、具体怎么落地等；后者涉及在设计属性和事件的时候，要知道哪些经常变、哪些不变、哪些是业务行为、哪些是基本属性等。埋点的框架和设计工作重点及内涵如表 8-10 所示。

3. 数据标注

训练数据的质量是影响人工智能产品有效性的关键因素，因为一个具有高质量标注的数据集对模型的提升效果远远高于算法优化对模型的提升效果。事实上，现阶段让人工智能提升认知世界能力的最有效途径仍然是监督学习，而目前人工智能算法能学习的数据几乎都是通过人力逐一标注得来的。数据标注（Data Annotation），简单来说，就是数据标注员使用标注工具对图像、文本、语音、视频等数据执行拉框、标点、转写等操作，以产出机器学习所需要的数据。

一般来说，数据标注类型包括图片标注（2D/3D）、语音标注、文本标注、视频标注、道路标注、行人标注、人脸 106 点、图像语义分割。以人像图片为例，简单来讲，数据标注就是我们可以根据一张人像照片识别出其性别、肤色、表情、动作、年龄等；对于一段文字，我们可以分辨主语、谓语、宾语、动词、名词等，这些打标签的行为就是标注。当我们把大量的有关这件事的标签输入文本，它就具备了识别这一事物的能力。

数据标注一般通过人工或半自动化的方式为原始数据打上相应的标签，打好标签的数据称为标注数据或训练集数据，它是对人工智能学习数据进

表 8-10　埋点的框架和设计工作重点及内涵

层　级	工作重点	内　涵
埋点采集的顶层设计	用户识别	用户识别机制的混乱会导致两个结果：一是数据不准确；二是涉及漏斗分析环节出现异常。因此，应该严格规范 ID 的本身识别机制，跨平台用户识别
	同类抽象	同类抽象包括事件抽象和属性抽象。事件抽象即浏览事件，点击事件的聚合；属性抽象即通过多数复用的场景来进行合并，增加来源区分
	采集一致	采集一致包括两点：一是跨平台页面命名一致；二是按钮命名一致。埋点的制定过程本身就是规范底层数据的过程，所以一致性特别重要
	渠道配置	渠道主要指的是推广渠道，如落地页、网页推广页面、app 推广页面等，落地页的配置要有统一规范和标准
埋点采集事件及属性设计	业务分解	梳理确认业务流程、操作路径和不同细分场景，定义用户行为路径
	分析指标	对特定的事件进行定义，是核心业务指标需要的数据
	事件设计	app 启动和退出、页面浏览、事件曝光点击等
	属性设计	用户属性、事件属性、对象属性、环境属性等

行加工的一种行为。对数据进行标注有两种意义：其一，使人类经验蕴含在标注数据之中；其二，使标注数据信息能够符合机器的读取方式。通常，数据标注的类型包括图像标注、语音标注、文本标注、视频标注等种类。数据标注包括：矩形框、多边形、圆形、椭圆形、折线、点、扣图、OCR、3D 框、3D 点云等全系列标注工具。

数据标注为人工智能企业提供了大量带标签的数据，供机器训练和学习，保证了算法模型的有效性。未来随着深度学习技术的成熟，将有极大部分数据可以省去数据标注。

4. 数据和服务增值

通过基于人工智能的数据处理和挖掘，人工智能物联网将赋能实际应用，并产生附加价值，如获得服务偏好、个性化行为特点、领域的发展趋势等，帮助服务提供者开发出新的增值业务。人工智能技术在产品、服务中的应用以数据为基础，由于数据中包含大量业务信息，所以人们利用数据进行“训练”以得到算法模型。算法模型是人工智能产品的核心，通过大量数据来确定一种运算模式，这个过程称为“训练”，所得到的运算模式就是算法模型，如图 8-10 所示。在算法模型确定后，将新的数据输入算法模型，从而得到相应的结论。所以，在智能产品的构建过程中，数据是十分重要的，它直接影响算法模型的质量。

数据就像空气一样，无时无刻不在我们的生活中随处不断增长，产生大量的数据。例如，出行可以记录地点、路线、距离、时间点与耗费的时间；消费可以记录偏好、频率、金额；使用任何产品、服务的操作行为与相应的反馈过程。这些数据通过传感器、手机应用、交通视频终端、检测器等被跟踪、采集。虽然单个用户数据价值有限，但公司通常可以通过识别数千个用户大数据来挖掘和取得强大的洞见。采集到的数据一般无法直接应用，需要对其进行一定的处理，才能将其用于数据分析或人工智能模型构建。

在从数据到需求的产品设计过程中，首先聚焦于数据获取，主要有采集和向外购买两种方式，以认真分析采集积累下来的数据都有哪些；如不够全面或数据量不足，是否需要再外购数据。其次，需要对需求进行聚焦，对业务进行分析，重点分析的内容要满足这些需求需要哪些数据支撑。满足一个业务需求，可能需要很多数据支撑，这些数据有些已经被积累，有些则没有被积累。采集的数据都是用户和商业信息，这些信息可以用于改进产品，也可以用于数据分析，而购买的标注数据可以作为训练集用于建立模型。此外，此阶段应该清楚针对某个特定需求哪些数据已经被积累，哪些数据需要外购，哪些数据在以后的公司发展中需要积累。

例如，来自不同传感器的信息（如汽车的发动机温度、节气门位置和油耗）可以揭示性能与汽车工程规格的关系。将读数组合与问题的发生联系

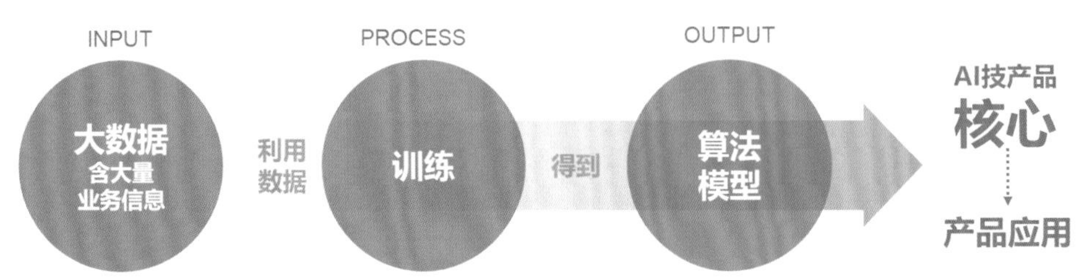

图 8-10 人工智能技术通过大数据—训练—算法模型为基础的产品应用

起来可能很有用，即使问题的根本原因难以推断，也可以对这些模式采取行动。例如，来自测量热量和振动的传感器的数据可以提前几天或几周预测即将发生的轴承故障。捕捉这些见解是大数据分析的领域，它融合了数学、计算机科学和业务分析技术。数据来源、分析与洞见创建价值框架如图 8-11 所示。

未来为了更好地了解产生的丰富数据，可以部署数字孪生，能够可视化在数千里之外的产品的状态和状况，还可以为如何更好地设计、制造、操作和服务产品提供新的见解。

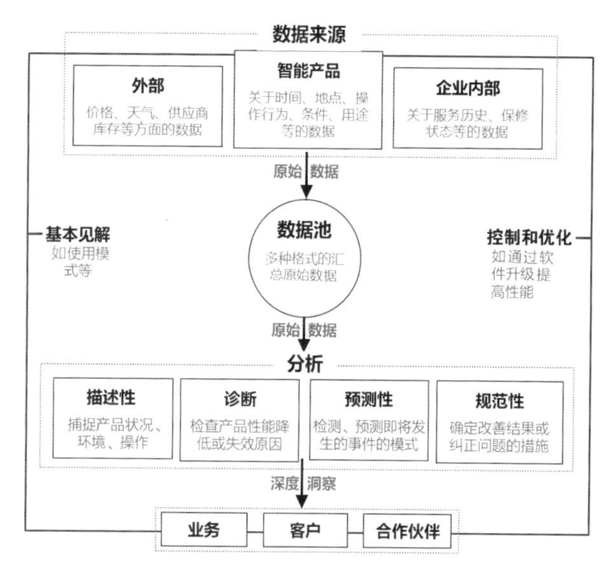

图 8-11　数据来源、分析与洞见创建价值框架

8.3　功能设计

美国西北大学教授菲利普·科特勒（Philip Kotler）指出，产品满意度是指顾客对一个产品的可感知的效果通过与他的期望值相比较后，所形成的愉悦或失望的感觉状态。随着市场竞争的加剧，顾客的满意程度将直接影响消费者对企业或产品的忠诚，从而影响消费者的黏性。因此，各大公司或产品都希望能够掌握顾客的满意程度，以便制订相应的产品设计开发战略和计划。

设计作为人类最具创造性的工作之一，涉及“做正确的事”和“正确地做事”。前者涉及在市场机会、竞争基准、客户需求、价值主张、设计目的、功能要求、评估标准、设计约束等方面制定独特的设计问题；而后者涉及通过生成、评估、选择、可视化、原型制作和优化最佳设计解决方案来解决制定的设计问题。长期以来，工程设计的重点主要在于“把事情做对”。近年来，人们越来越认识到，通过制定一个合理、有意义、现实和独特的设计问题来“做正确的事情”同样重要。

一个典型的产品开发项目通常会从一个不明确的问题出发，经理、设计师和工程师必须经过一个结构化的过程，才能将定义不明确的问题逐步转化为明确定义的问题。因此，功能设计被定义为通过将一组客户需求转换为一组功能需求来制定明确定义的设计问题的过程。如果把功能设计看作一个“黑匣子”，那么它的输入是从不同渠道收集的大量多样化、非结构化和不一致的客户需求，则它的输出是一小组定义明确、明确指定、结构良好的客户需求，其重要性不言而喻。给定一组客户需求，可以根据设计师的学科知识和推理制定各种高度不同的设计问题。另外，功能设计是最具挑战性的设计工作之一，这主要是由于客户需求的特点（即功能设计的输入）决定。首先，从各种渠道（如客户的搜索历史、购买历史、产品评论、使用模式、社交媒体上的帖子、对设计师的采访等）收集大量客户需求，设计师必须以高效、系统和准确的方式从此类大数据中提取有用的信息。其次，由于电子商务的快速发展，如今的客户不仅要求越来越高，而且需求也明显多样化起来，进一步增加了理解客户需求的难度。最后，它需要各种方法（如背景调查、民族志研究、定性数据分析等）以社会科学为导向来分析客户需求。然而，由于这些方法的定性性质，它们中的大多数对工程师来说相对陌生。

对于用户而言，产品的每个功能的价值并非都是相同的，有些产品功能并不会让用户的满意度得到提升。需求优先级的分析方法大致可以分成两大类：一类根据分析人员的经验主观地对需求进行优先级分类，称为定性的分析方法；另一类根据调查数据，对调查数据进行分析，得出需求的优先级分类，称为定量的分析方法。因此，如何合理制定产品需求—功能优先次序，让有限的资源创造顾客价值效应最大化显得非常重要，常见的工具有价值—复杂度矩阵、需求—功能优先评估：卡诺模型及 RICE 评分系统，以下分别介绍。

1. 价值—复杂度矩阵

根据需求的价值和研发 / 部署的复杂度，形成价值—复杂度矩阵，通过对比每一个需求的价值和需要实现的复杂度来进行对比，对每个需求进行评估；然后，通过确定需求的价值和复杂度，展示在一个由价值和复杂度形成的平面直角坐标系中，从而形成一个可视化的图像（图 8-12）。将这个图像分割成 2×2 的分割矩阵，这样就可以将所有需求分割在 4 个区域内了。

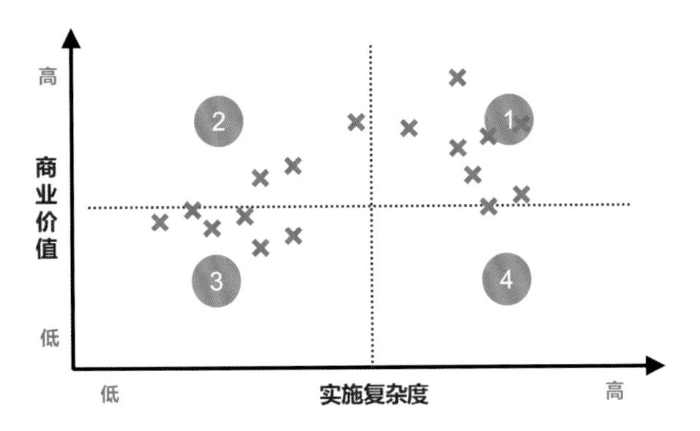

图 8-12 价值—复杂度矩阵

在确定需求的价值时，某一项（或某一类）需求的价值并不是一成不变的，而是会随着时间的变化而改变，也会随着产品需要达成的阶段性目标的变化而变化。而在确定需求的复杂度时，每一个需求都需要实现，一般我们可以用（预计）工作时长来表示该需求的复杂度。但需求价值与复杂度由谁来确定呢？一般由设计开发团队高层或外聘了解整个项目的专家参与，这样可以较快速地做出关于需求价值的排序，但人数不宜过多（4 ～ 6 人为宜），这样才比较容易达成共识。

价值—复杂度矩阵各区介绍：第 1 号区域，高价值、高复杂度，这些需求都属于重要的需求，但是实现起来很困难，必须有足够的时间（精力）去处理，因此应该优先处理该区域内的需求。第 2 号区域，高价值、低复杂度，这些需求做起来绝对是一本万利，性价比最高，所以可以优先处理。第 3 号区域，低价值、低复杂度，这些需求虽然实现起来比较简单，但是也不会带来什么价值，性价比也就不是很高，所以可以把它们列入需求列表里，如果资源允许就做，如果资源不允许就舍弃。第 4 号区域，低价值、高复杂度，复杂且价值低，应将其排除。

2. 需求—功能优先评估：卡诺模型

卡诺模型（Kano Model）是由日本东京理工大学的质量管理教授狩野纪昭（Noriaki Kano）于 1984 年提出的，通过分析需求对用户满意度的影响，以及产品性能和用户满意度之间的非线性关系，从用户角度进行需求分类和需求优先级排序的工具方法。该模型根据要素充足与否的特性和用户满意度之间的关系可分为 5 种类型，如图 8-13 所示。

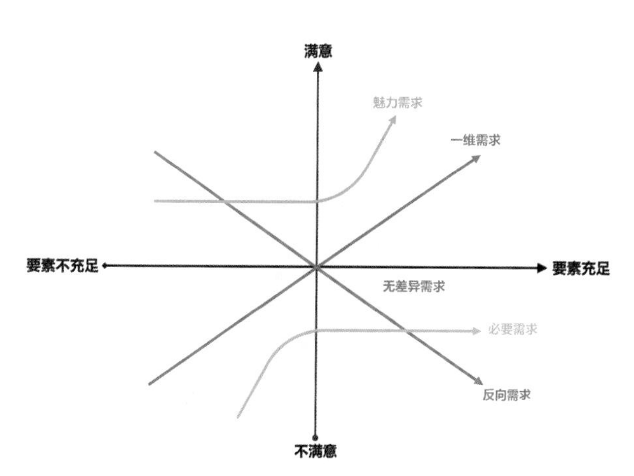

图 8-13　卡诺模型需求类型二维属性归类

该需求 / 功能要素的具备程度越高，越向左边则表示具备程度越低。纵坐标表示顾客或使用者的满意程度，越向上表示越满意，越向下则表示越不满意。根据坐标的相互关系，将其划分为以下 5 种类型。

（1）必要需求。必要需求是指顾客对产品该功能 / 品质要素视为基本要求。当该功能 / 品质要素具备时，顾客觉得理所当然；当该功能 / 品质要素不具备时，顾客满意度大幅滑落。显然，在这类功能上投入研发并不会显著提高客户的满意度，但可以建立产品的竞争门槛。

（2）一维需求。该功能 / 品质要素与顾客满意度呈现线性正相关关系。当该功能 / 品质要素具备时，顾客对产品满意度提升；当该功能 / 品质要素不具备时，顾客满意度滑落。这类需求可以在一定程度上提升用户满意度，但与此同时大部分的竞争对手也会在这方面持续投入，这方面的投入产出比通常近似线性。

（3）无差异需求。该功能 / 品质无论提供或不提供，用户满意度都不会有所改变。因为用户根本不在意该功能 / 品质存在与否。所以，此类需求在产品设计上应忽略。

（4）魅力需求。魅力需求是指顾客对产品该功能 / 品质视为兴奋 / 尖叫要素，顾客意想不到且容易创造高度满意度的要素。当此要素不具备时，顾客不会意识到；当此要素具备时，顾客满意度会大幅提升。这类的需求在产品设计上应优先集中资源，从而能发挥较高的满意度效益。

（5）反向需求。该功能 / 品质要素与顾客满意度呈现线性负相关关系，即用户对此功能 / 品质是负效用的，提供后用户满意度反而会下降；反之，当此项不充足时，满意度反而会以线性比例上升。因此，这类的需求在产品设计上应忽略，不须提供，这样反而能发挥较高的满意度效益。

卡诺模型需求类型分类相关操作可通过卡诺问卷获取，经实测后的量化数据，然后通过卡诺二维属性归类和 Better-Worse 系数分析获得该功能 / 品质的类型，最后优先选择重要度高的功能 / 品质纳入设计开发。卡诺模型评价结果对照如表 8-11 所示。

卡诺模型可以帮助产品设计团队将收集到的用户需求进行分类，也可以帮助产品设计团队了解用户对产品功能的看法，并在资源有限的情况下识别出哪

表 8-11 卡诺模型评价结果对照

产品 / 服务需求	负向（如果产品不具备功能，您的评价是）					
	量表	我很喜欢	它理应如此	无所谓	勉强接受	我很不喜欢
正向（如果产品具备功能，您的评价是）	我很喜欢	Q	A	A	A	O
	它理应如此	R	I	I	I	M
	无所谓	R	I	I	I	M
	勉强接受	R	I	I	I	M
	我很不喜欢	R	R	R	R	Q

些产品潜在需求能够创造较多用户满意，从而确定需求开发的优先级，让资源投入产出比最大化。

3. 需求—功能优先评估：RICE 评分系统

RICE 评分系统是一个产品管理优先级排序工具，它用一个简单统一的思考框架来帮助评估不同项目的影响力。RICE 评分系统是 4 个评估项目的首字母缩写，即接触数量（Reach）、影响程度（Impact）、信心指数（Confidence）和投入精力（Effort），如表 8-12 所示。

如何总结 4 个因素从而得到 RICE 分数呢？可参考如图 8-14 所示的计算公式。

式中，接触数量——这个项目会影响多少用户？

$$\text{RICE分数}=\frac{\text{接触数量（Reach）}+\text{影响程度（Impact）}+\text{信心指数（Confidence）}}{\text{投入精力（Effort）}}$$

图 8-14 RICE 计算公式

（在限定的时间内估计。）

影响程度——对每个用户的影响程度是怎样的？（巨大影响 =3x，高 =2x，中 =1x，低 =0.5x，极低 =0.25x。）

自信指数——你对自己的预估有多少信心？（高 = 100%，中 =80%，低 =50%。）

投入精力——项目需要多少人 / 月？（使用整数，最少为 0.5 人 / 月。）

如何确定需求的先后顺序呢？把这些因素综合成为一个单一的分数，这样就可以一目了然地比较不同项目得分，并可以用这个分数来解释任务的优先程度。一个好的优先级框架可以帮助你清晰地考虑项目想法的每一个因素，并以一种严格、一致的方式将这些因素结合起来。

表 8-12 RICE 评分系统优先级的 4 个评估项目及内涵

评估项目	内　涵
接触数量	指用每个时间段的用户数或事件数来衡量，考察一个需求在一定时间段内会影响多少用户。这可能是“每季度客户数量”或“每月交易数量”，尽可能使用产品指标的实际测量结果
影响程度	关注项目中直接影响结果的数据，评估独立个体的影响程度，以此来预估这个项目对个人产生的影响。可以分为巨大影响、高、中、低、极低几个标准；或者设定几个加权选项：3 代表“重大影响”，2 代表“高度影响”，1 代表“中度影响”，0.5 代表“低度影响”，0.25 代表“极低度影响”
信心指数	为了遏制对于鼓动性强但概念不明的想法的热情，需要把评估的置信水平也考虑进来。有些需求有创意但无数据支持而显得不明确，在评估时可以把信心指数考虑进去，可以分高为 100%、中为 80%、低为 50% 这 3 个档次
投入精力	从团队的所有成员出发，去评估一个项目需要的时间总量。为了迅速行动并且事半功倍，估算项目需要团队的所有成员（产品、设计和工程）的总时间。投入精力的预估努力程度的评估是以“人 / 月”（一个团队成员一个月的工作）为单位对努力程度进行评估的

8.4　用户体验

“体验经济”(Experience Economy) 由根据《哈佛商业评论》中《欢迎进入体验经济》一文提出，其含义为：以服务为舞台，以产品作道具，从现实生活与情境出发，塑造感官体验及思维认同，以抓住顾客的注意力，改变消费行为，并为产品与服务找到新的生存价值与空间。概括来说，体验经济就是当产品与服务已经“内卷”到高度同质化时，使用户获得最佳的体验，便成为设计的突破口。体验经济被视作服务经济的延伸，有望成为继农业经济、工业经济和服务经济之后的第四类经济类型。

体验是人们在特定的时间、地点和环境条件下的一种情绪或者情感上的感受。在经济学领域对体验要素的研究中，美国营销学家伯德·施密特 (Bernd H.Schmitt) 在《体验式营销》中从经济学视角将用户体验分解为共享体验及个体体验两个维度，并在此基础之上提出感官、情感、思考、行为、关联五大体验要素 (如表 8-13 所示)，构建了体验的维度与体验的要素间的逻辑关系。其中，感官体验是诉诸视觉、听觉、触觉、味觉和嗅觉的体验；情感体验是顾客内心的感觉和情感创造；思考体验是顾客创造认知和解决问题的体验；行为体验是影响身体体验、生活方式并与消费者产生互动的体验；关联体验则包含感官、情感、思考与行动体验的很多方面，其又超越了个人感情、个性，加上“个人体验”，使个人与理想、自我、他人或是文化产生关联。

用户体验源于人机交互设计领域，以可用性和以用户为中心的设计为基础。以用户为中心的设计是一种设计理念，为用户体验实践者提供了一系列的流程和方法。此后，用户体验设计逐步得到广泛的应用，其内涵在不断扩充，涉及的领域也越来越多，如心理学、人机交互、可用性测试都被纳入用户体验的相关领域。在人机交互中，设计和开发旨在成功满足用户需求，并提供具备易用性和高性能的系统，它们经常用于正式定义用户参与程度功能。用户体验是指用户在某场景对外部刺激的主观和特定情境的反应，这种反应可以分为多维结构，如认知、情感、行为和社会反应。与“用户体验”相关的词汇比较广泛，如用户、体验、可用性、评估、情感、研究、人机交互、信息、系统、心理生理测量，其中最显著的特征词为用户、体验、可用性和情感。产品或服务活动中的用户体验即用户在特定情境使用产品或服务交互过程中建立起来的主观感受，涉及人与产品、服务或者系统交互过程中的所有方面，反映的是用户内部状态 (倾向、期望、需要、动机、情绪等) 和系统的特性 (如复杂性、目的、可用性、功能等)。在相关标准中，将用户体验定义为人们针对使用或期望使用的产品、系统或者服务的认知印象和回应。

表 8-13　五大体验要素

感官体验	情感体验	思考体验	行为体验	关联体验
诉诸视觉、听觉、触觉、味觉、嗅觉	顾客内心的感觉和情感创造	顾客创造认知和解决问题的体验	影响身体体验、生活方式并与消费者产生互动的体验	使个人与理想、自我、他人或是文化产生关联

目前，用户体验已成为营销管理、产品工程和服务工程领域的流行语，它推动了产品与服务创新、产业升级，帮助人们更好地生活。

在人工智能应用与数字商业生态全面融合过程中增强用户体验方面的创新应用，主要体现在安全、高效和个性化 3 个维度。用户旅程和活动分析（如用户活动建模）是现有研究中分析综合用户体验的两种广泛使用的方法。例如，采用用户旅程视角和人类活动建模方法来识别创造服务体验过程中所有可能的接触点和服务遭遇；使用用户旅程图来呈现用户活动，从而获得对用户体验的感知。在这种浪潮下，现代产品设计在功能上更智能化，在交互方式上更多样化，而针对用户诉求和用户体验的设计要求也达到了新的高度。

1. 用户体验设计

无论产品是完全由软件组成的数字服务（如智能手机应用程序），还是以硬件为中心的实体产品（如拥有多元而持续数据流的特斯拉汽车），都能有效掌握用户行为脉络与需求，提供特定的解决方案，以改进并提升许多方面的用户体验，如人工智能领域中的无人驾驶、智慧门店、VR 购物等。这时用户体验也较之前大不一样了，就是任何人在任何时间、任何地点都可以享受线上线下无边界的智慧服务。在用户体验的设计活动中，如何展开设计，抓住用户的想法、情感、感知，了解用户需求，创造愉悦的消费或使用体验，是用户体验设计的重点；进而在整个商业模式和多角色及多场景中，用创新的设计体验方案去赋能业务，促进商业转化。其中：用户需求 = 目标用户（特征、经验）+ 用户场景 + 用户行为 + 用户体验目标。

根据加瑞特（Garrett）在《用户体验要素：以用户为中心的产品设计（原书第 2 版）》中提到的观点——用户体验设计可从战略层、范围层、结构层、框架层、表现层要素框架展开用户体验五个层面，如图 8-15 所示。用户体验设计层面及内涵如表 8-14 所示。

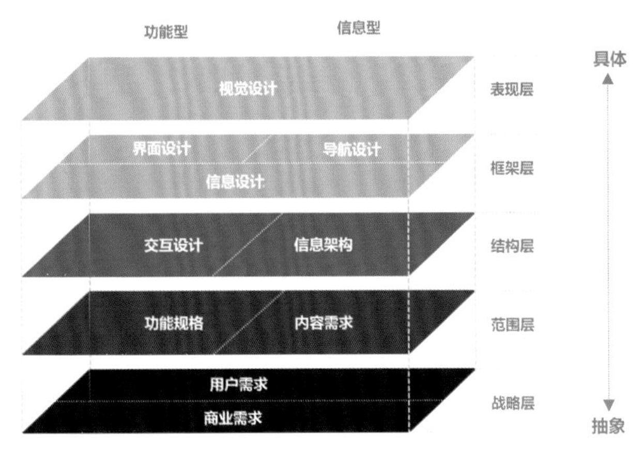

图 8-15 用户体验设计的五个层面

表 8-14 用户体验设计层面及内涵

层 面	内 涵
战略层	明确商业需求和用户需求
范围层	界定功能规格和内容需求
结构层	交互设计和信息架构
框架层	界面设计、导航设计、信息设计
表现层	视觉设计

2. 人工智能对用户体验的影响

数据驱动设计是在智能产品设计过程中，通过运用数据来支持和指导设计决策的方法，贯穿整个产品设计流程。数据资源是极具意义的产品资产，需要利用好产品的用户数据资源，为产品设计带来价值。数据驱动智能产品用户体验设计展开关系如图 8-16 所示。

根据产品的商业目标和业务需求制定产品使用监测体系，通过多维指标模型就能够对用户使用产品情况、用户运营健康度，以及产品的用户体验有全局而清晰的了解，从而转化成相应的产品设

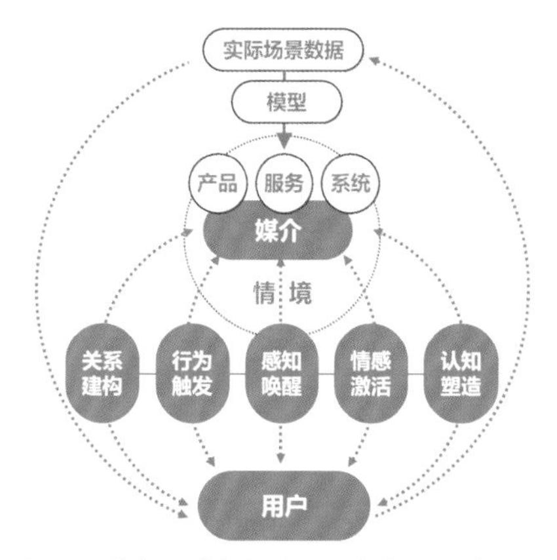

图 8-16　数据驱动智能产品用户体验设计展开关系

计能力，即以用户行为数据监测指导产品设计决策和产品体验评估。因此，在场景—数据驱动设计的智能时代，设计团队要承担产品数据分析的责任和具备相应的能力，通过产品数据解析产品使用状况，进而通过数据验证帮助业务方为产品发展做出产品发展方向和优化的决策。因此，在智能产品体验设计上，可依据图 8-17 所示程序展开用户体验设计。数据驱动智能产品用户体验设计程序及内涵如表 8-15 所示。

数据驱动设计包含两个部分，一是前期设计目标分析及用户研究，二是产品上线后用户数据监测及优化设计。在前期阶段，数据解析可运用于产品需求挖掘和产品用户研究，通过产品的用户数据和使用数据进行分析，推测产品的核心用户群体、潜在功能需求及发展方向，从而指导设计和研究方向。在后期产品上线后，用户数据监测及优化设计主要应用于产品开发后期上线及产品长期迭代过程，通过收集产品设计相关重要指标的埋点数据，验证设计效果是否可以达成预期的设计目标，并可将产品价值数据化、指标化，对其做定期的体验指标跟踪和监测，及时发现问题，以持续优化、迭代。关键因素建立因果逻辑规则如图 8-18 所示。

用户体验产品设计过程根据实验步骤和结果可分为 4 个部分：系统参数设置、问卷制作系统、用户日程安排系统及取消和替代系统。首先，一个公司可以通过预分析和实验规划来设定要求，包括用户类别、人数、实验日期等。一旦这个过程完成，系统会自动存储公司的设置，根据存储的内容生成符合公司设置的调查问卷，并可以通过体验完成填写。体验者结束公司所要完成的内容后，返回填写信息。公司收集好数据后，录入日程，系统分析每个用户的类别，同时启动日程，生成可行的体验流程，即用户需要体验节目时，发送邮件通知公司。系统还会根据公司期望的目

图 8-17　数据驱动智能产品用户体验设计程序

表 8-15　数据驱动智能产品用户体验设计程序及内涵

程序		内涵
1	理解和定义问题	对问题 / 现象进行探索与理解，界定范围与目标，通过分析找出问题的本质
2	数据洞见需求	通过使用信息系统、传感器和物联网技术，可以自动或半自动收集用户行为的大数据，梳理场景、活动、行为、意见、感受、个性和生理反应数据，洞见需求
3	建立模型	关键活动筛选关键因素，建立因果规则，做出有关创新和新服务的决策
4	权衡与决策	以用户感知和满意度作为决策依据，为服务设计创建新的服务概念
5	服务与交互设计	产品与服务流程设计、交互与行为体验设计及智能信息系统制作

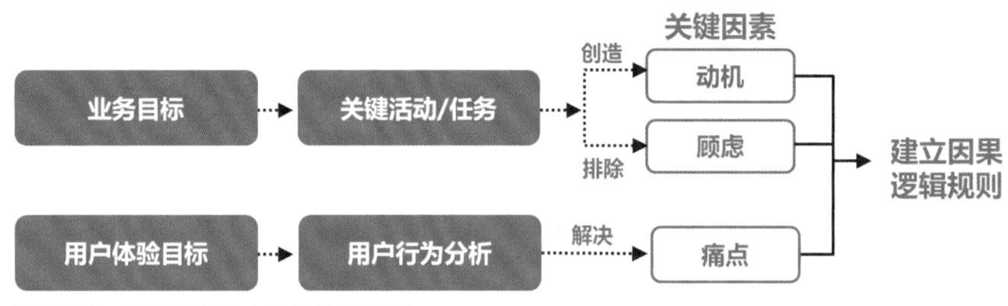

图 8-18　关键因素建立因果逻辑规则

标计算出各类用户的数量，使实验结果符合公司期望。智能产品用户体验决策信息系统开发架构如图 8-19 所示。

机器也可以收集这些信息，以丰富可以在用户身上动态调整的用户体验。事实上，深度学习推理支持用户信息的可用性，范围从年龄和性别等基本信息到生物特征和行为细节的精细检测和分析。对情绪的监测和对源自用户情绪状态的行为的研究为身临其境的用户体验开辟了新的和有潜力的场景。情绪检测可以让体验效果最大化，还可以帮助那些认为某个主题特别无聊或困难的人，通过具有挑战性的游戏和基于游戏驱动学习（Game-Based Learning，GBL）的体验，提升和激发解决问题的能力。

服务体验是在服务环境中产生的，可以直接影响用户对智能家居、医疗服务等的感知和满意度。由于服务遭遇和服务景观产生服务上下文，服务景观以直接或间接的方式影响用户的服务体验。换句话说，我们可以通过服务景观元素生成的服务上下文的总和来实现隐性服务体验的设计。人工智能对用户体验的影响如图 8-20 所示。

人工智能技术的发展和应用，为体验经济的发展创造了更多的可能。首先，在场景体验方面，利

图 8-20　人工智能对用户体验的影响

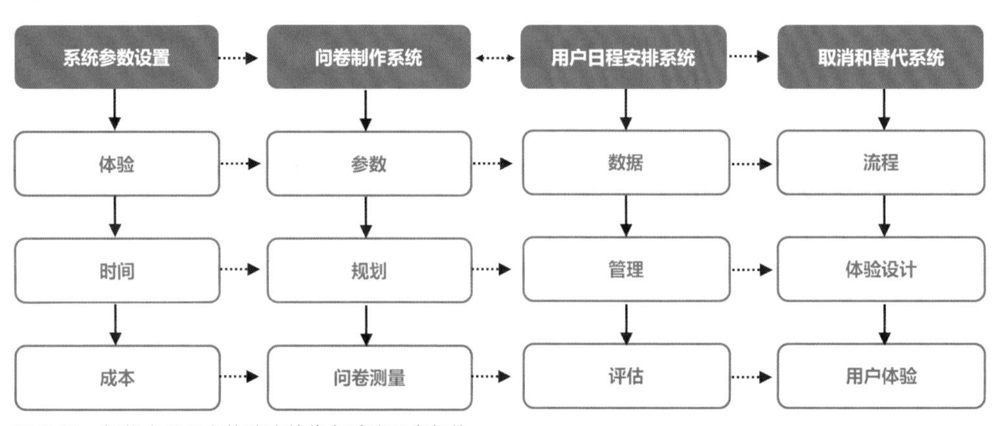

图 8-19　智能产品用户体验决策信息系统开发架构

用人工智能等数字技术实现了对传统商品的数字化改造，而 3D 建模、VR/AR 及 AI 等技术则进一步实现了数字商业内容的多屏互联、多元展示、多维交互，极大地丰富和提升了用户场景体验；其次，以人工智能为核心技术的服务机器人（聊天、导购、客服机器人等），可以为用户提供情感沟通、商品信息咨询、商品购买及售后等方面的一体化服务，提升了用户服务体验；最后，利用人工智能、大数据等技术，对用户数据进行收集和分析，进而将用户数据反馈到门店商品的展示、服务等方面，可以全面提升用户的购物体验。

人工智能技术带来的安全性主要体现在基于计算机视觉等技术实现的精准匹配，如通过人脸识别服务精准且便捷地完成身份信息的查验与匹配，通过数字 ID 服务快速地完成商品的确权等，这些功能的实现大幅增加了用户的安全感，提高了用户的使用体验；在高效性方面，人工智能技术在商业领域的应用使得许多人机交互环节的效率大幅提升，如在语音识别、自然语言处理技术、AI 和 CG 等技术的支持下，实时字幕、实时翻译、实时虚拟形象等功能得到有效实现，语音助手、可视化商品等功能也使得人机交互过程更加高效、形象与直接，使用户拥有了更好的人机交互体验；在个性化方面，以知识图谱等为代表的人工智能技术可以构建用户的背景，了解用户的偏好及与产品之间的交互和关系，从而给予用户个性化的反馈，满足用户个性化的需求，增强其用户体验。

设计的目的是为人服务而不是产品，在智能互联网时代，对每个人而言体验本身具有独特性。随着时间的流逝和场景的移动变化，面对同样的事物所得的体验也有所不同。产品体验的主要构成要素包括用户、产品和体验，并且互相影响。体验本身是一种概念范围，与感受类似。体验的价值则对应着人的需求，即有需求就会有价值的创造，所以人的需求影响体验价值的层次。在体验营销领域，Schmitt、Gentile 和 Brakus 等学者以心理模组理论和神经生理学为基础，研究中体现出了对体验维度的划分。而经过对比研究和分析，对应着人的需求的体验维度更为贴切的是感官体验、情感体验、认知体验、生活方式体验和关联体验。

智能同样也是一个具有层次的概念，人类从原始社会的手工制造到机械化制造、自动化制造，以及发展到现在的智能制造，体现了技术更迭进化的历史。智能是使产品具有识别、认知、学习、诊断、推理分析和处理问题的能力，是在人类智能的参照下提出的一个概念。智能产品的 5 个特性，即自治性、感知性、交互性、迭代优化和移动互联，它们本身也具有一定的智能层级递进关系。首先，符合自适应、移动互联、具有稳定性的智能可以称为物理智能。其次，产品在具有物理智能的基础上，在保持联网、稳定的同时，能够产生逐渐认知事物的功能，这种具有进化性的识别、感知、认知的特性归为生物智能。最后，将能够进行自学习、自组织、自推理、自优化的更高级的智能称为类人智能。

如果一个系统不能满足用户要求和不能为用户提供友好的体验，它可能会过时。因此，用户参与首先必须准确了解用户需求，然后据此开发系统，最终实现产品的有效营销。用户参与在人机交互（Human-Computer Interaction，HCI）领域发挥着至关重要的作用，它特别侧重于提高人与计算系统之间交互的有效性和效率。

3. 基于用户体验的工具

用户移情图显示了用户对任务的看法，并且经常用于表达有关特定类型用户的知识，帮助设计团队了解用户的心态。它们以图形方式将用户知识外化，以建立共同的理解并支持决策。用户旅程图专注于特定客户与产品或服务的交互，可视化用户为完成任务而经历的过程。它们通常用于了

解和解决客户 / 用户的需求和痛点。服务蓝图是用户旅程图的对应物，专注于员工。它们将不同服务或流程组件（包括人员、机器、任何物理或数字证据）之间的关系可视化，反映组织的观点，特别关注服务提供商和员工。常见的基于用户体验的工具及内涵如表 8-16 所示。

表 8-16　常见的基于用户体验的工具及内涵

工　具	内　涵
用户移情图	用户移情图能帮助设计团队成员理解用户的所感所想
用户旅程图	聚焦于描绘特定用户与产品或服务之间的交互过程
体验地图	体验地图概括了跨用户类型和产品类型的用户旅程图的概念
服务蓝图	详细描绘提供服务过程的地图

（1）用户移情图。用户移情图也称同理心地图。主要用来刻画对特定类型用户的认识，客观地描绘了用户的心理活动过程，以帮助设计团队成员更深入地了解用户需求，建立对用户需求的共同理解，还能够帮助决策。

作用：建立与用户的情感共鸣，让设计团队对不同类型用户有统一的认识和理解。用户移情图实例如图 8-21 所示。

（2）用户旅程图。用户旅程图是一种可视化工具，描绘的是用户为达成某一目标所采用的特定产品或服务，通过创建旅程图，呈现其完成某一具体任务或达到某一具体目标的过程，主要用于分析用户需求，能够更好地理解目标用户在特定时间里的感受、想法、行为，从体验的过程中来发现用户在整个体验过程中的问题点与情绪点，从中提取出产品的优化点。

作用：精确地在用户旅程中查找痛点与需求的触点；从用户的视角进行可视化的形式呈现，让设计团队成员对用户旅程有一致的认识。

绘制用户旅程图：首先，收集一系列用户目标及用户行为，并在时间轴上进行分类；然后，加入用户的想法和情绪，进一步充实时间轴上的内容，让整个过程更有叙述性；最后，将过程的叙述浓缩到一张可视化的图中，便于设计师交流看法。

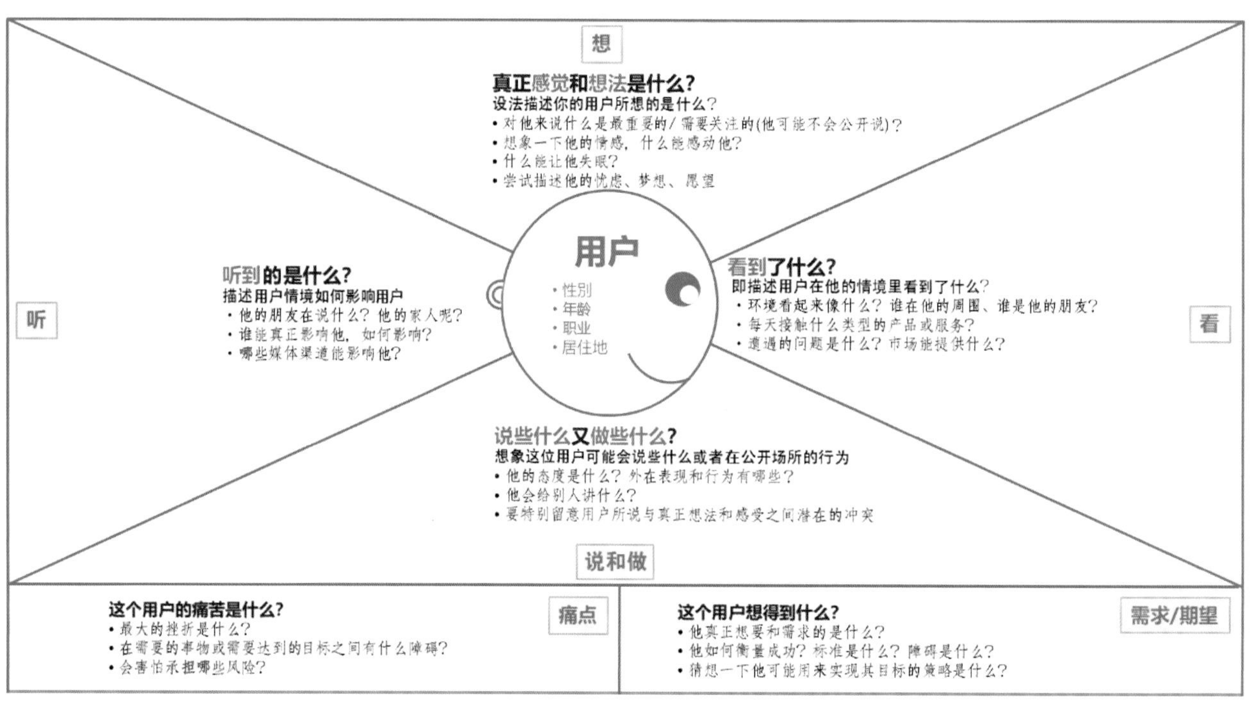

图 8-21　用户移情图实例

用户旅程图实例如图 8-22 所示。

(3) 体验地图。体验地图是从用户角度出发，以叙述故事的方式描述用户使用产品或接受服务的体验情况，以可视化图形的方式展示，从中发现用户在整个使用过程中的痛点和满意点，最后提炼出产品或服务中的优化点、设计的机会点。它用于了解一般的用户行为，与用户旅程图相比较，更加具体且侧重于相关的特定业务。提供了一种用户的主观感觉，帮助设计师了解用户使用某项功能的更大动机，其指导目标是让设计团队成员更好地了解用户，其形式可依实际情况调整发挥。

作用：了解用户的一般行为，记录行为、情感；发现问题点、满意点；提炼优化点、机会点；建立对用户体验的基本了解。

体验地图基本格式如图 8-23 所示。

体验地图常见的内容包括使用者需求 / 体验触发的目的，体验阶段，心理状态（如注意力、态度、动机、情绪等），用户的情绪，在体验中的想法、感受和反应，交互连接类型，用户活动 / 交互（主要指体验的要点），系统操作（对系统交互点的看法）等。

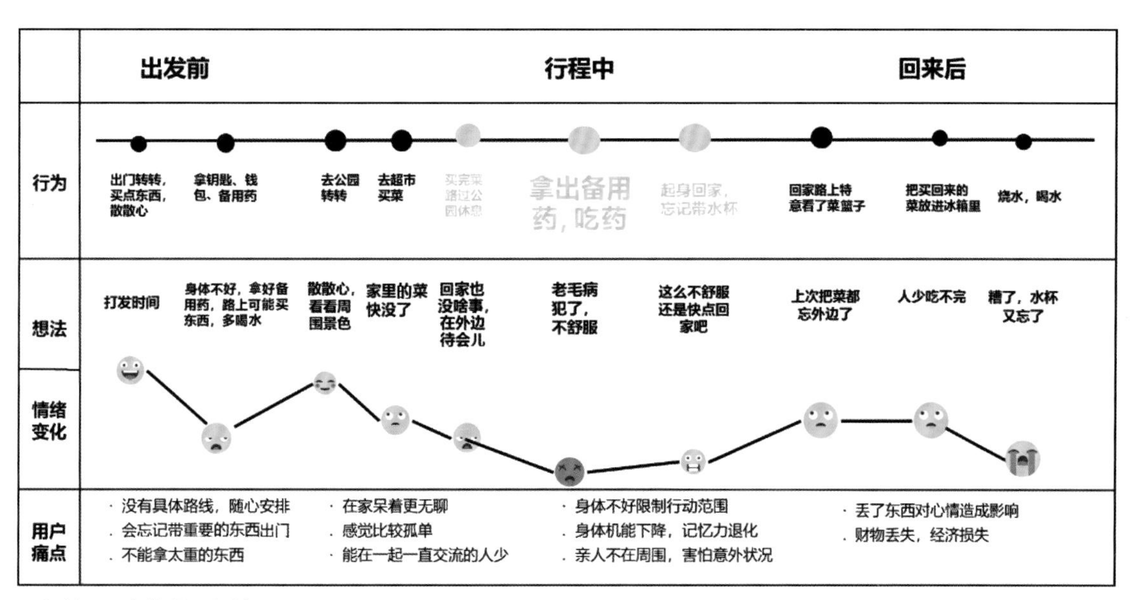

图 8-22　用户旅程图实例

横轴（时间/步骤）

阶　段	步　骤　一	步　骤　二	步　骤　三	……
目标	用户的痛点、需求、期望			
行为	需要做的事			
接触点	用户完成目标时需要承载的媒介或进行下一步之前需要回答思考			
想法	积极：改善体验；问题：挫折、负面体验的事			
情绪曲线	以接触点为基准节点，描述用户体验过程中情感变化			
痛点/机会点	可在新产品和服务中增强体验的功能			
……				

纵轴（分析要点）

图 8-23　体验地图基本格式

做法：确定体验方向、体验主题；前期用户资料收集、整理；具体绘制用户在每个不同阶段的行为、想法、感受和体验；挖掘痛点与机会点。

(4) 服务蓝图。服务蓝图是将不同服务组件（人员、道具和流程）之间的关系进行可视化呈现，且与特定用户旅程中的接触点直接相关。可以说，服务蓝图是用户旅程图的延伸，不仅关注服务对象，而且关注服务提供方，如公司雇员和合作伙伴等。

作用：反映了设计团队的观点，系统呈现内部与外部人、事、物之间的关联。

服务蓝图实例如图 8-24 所示。

4. 用户体验评估

为了解释不同应用中的用户体验，目前不同学者对用户体验的概念化和建模有不同的看法。影响因素是用户体验概念化和建模的一个关键方面，它直接影响在各种环境中创建所需的体验。在产品生态系统的背景下，需要考虑用户体验的影响因素，如其他用户、产品、情境、社会和文化。显然，不同情境下用户体验的影响因素差异很大，因为交互事件、元素和工具存在差异。通过研究发现影响用户体验的 4 个要素：认知、情感、身体和感官、社会因素。心理学研究表明，情绪会刺激行为，有些情绪会导致渴望接近刺激或情境。如果刺激本身与情绪品质相关，就会引发情绪反应。

用户体验是比较广泛的，是一个关于产品总体印象的多维结构，如交互的效率、交互学习的难易程度、使用产品的乐趣或用户界面的美感。它涉及用户的主观感受、信念、偏好、认知、印象、心理、成就等。用户体验评估就是评价、估量和测算产品为用户带来的主观使用感受是否满足并达到目标。在进行用户体验评估时，需要考虑下面 3 个主要的特征。

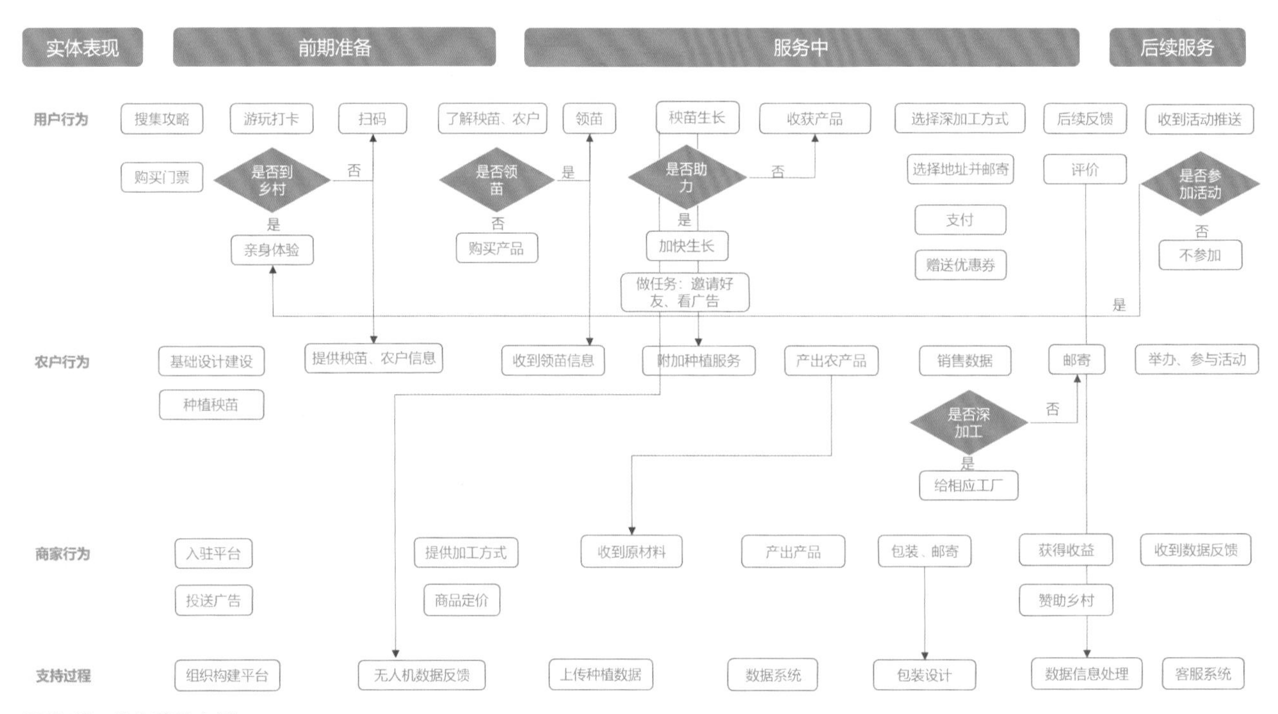

图 8-24　服务蓝图实例

资料来源：“社会创新设计”课程课题演练作业，学生：杨欣露、吴皎月、王贞颖、樊丁、申汶昕。

(1) 有用户的参与。

(2) 用户与产品、系统或者有界面的任何物品进行交互。

(3) 所关注的问题是可观察的或可度量的(Metrics)。

学者 Hinderks 等针对用户体验评估提出 6 个构面，分别为吸引力、效率、清晰性、可靠性、刺激、创新性。用户体验评估的 6 个构面及内涵如表 8-17 所示。

表 8-17　用户体验评估的 6 个构面及内涵

构　面	内　涵
吸引力	看起来应该是有吸引力的、友好的和令人愉快的
效率	应该以快速、高效和务实的方式完成任务
清晰性	使用过程应该易于理解、清晰、简单、易学
可靠性	交互应该是可预测的、安全的并符合期望的
刺激	使用过程应该是有趣的、令人兴奋的和激励的
创新性	应该是具有创新性、创造性的设计

用户体验评估用于描述用户在特定使用环境中使用产品、系统或接受服务所产生的感知和反应。感知和反应可以是身体的、心理的或两者兼而有之，而上下文可以是瞬间的（交互过程中的特定感觉变化）、偶发的（对特定使用情节的评估）或累积的，经验时期（对系统的看法）作为一个整体使用了一段时间后，衡量用户内部状态的主观感受。测量用户体验的两个主要构面分别为绩效和满意度。

测量用户体验的两个主要构面及其内涵如表 8-18 所示。

表 8-18　测量用户体验的两个主要构面及内涵

构　面	内　涵
绩效度量	与用户使用产品、与产品发生交互所做的所有工作有关。它包括测量用户能成功完成一个任务或完成一系列任务的程度。常见的绩效度量类型包括任务成功、任务时间、错误、效率、易学性
满意度度量	主要从用户的角度关注用户对产品的主观情感体验与感受，评估用户对产品的主观满意度水平

8.5　原型与测试验证

在产品设计和研发过程中，很多人经常会忽视原型制作。原型就是将构思的想法通过原型付诸实践，评估测试用户需求、想法，以及产品功能、外观、交互等相关假设问题，解决方案可用性等体验并收集反馈和修正。原型与测试验证可以在产品设计开发中的任何阶段进行，可以有效地确保每个环节符合设计目标，降低产品设计开发风险，提高产品成功率。

原型与测试验证目的如图 8-25 所示。

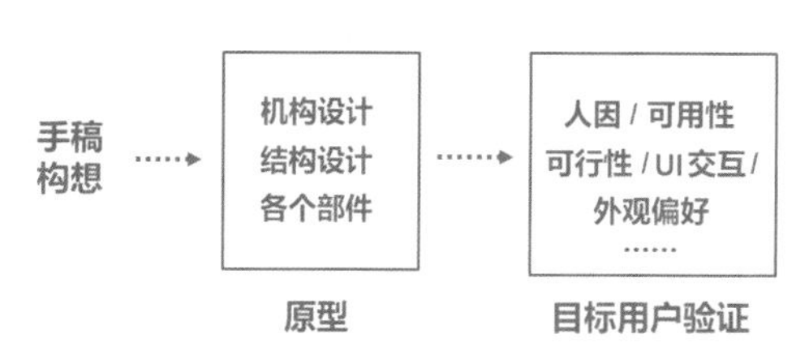

图 8-25　原型与测试验证目的

1. 原型制作

产品构思阶段中的原型是设计团队动手将想法快速简要地制作出来的，目标是将构思具体化。以原型作为沟通的工具，让设计团队能够快速测试。其作用不仅是确认用户是否喜欢构思阶段提出的解法，而且要验证设计团队从同理心到设计定义这两个程序步骤中挖掘出的洞见是否正确。如果这些对用户的假设是错误的，那接下来做的细部设计就不能解决用户真正的痛点。通过原型的测试验证，设计团队可得知假设是否正确，在确认用户的痛点后，后面的解法才有意义。此逻辑在设计其他阶段不同环节也是成立的。基于以上，构建产品原型能够带来的好处通常体现在如表 8-19 所示的几个方面。

设计团队制作的原型会随着项目进展表现出不同程度的精细度，无论粗糙还是精细，制作出足以得到用户真实回馈的模型才是重点。因此，根据设计物忠实程度（保真度）的不同，原型可划分为高保真原型和低保真原型。高保真原型几乎按照实物来制作；反之，低保真原型就如接口设计中框架图或纸质原型一样。

(1) 低保真原型，是对产品概念相对粗略的表达，通常将视觉效果、内容真实性及交互性降至很低，如仅用黑、白、灰色来创建原型，不考虑字体类型等，因为制作低保真原型的目的通常是表达设计方案或产品概念，便于利益关系人进行评估。常见的低保真原型形式为纸质原型和框架图。其关注的重点应该是设计是否合理、概念是否有吸引力，而非界面是否美观，因为这些设计细节对验证早期的设计问题来说是不必要的，过早地对这些内容进行设计可能还会妨碍设计方案的验证。

(2) 高保真原型，在设计细节上与最终要对外发布的产品最为接近。高保真原型的构建需要花费更多时间，因为它呈现了更多细节。此外，高保真原型对设计师的专业水平也有一定要求，需要设计师具备视觉设计能力与交互设计能力。高保真原型通过模拟真实产品的界面与交互为用户提供完整的用户体验，让用户觉得他们正在使用的就是真实的产品，进而获得用户最真实的反馈。通过高保真原型实现的可用性测试更加全面，不仅可以测试产品的操作流程，而且可以对单个页面的元素布局、交互方式等进行测试。

在制作原型时，必须注意自己是否针对单一假设做原型，不要把多重的假设放在同一个原型中做测试，不然会因因果关系联结受到干扰，让测试验证结果失真。因此，单一假设原型才能让测试更为正确。这也是为什么人们希望原型可以粗略一些，因为有时候若制作得过于精细，受测者很可能会被干扰。一个原型可以是任何东西，可以是整面墙壁的

表 8-19 产品原型与测试验证的好处

验证想法了解事实	所有基于产品的设计、概念、创意，在没有实际做出来之前，都只是未经验证的假设。通过快速制作原型并对各种猜测和想法进行验证，能帮助产品设计团队了解客观事实，学习到产品各部件在实际环境中是如何工作的及它们之间的联系
完善产品优化设计	在原型的测试和评估中，产品设计团队能够更有针对性地对产品概念和设计方案进行迭代和优化，直到达到一个令人满意的评估结果
演示产品高效沟通	将想法转化为原型，能够帮助其他人更具体地理解概念。在设计团队合作时，常会出现各种状况，假如有原型，就可以具体根据原型进行沟通，达到有效沟通。一个可视化的产品原型能够帮助产品设计团队向产品的利益关系人更好地展示产品概念。此外，原型也有助于产品设计团队内部的高效沟通
启发思路获得灵感	动手制作原型有助于思考，能帮助设计团队想出更多的解决方法。在制作产品原型的过程中，产品设计团队往往会产生新的创意和想法
进一步了解用户	制作原型必须考虑用户与使用情境，因此在制作原型时，设计团队很可能会发现先前对用户的了解不够深入，这时会迫使设计团队进一步去了解用户
化解歧见	到底是 A 功能好，还是 B 功能好，是说不准的，此时直接做出来测试原型能协助设计团队摆脱不断争辩的困境

便笺，可以由角色来扮演示范，也可以是一个空间、一个物品、一个接口，甚至可以是一个故事板。

常见原型类别与适用情况如表 8-20 所示。

在项目前期的探索阶段，尽量快速打造原型，粗糙也无妨。在材料准备上，以点（球状物、方块等）、线（棉线、麻绳、铁丝、木棍等）、面（纸张、布）及连接材（胶带、胶水）为分类，尽可能备齐这几类材料。重点是要让设计团队可以快速地从中学习，并探索更多不同的可能。

2. 测试验证

测试验证是基于用户对每个概念的假设及其重要性，找出最重要的假设，让用户在操作、互动或沉浸于原型时，通过现场的观察或采访来确认该假设，并使设计团队能够从原型中获得经验，同时使原型与用户的沟通更加流畅。因此，设计师需要设计出一个基于现实的样机，这样才能在以后的测试中获得更准确的用户反馈，以理解用户行为并发现产品问题。测试验证循环如图 8-26 所示。

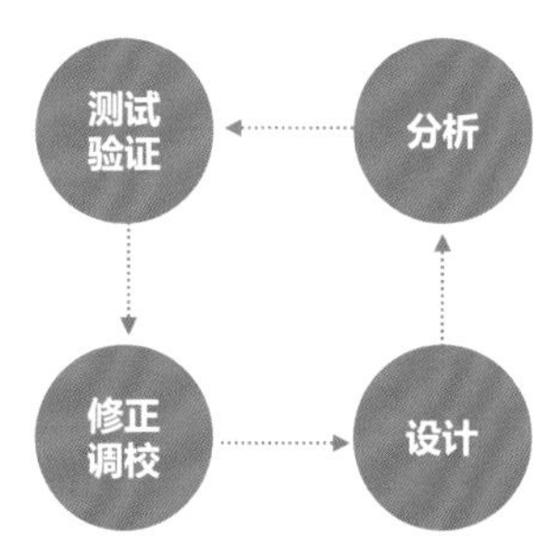

图 8-26　测试验证循环

在这一阶段，尽量模拟实际应用中所遇到的情况，收集反馈，并通过测试来检验以前的设想，或设计的观点，以达到收敛的目的，并获得更多的信息并修正。测试验证的目的如表 8-21 所示。

表 8-20　常见原型类别与适用情况

类　型	描　述	保真程度	适用情况
草图	手绘稿	低	初期概念构思
图标 / 图解	呈现点子，形成变化或概念关联	低 / 中	初期概念与流程构思
框架图	系统 UI 交互界面设计	低	空间、流程、结构
纸板	用纸板建立或改进产品实体	低	外形轮廓与人因适配
黏土 / 油土 /PU	建立实体外观	低 / 中	外形轮廓与人因适配
3D 建模	用计算机辅助设计三维软件设计产品实体	低 / 中 / 高	概念构思、模拟适配
3D 打印	用 3D 打印机制作实体	中 / 高	概念构思、模拟适配
写 / 讲故事	以文字 / 语音说明愿景故事	低	设想
故事板	用分镜手法说明愿景故事	低 / 中	模拟体验
视频	用动态写真方式说明愿景故事	中	模拟体验
小型电路板	带微处理器功能的小型电路板，用以实现功能原型	中 / 高	功能模拟体验
界面软件	模拟 UI 交互，如 Figma、XD、Axure RP 等	中 / 高	功能模拟体验

表 8-21　测试验证的目的

优化原型与解决方案	借由测试搜集来的反馈能打造更精准的原型，并作为优化解决方案的依据
更深入了解用户	设计团队能在测试阶段再一次贴近用户，来观察用户并搜集其反馈，设计团队可能在这步骤得到意想不到的洞见
测试并优化设计观点	有时测试不仅能协助设计团队证实解决方法是否有效，而且能帮助设计团队厘清是否设定正确的设计观点

例如，儿童哮喘吸入器外形原型验证如图 8-27 所示，《稚愈 ZHIYU 儿童哮喘交互健康系统设计》App 交互界面设计如图 8-28 所示。

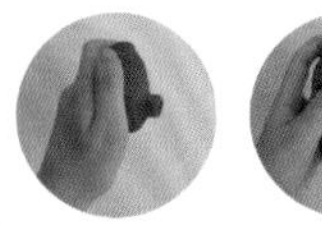

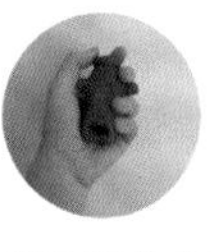

根据构思的外观及尺寸，用黏土作为原型验证儿童握感与使用行为是否合理。

图 8-27 儿童哮喘吸入器外形原型验证

资料来源：李诗颖，《稚愈 ZHIYU 儿童哮喘交互健康系统设计》，指导老师：黄国梁。

图 8-28 《稚愈 ZHIYU 儿童哮喘交互健康系统设计》App 交互界面设计

资料来源：李诗颖，《稚愈 ZHIYU 儿童哮喘交互健康系统设计》，指导老师：黄国梁。

总体而言，测试验证是一个定性的流程，但可以给每个任务加上一些基本的定量指标。其一般有以下 4 种类型，如表 8-22 所示。

表 8-22 测试验证的主要类型及内涵

类 型	内 涵
探索式	对初期的概念进行测试，并评估它们的可行性
评估式	在实现的过程中对功能进行测试
比较式	对两种不同的设计进行比较和评估
验证式	在开发的后期阶段，检测功能是否达到特定标准或符合特定规定

用户测试是以人为本设计的基本方法，设计团队借受试者测试来优化设计方案，同时也便于了解用户需求。其最基本的原则是在制作原型时把设计构思当成对的，大胆尝试，但在测试时依据假设小心求证。此外，要关注受试者对解决方案的回馈，利用测试的机会对用户加以更深的同理心。在测试准备时，应根据典型用户特征招募符合条件的 5 ～ 7 个受试者，挑选受试者时应注意用户群特征值的平衡。在测试时，借情景模拟让他们跟原型互动，并在互动过后深入访谈，取得他们的回馈。

在规划测试验证时，应明确定义想要测试的目标或假设：想了解什么？想测试什么？想让谁来主导测试，以及在哪里测试？在测试执行时，应根据经验，首先描述一个场景，然后在这一场景下测试多个点子或一个点子的多个变化，这样测试效果是最好的。在测试与分析时，可以积极观察用户如何使用（误用）所给的原型，若被误用不用马上去纠正，而是继续观察与记录，以利后续找出误用原因。测试验证程序及内涵如表 8-23 所示。

表 8-23 测试验证程序及内涵

程 序		内 涵
1	测试准备	在哪里？如何测试？测试什么？测试谁？
2	测试执行	面对面访谈、观察记录、A/B 测试、在线测试
3	测试结果与分析	记录、收集数据、整理并分析
4	修正 / 结束	不满意：修正原型，重新测试；满意：结束测试

3. 原型测试的方法

产品的测试验证可根据用户是否参与，分为分析法和实验法。其中，分析法是指专家基于自身的专业知识和经验进行的评价（结果是假设）；实验法是指收集用户测试的使用数据，进行分析（结果是事实）。一般而言，先使用分析法整理出要评价的重点部分，再进行实验法收集用户的相关使用数据，并进行分析。常见的实验法包括发声思考法（Talk Alound Method）、回顾法（Retrospective Method）、绿野仙踪法（Wizard of Oz）。

（1）发声思考法。在发声思考测试中，要求受试者一边使用系统，一边不停地说出想法。也就是说，受试者需要在操作使用的同时，把他们所想的东西简单地转化为语言，表达出来，即让受试者一边说出心里想的内容一边操作。通过这样的实验能够把握用户关注的是哪个部分、怎么想的、采取了怎样的操作等信息，观察用户一边说出心里想的内容一边操作，或操作结束后有没有不满情绪，这有助于弄清楚为什么会导致用户操作出现问题的原因及满意度问题。因此，发声思考法是一种能够弄清楚为什么会导致不好结果的非常有效的评估方法，招募受试者时建议选择活泼开朗且沟通意愿强的受试者。采用此法要做的 3 件事情：一是招募具有代表性的受试者；二是给他们一些具有代表性的任务来操作；三是噤声，只听受试者讲话。

发声思考法观察的重点：一是受试者是否独立完成了任务？若不能独立完成任务，会存在有效性问题。二是受试者达到目的的过程中，是否做了无效操作或不知所措？如果有，会存在效率问题。三是受试者是否有不满的情绪？如果有，会存在满意度问题。

(2) 回顾法。回顾法又叫事后询问法，即先让受试者操作完，之后再进行问答的方法。例如，事后询问“您刚才在某某页面做了某某操作，能说一下为什么这么做吗？”受试者操作后回答问题，补充想要了解的受试者信息，这样可以避免打断受试者的操作。但回顾法缺点比较明显，如复杂的操作很难回顾；受试者一般在回顾时会自行总结，容易遗漏很多细节；比较耗时，等等。正因如此，实际操作中一般较少使用回顾法。一般的做法：一是确认测试验证目的与目标；二是拟定任务执行与事后访谈大纲；三是招募受试者；四是正式执行并记录内容；五是分析获得结果并修正。需要特别注意的是，一定要在所有任务全部完成之后再使用回顾法进行提问。如果在任务执行过程中向受试者提问，则很可能打断受试者的操作，会干扰受试者使用产品的过程。回顾法的限制在于：一是很难回顾复杂的情况；二是受试者会在事后为自己的行为找借口；三是回顾法比较耗时。

(3) 绿野仙踪法。绿野仙踪法又名奥兹巫师法，是指对于静态原型，针对受试者每一次操作、点击都并没有任何直接的效果，而是由“巫师”(专人实时) 把绘有原型的纸片按照一定的规则摆放在测试受试者的画面上，将相应内容呈现给受试者，但又不让受试者直接看到，以便在原型开发程度较低或响应较慢的情况下，逼真地对受试者的操作提供响应，而受试者并不清楚真正的响应过程。

绿野仙踪法在不泄露评估者与执行者存在的前提下，通过观察潜在用户与对象的交互来测试产品或服务。在实验过程中，机器的功能不必完全被实现，而是由实验组织者来模拟智能系统的判断或输出。这种测试方法尤其适合在早期测试基于人工智能开发的系统，在真正的系统还未搭建时，利用人工操作模拟系统动作，并针对受试者的操作做出反馈。

习　题

一、填空题

1. 在用户的大数据中，可将收集的用户数据分为两类：__________及__________。

2. 数据分析需要挖掘隐藏的信息，数据分析分 6 个步骤，分别为：__________、__________、__________、__________、__________及__________。

3. 在任何大数据的应用场景中，元素数据的 3 个视角分别为：__________、__________及__________。

4. 评估数据的 3 个维度分别为：__________、__________及__________。

5. CRISP-DM 模型有 6 个阶段，分别为：________、________、________、________及________。

6. 五大体验要素分别为：________、________、________、________及________。

二、思考题

1. 请说明智能产品设计中数据驱动设计的思维范式，并进一步说明其与过去设计的区别。

2. 请举例说明数据分析六步骤在程序与方法上存在哪些差异，并说明主要差异来自哪几个方面。

3. 请说明智能产品用户体验设计的内涵及对用户体验有何影响。

4. 请具体说明原型与测试验证的相关内涵及方法。

第 9 章 从系统观点看智能制造中产品服务系统

第四次工业革命中的物联网、大数据、人工智能、机器人等技术，以及共享经济，正从工业制造进入社会进化活动中，正在通过融合打造一个“智能社会”。从长远来看，这种“进化”会影响与人们福祉相关的社会问题的管理方式，使人们更加可持续地创新产品和服务的设计，并朝着美好的生活迈进。由于单个智能产品的适用范围通常很小，因此在复杂的应用环境中，如何将人工智能的价值最大化，就需要进行系统层面的考虑。针对如何构建人工智能产品的服务体系，学者 Allmendinger、Lombreglia 提出了“感知 + 联结 + 相关利益方 + 交互”系统的方式，以借助人工智能技术实现服务系统中相关利益方的协同和资源整合。从人工智能产品到周边服务，进行横向、纵向延伸，重构人与人工智能产品、信息、产业等相关要素的关系，实现服务体系的高效整合与整体优化。具有自感知、自优化、自组织的智能产品或系统，能更好地满足用户的需要，创造更广泛、更持久的价值。

“工业 4.0”是指利用物理信息系统（Cyber Physical System, CPS）将生产中的供应信息、制造和销售信息数据化，通过人工智能算法进行分析，实现智能制造并对个体用户进行个性化产品供应的智能化工业时代。随着更高性能的计算、智能化的分析、低成本的数据获取及万物互联融入人们的生活，人工智能技术驱动下的创新不应局限于人工智能产品或系统的开发，而应更多地关注能够满足用户需求的增值服务创造，创新智能产品的服务体系已经成为智能时代社会发展的必然趋势。

近年来，数字和智能技术的快速部署推动产品服务系统朝着称为智能产品服务系统（Smart Product Service Systems，Smart PSS）的新范式发展。智能产品服务系统将智能互联产品和相关的智能服务集成为一个捆绑包，为用户创造附加值和更好的体验。例如，智能汽车（产品）服务系统将智能网联汽车和各种智能汽车服务（如在线汽车租赁服务、智能驾驶员监控服务和智能导航服务）集成为一个解决方案，以实现各种驾驶场景下的客户价值。

学习目标

- 了解产品服务系统的相关内涵；
- 理解从产品服务系统到智能产品服务系统及转变；
- 了解智能产品服务系统的设计特点和关键要素。

学习要求

知识要点	能力要求
智能产品服务	能具体说明从产品服务系统到智能产品服务系统的转变及相关概念； 能综合比较产品服务系统及智能产品服务系统
智能产品服务系统	能了解智能产品服务系统的设计特点和关键要素

9.1 从产品服务系统到智能产品服务系统

当今社会，人们日益增长的需求与短缺的资源供给之间的矛盾越来越尖锐，产品的效益和价值不仅体现在硬件产品方面，而且慢慢地朝着硬件产品和软件服务结合的方向发展，并促使经济模式发生转变。现代工业设计的核心是从产品造型设计转向提供产品和服务集成的综合解决方案。此外，用户更多关注产品带来的服务和体验，设计师需要了解用户的使用需求和情感需求，统筹有形的产品和无形的服务。产品服务系统以减少对环境影响的方式提供用户所需的功能，已被全球制造业企业所接受，可以帮助企业实现资源优化配置和社会可持续发展。

产品服务系统是一种从整个产品生命周期(Life-Cycle)的角度，提供产品和服务一致交付的业务模型，由产品、服务和系统 3 个主要部分组成，关注目标用户的非物质偏好，满足用户需求，强调从有形物质（产品）到无形功能（服务）的转化，通过整合设计实现设计的转化，将产品与服务整合为一个系统，实现产品全生命周期内价值增值和生产与消费的可持续性。产品服务开发模式如图 9-1 所示。

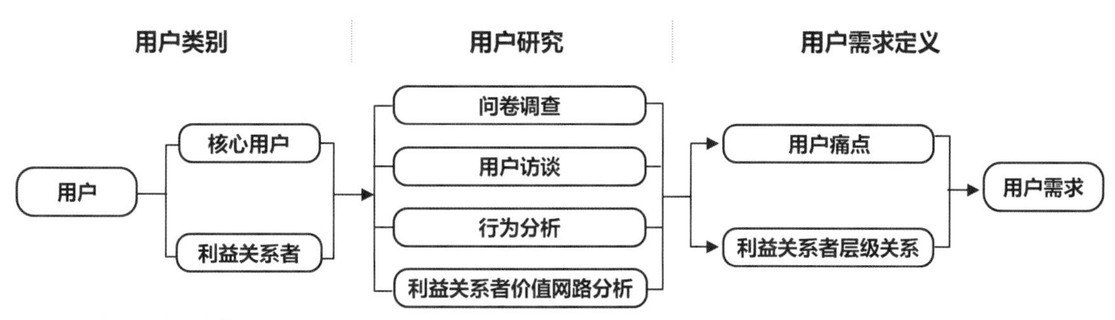

图 9-1　产品服务开发模式

产品服务体系是从传统设计的范畴中发展出来的，它的设计手段主要来自互动设计、产品设计、人本设计、设计管理等。产品服务体系的设计理念与传统产品的设计理念有区别，其设计、制造、运行运营、维修保养、更新换代及回收管理等环节均达到系统最优化状态。设计过程涉及文化价值、社会价值、人及技术之间的交错关联。在工程学领域，研究者们致力于构建产品服务全生命周期管理系统；在经济学领域，研究者们致力于新的商业模式的开发；在设计学领域，研究者们致力于创建以人为本的产品及服务系统的规划设计。从设计的角度来看，以人为本为产品服务系统的发展带来了新的挑战，因为设计活动的重心将不再是对新产品的定义，变成基于用户需求和价值对产品、服务元素的重新组织，是一种集成产品和服务的模型，以满足客户满意度和系统的融合度，在经济、社会和环境上都充分符合全球可持续发展的战略。

产品服务系统可以是产品的服务化或服务的产品化，学者 Maglio、Spohrer 将服务系统定义为社会技术，是让人、技术、价值主张连接内部和外部服务系统及共享信息（如语言、法律、措施和方法）的价值共创配置。在产品服务系统中，以人为本而不是以技术为中心，资源对于提供者和客户之间的服务价值创造至关重要。从技术角度来看，大多数智能产品包括唯一标识符、定位设备（如 GPS）、连接器、传感器、数据存储、处理器或嵌入式计算机、执行器及多模式交互接口。因此，可以说产品服务系统是一种商业模式，旨在满足经济、社会和环境的产品和服务，以确保可持续性并满足客户的需求。

近年来，随着物联网、人工智能等前沿信息和通信技术制造业服务化的急剧转变，智能产品服务系统随之产生。智能产品服务系统是在传统产品服务系统的基础上构建的，是由包括如智能传感、物联网、信息物理系统、数字孪生、虚拟 / 增强现实及人工智能在内的信息和数字技术的进步引发的革命性发展。使智能产品服务系统中的大部分组件都具有可感知性、可通信性、可诊断性、可解释性、可预测性、可控性和可优化性，能够提供满足多样化客户需求的智能创新价值主张。因此，系统建模和分析方法通过从产品和服务方面表示元素的详细流动或关系，在智能产品服务系统的开发中发挥着重要的作用。这些关键特性使智能产品服务系统具有更大的潜力，可以灵活地满足各种不同利益相关者的动态要求或需求，灵活应对外部环境的快速变化。

1. 产品和服务体系形成概念

产品的发展重点已经逐渐地从以该产品为中心的方式转移到服务方面的方式，因此产品服务系统发展在很大程度上被认为具有很大的经济影响。

智能互联产品作为媒介和工具，具有收集、处理、生产信息及以某种方式“自行思考”的能力。在这种情况下，智能互联产品从多个源头连接，并将数据转为信息，通过提供识别用户行为模式或潜在需求的能力生成为价值创造。因此，产品服务系统是一种将原始产品与设计服务相结合的新型商业模式，不仅能为客户提供有形商品的最重要的部分，而且其以服务组件的形式为客户提供更多优质的无形服务及价值。

随着物联网等信息和数字技术的日益成熟，企业现在不仅提供实体产品，而且必须提供必要且有价值的相关功能和服务。在此背景下，传统产品服务系统的范式经历了从传统产品服务系统到支持物联网的工业产品服务系统，再到智能产品服务系统 3 个阶段的演进，以顺应智能产品和服务日益增长的个性化定制需求的趋势。

传统产品服务系统、工业产品服务系统及智能产品服务系统对比如表 9-1 所示。

智能产品服务系统相对于传统产品服务系统最显著的优势是能够提供更好的服务以满足不断增长的客户需求。此外，依据“智能”的程度，智能产品服务系统可以具体划分为 5 个不同的层次：连通性、智能分析、数字孪生、认知和自主操作。此外，得益于先进的信息和通信技术，智能产品服务系统开发与现有产品和 / 或服务设计的不同主要体现在 3 个方面：闭环设计 / 重新设计迭代、上下文中的价值共创、具有情境意识的设计。

智能产品服务系统被称为智能产品或服务的集合，并作为基于先进智能技术的单一解决方案，如网络物理系统、物联网和许多其他领域为了满足用户需求以管理快速的技术发展。与传统产品服务系统相比，智能产品服务系统是一种全新的信息与通信技术驱动的价值共创商业模式。随着智能互联产品和电子服务的互联，不同利益相关者（如用户、产品制造商、服务提供商）之间的关系在智能产品服务系统中大大增强，其中每个人都成为价值共创的一个组成部分。

产品服务系统向智能产品服务系统的演进如图 9-2 所示。

传统的产品服务系统遵循产品服务系统的基本原则，即呈现一个没有太多智能的产品和服务包。在这个阶段，IT 驱动的价值创造的主要关注

表 9-1 传统产品服务系统、工业产品服务系统及智能产品服务系统对比

传统产品服务系统	工业产品服务系统	智能产品服务系统
将产品特性映射到用户要求上	将服务上下文和场景映射到用户需求上	两个都包括
产品理解，通过产品和服务的整合来解决	通过集成前端用户和来自员工或软件系统的后端服务的服务理解解决方案	两个都包括
专注于产品和延伸服务及营销策略	专注于流程重新设计、人机交互、服务模式和商业模式	专注于消费者赋权、服务个性化、产品所有权、服务参与
价值创造来自从产品本身延伸出的新服务；从产品本身延伸的商业模式。没有信息通信技术或物联网功能	价值创造来自新的服务体系（而非产品本身），新的服务模式和新的商业模式，以及数字技术的应用	价值创造来自通过数字资源整合的用户体验和人际互动，来自软件、数字设备或数字产品的个性化服务，以及数字数据驱动的价值创造

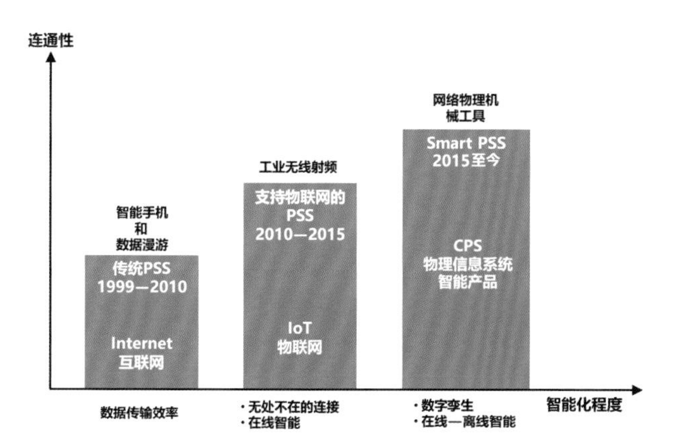

图 9-2　产品服务系统向智能产品服务系统的演进

点在于数据 / 信息（连通性）的高效交付，而智能性很小。一个典型的例子就是手机作为产品集成，数据漫游作为附加服务。对于支持物联网的产品服务系统，数据被收集并在网络设备之间交换，如车辆、建筑物、传感器等（无处不在的连接性）。所有这些设备都与传感器、执行器和无线射频识别技术等真实的“事物”交互，以便在具有高度智能（智能性）的互联网中协同实现共同的目的。一个很好的例子就是 RFID 设备的工业应用，其中 RFID 阅读器 / 标签（产品）及其嵌入的信息连接到互联网以用于生产维护（服务）。在这一阶段，IT 驱动的价值创造超越了传统产品服务系统的信息高效传递，将在线智能纳入服务创新（如装配线状态监测）。

智能产品服务系统通过智能互联产品启用，其中 IT 嵌入产品本身以创造价值。因此，作为代理，它占据了离线智能，可以通过利用嵌入式系统对上下文做出自我反应，如腕带电量不足的智能警告。同时，这些智能互联产品相互通信，基于智能算法和大数据自主适应组件和系统级别，代表了在线智能。此外，它源于产品和服务的数字化，组件之间建立的数字孪生允许自主交互和互联。关于智能产品服务系统，有学者进一步将其定义为由各种利益相关者作为参与者、智能系统作为基础设施、智能互联产品作为媒体和工具及其生成的服务作为交付的关键价值组成的 IT 驱动的价值共创商业战略，不断努力以可持续的方式满足个别用户的需求。在这种情况下，智能互联产品被广泛用来实现由信息物理系统和大数据技术支持的产品和服务的数字化服务。不同于传统产品服务系统和工业产品服务系统，智能产品服务系统的智能体现在在线智能和离线智能。在线智能是指基于多源异构数据，通过智能算法和分析工具做出正确的、个性化的决策的能力，同时，通过智能互联产品实现在线智能。线下智能是指通过情境感知来感知特定使用场景的能力。

智能产品服务系统具有 4 种主要类型的智能功能，包括智能感知（如利用智能移动设备感知用户和环境）、智能连接（如连接各种智能互联产品、用户和利益相关者）、智能分析（如使用大数据分析来发现用户行为模式）和智能交付（如自动优化行驶路线）。将这些功能集成到智能产品服务系统中，可为创建卓越的用户体验提供一种绝佳的应用方式。它使用户旅程中涉及的活动元素变得智能（如可感知的、可预测的和可优化的），从而触发积极的用户体验，其特点是便利性和趣味性等感知属性。然而，开发具有卓越和持久用户体验的成功智能产品服务系统具有挑战性。用于智能产品服务系统服务创新的拟议设计方法的概念框架如图 9-3 所示。

在智能产品服务系统中，智能互联产品充当连接网络空间和物理空间的桥梁。用户在网络空间中注册为云用户。同时，制造商将他们的最终产品（即 SCP）虚拟化到云端作为物联网；同样，服务提供商将他们的服务（如制造资源）封装到基于云的资源池中。

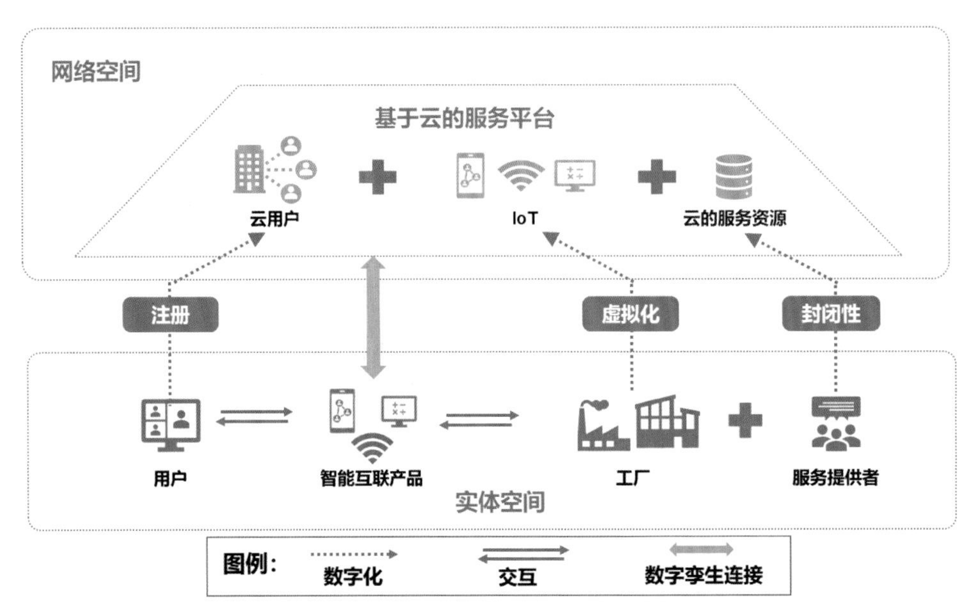

图 9-3 用于智能产品服务系统服务创新的拟议设计方法的概念框架

2. 智能产品服务系统特点

随着信息通信技术和智能技术的进步（如物联网、人工智能和网络物理系统），越来越多的智能互联产品正在我们的日常生活中出现。得益于嵌入有形产品和无形服务中的信息通信技术，智能互联产品能够收集、连接和处理大量信息。因此，有形产品可以数字化到虚拟空间中，与实体产品及时保持互连，同时，将传统服务转化为相应的电子服务，即数字服务化。智能产品服务系统已成为一种新的商业范式，即智能产品和电子服务集成为单一解决方案以满足个人客户的需求。

与 IT 创造共同价值是智能产品服务系统设计的一种权宜之计。基于智能产品服务系统服务创新的拟议设计方法的概念框架，可将 IT 驱动价值共创的关键要素总结为 4 个方面。一是对于用户领域：用户应该通过一些适当的途径和技术，主观地参与到智能产品服务系统的开发过程中。智能产品服务系统应采用能够帮助用户利用信息通信技术独立创造价值的设计方法。二是对于感知：智能产品服务系统设计中应使用用户生成的数据，通过收集和处理实时数据来感知用户的偏好是设计过程中最关键的部分，因为确保用户和开发人员在上下文中的实时交互是智能产品服务系统开发的基础。三是对于响应式：用户偏好应与智能产品服务系统在特定使用环境中的设计元素相匹配，为了响应收集到的用户偏好，开发人员应该构建一些模型，利用人工智能将偏好（如情感反应、期望印象和用户类型）与相关设计元素（如产品形式特征、模式和属性）联系起来。四是对于商业应用：在智能产品服务系统开发中应该关注除用户以外的利益相关者（如提供商、制造商、供应商、供应商和决策者）的 IT 驱动的合作方式。这些利益相关者在此背景下的科学合作可以有效提高智能产品服务系统的开发效率。智能产品服务系统的特点包括消费者赋权、服务个性化、社区感觉、服务参与、产品所有权、个人 / 共享体验和持续增长。

智能产品服务系统被定义为一种数据驱动的价值共创商业范式，它由利益相关者和智能系统组成，如智能传感、智能产品和智能服务。许多利益相关者都参与了价值创造过程，如系统开发商、产品制造商、服务提供商和业务合作伙伴。智能产品服务系统在产品和服务数字化的基础上，将智能互联产品和电子化服务集成到一个解决方案中。通过智能互联产品和智能技术的连接，各种不同的传感设备不断收集大量产品在不同生命周期阶段的感知和用户生成的数据。智能产品服务系统使系统能够收集和处理海量信息，这些信息进一步用于帮助决策和开发过程。考虑到设计的功能基础及智能产品服务系统中产品、服务和用户之间的交互，设计评估的上下文可以分为 4 组：一是物理上下文：关于周围环境的信息，如时间和室温。二是社会背景：关于附近产品或服务的信息，如咖啡研磨机是咖啡机的附近产品，额外的细丝和砂纸是 3D 打印机的附近产品。三是用户上下文：关于用户和用户交互的信息，如用户人口统计、用户习惯、用户偏好、用户知识等。四是操作上下文：与智能产品服务系统的操作状态相关的信息，如功率。

鉴于智能产品服务系统生命周期中的价值共创背景，利益相关者成为创新参与者不可或缺的一部分。它整合了颠覆性技术和用户体验，以推动创新过程。作为开放式创新参与者，每个利益相关者都有机会在智能产品服务系统开发过程中提出他 / 她的个人价值主张，从而为整个系统的成功做出贡献。因此，智能产品服务系统的系统价值是通过不同利益相关者之间的互动共同创造的。

9.2 智能产品服务系统应用

智能产品服务系统的“智能”程度具体可以分为 5 个不同的层次：连通性、智能分析、数字孪生、认知和自主操作。它通常由 4 层结构组成：智能设备、网络、数据管理和软件。此外，在智能产品服务系统的实现中，有 3 类使能技术发挥着重要作用，即连接能力、智能能力和分析能力。智能产品服务系统的基础在于智能技术、物理产品和服务 / 电子服务的组合和交互。

IT 驱动的价值共创由利益相关者进行，利益相关者主要分为 3 类，即用户、服务提供商和制造商 / 供应商。根据这个定义，智能产品也是智能产品服务系统的延伸。因此，智能产品是复杂商业生态系统的一部分，包括不同的利益相关者（如用户、客户、制造商、服务提供者、供应商）、物理环境（如企业、周围的物理基础设施）和其他连接的产品设备。

智能产品生态系统（图 9-4）支持两种类型的价值生成机制，该生态系统的第一种价值是由用户体验产生的传统但明确的用户价值。ISO 9241—210《人机交互系统》将用户体验定义为“一个人因使用或预期使用产品、系统或服务而产生的感知和反应”，通过对产品进行本地化或个性化修改，

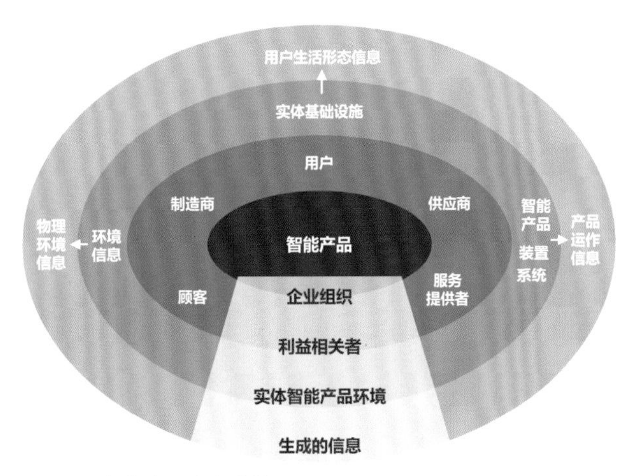

图 9-4　智能产品生态系统

也有望提高其对用户或当地社区的适应性。例如，智能手机可以轻松满足个人用户的需求和偏好，以获得可以为用户创造价值的卓越体验。该生态系统的第二种价值是通过收集有关智能产品周围发生的众多事件的数据而产生的商业价值。

智能产品服务系统的设计特点和关键要素之间的相互关系如图 9–5 所示。在这种背景下，不同于传统的设计过程从生命周期的最开始就开始了，智能产品服务系统的设计创新可以被视为一个价值生成的过程，它以具有上下文感知的闭环方式考虑整个产品 / 服务生命周期。然而，对遵循所提出的设计特征的智能产品服务系统的系统设计方法仍未探索。

以数据驱动的方式概述了智能产品服务系统的 3 个独特设计特征，包括 IT 驱动的价值共创、闭环设计和情境感知。

智能互联产品与电子服务之间进行闭环设计，由物理组件、智能和连接组件、智能互联产品生成的电子服务 3 个部分组成，和电子服务一起可以收集和使用相关信息，以便在系统生命周期中为利益相关者提供可持续的价值，尤其是在使用阶段。智能产品服务系统创建的 4 个阶段，包括确定利益相关者及其要求、邀请用户涉及创新设计、实现提供者和用户的交互价值、评估智能产品服务系统并持续优化。因此，智能产品服务系统的设计方法不仅应帮助利益相关者完成从头开始的创建，而且应帮助完成产品 / 服务在使用阶段的实时升级和修改。

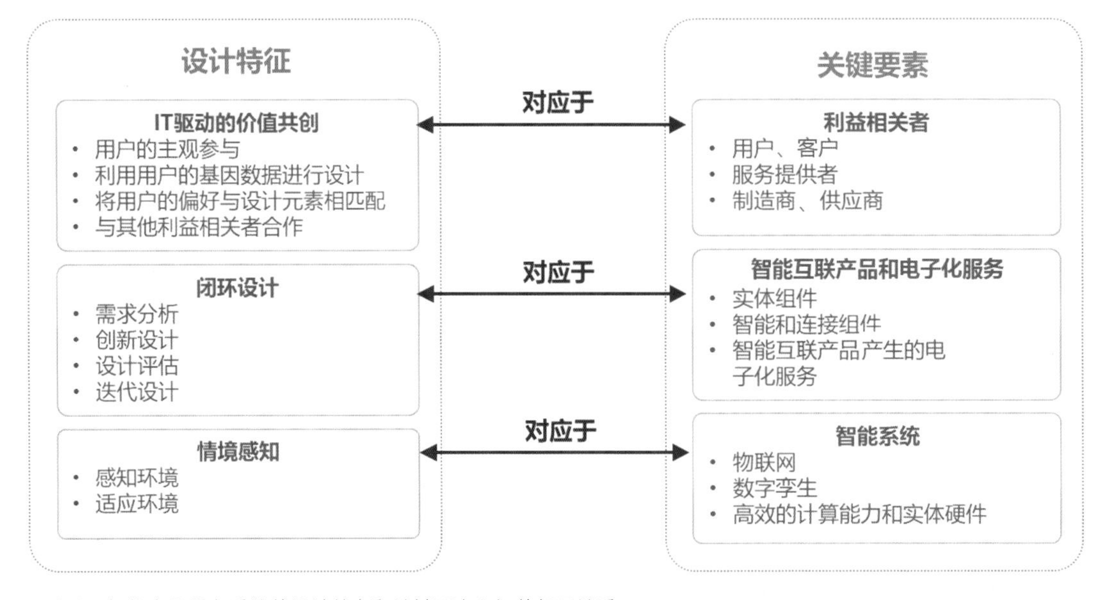

图 9–5　智能产品服务系统的设计特点和关键要素之间的相互关系

闭环设计的 4 个阶段总结如下：在需求分析阶段，应在此阶段识别、收集和分析智能产品服务系统中需要进一步解决的用户需求；在创新设计阶段，新原型的产生得到了更多的关注，一些设计方法可用于输出满足用户要求的创新解决方案；在计评估阶段，智能产品服务系统的评估可以从 3 个角度进行，包括用户价值角度、可持续性角度和价值主张角度；在迭代设计阶段，智能产品服务系统应该快速自动地迭代其设计计划，以适应用户使用它的新环境。一些合理的方式，如更改 / 升级模块或控制参数，可以成为智能互联产品和电子服务迭代中延长智能产品服务系统寿命的关键工具。智能产品服务系统的动态调整计划对用户需求的变化做出适当的响应，以满足具有可持续性问题的个别用户需求。

情景感知是基于这些智能系统，并被定义为确保高度连接性和智能性的广泛技术，如物联网技术、数字孪生、高效计算实体和物理硬件。收集智能产品服务系统上下文中的产品感知数据和用户生成数据，以真正了解用户行为并触发开发。基于上述说法，智能产品服务系统上下文情境脉络感知的主要关注点在于两个方面：一是上下文情境脉络感知；二是适应语境。对于前一种，智能系统帮助智能产品服务系统通过提供产品感知信息的硬件传感器或社交传感器确定当前环境在社交网络上提供用户生成的信息；对于后者，智能产品服务系统应根据上下文自动或由开发团队参与更新设计解决方案。特别是在使用阶段，智能互联环境中由海量用户生成数据驱动的设计方法应该提供工具来预测性地更改和升级产品及服务以适应特定环境。

智能产品服务系统由智能互联产品启用，其中 IT 嵌入产品本身以创造价值。因此，智能产品服务系统可以视为一种以生态系统为中心的创新观。在这种共创商业模式中，用户通过先进的信息通信技术与制造商积极互动，成为创新过程中不可或缺的一部分。对于支持物联网的产品服务系统，数据在车辆、建筑物、传感器等联网设备之间收集和交换。所有这些设备都与真实的“事物”（例如，传感器、执行器和 RFID）交互，以便在互联网中以高度智能协同实现共同目标。

作为一个 IT 驱动的数字化系统，它提出了基于平台、数据驱动、数字孪生使能的智能产品服务系统服务创新设计方法。在现实世界中，除了众包的情况外，制造商通常也是服务提供商。因此，设计过程可以进一步分为 4 个连续的阶段，即平台开发、数据获取（预处理）、服务创新的数据分析、支持数字孪生的创新服务。基于上述 4 个阶段，产生了服务创新概念。因此，服务提供商可以在智能互联产品之上进行详细的服务设计，以将价值传递给用户。智能产品服务系统创新设计方法如图 9-6 所示。

（1）平台开发。发展是价值创造的基础，这项工作中平台方面的想法有两种：一是要利用 / 建立的 IT 基础设施平台，以便在其上进行通信和服务创新；二是平台中的模块化产品服务系列，用于处理各种电子服务 / 利益相关者。同样，对于之前的工作，这项工作采用基于云的物联网平台来使服务创新。采用云技术的优势在于它支持分布式产品开发过程，并且无须在 IT 基础设施上进行资本投资，即可以“按使用付费”的方式即时访问业务和技术解决方案。如前所述，在智能产品服务系统中，智能互联产品充当连接网络空间和物理空间的桥梁。

（2）数据获取（预处理）。数据获取（预处理）是指对海量用户、产品、制造商、服务提供商产生的数据进行识别有效来源并准确采集和存储，这对最终服务创新的成功至关重要。在智能产品服务

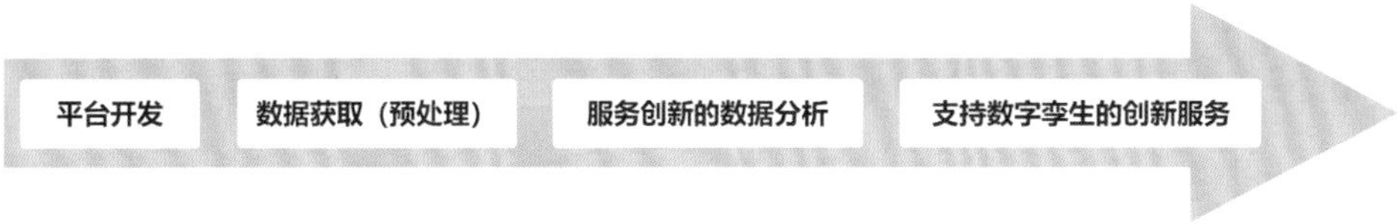

图 9-6 智能产品服务系统创新设计方法

系统中，主要的数据源是在智能互联产品引发的物理空间中的用户—产品交互和产品—制造商 / 服务提供商交互期间生成的。它们可以进一步分为 6 类，即主动用户生成的数据（如用户输入）、被动用户生成的数据（如呼吸数据、行走步数）、产品生成的数据（如操作状态）、制造商生成的数据（如新功能）和服务提供商生成的数据（如服务升级信息）。另一个数据来源是基于云的 IoX 平台，其中用户、智能互联产品和服务被数字化，它们在网络空间中相互交互以进行新的服务创新，如用户可以请求基于该平台的在线 3D 打印服务。此外，有效的数据存储方式也很重要。动态的、异构的和不断增加的数据量应该小心存储，以进一步创造价值，可以采用现有的一些数据库系统，如 Hadoop 分布式文件系统、SQL 数据管理系统。

（3）服务创新的数据分析。在这个由 IT 驱动的大数据环境中，大量数据是增量生成的，因此，动态数据分析方法（即设计一个有前景的方案，使用数据挖掘技术来发现隐藏的模式、未知的相关性等）可能比静态数据分析方法更有效（即发现价值的统计方法）。例如，利用动态压力数据（一种方案）作为可靠的数据源，采用数学建模算法（一种数据挖掘方法）进行佩戴口罩时的呼吸模式识别。在物理空间中，带有智能组件的智能互联产品嵌入式系统应该具有自组织地监控、记录、计算甚至思考的能力，可以用来生成离线服务创新（如心跳检测）。同时，在网络空间，云平台也可以以同样的方式运行，但考虑到数据的异构来源和各种因素（如情感和认知、智能互联产品条件），用于前瞻性在线服务创新（如空气污染）通过人群感知分布。

（4）支持数字孪生的创新服务。与仅由数据产生的 IT 驱动创新不同，数字孪生使能的服务创新更强调信息物理交互。在商业领域的学者中，存在对“数字服务化”的普遍讨论，通过研究将物理产品非物质化为数字技术实现的服务。因此，有学者认为只要产品的网络空间和物理空间实时互联，并在最大程度上反映物理产品在其生命周期中产生的新服务，就可以被认为是数字孪生使能的服务创新。

如今，智能产品服务系统因其在经济、环境和社会方面提供可持续商业价值及创造卓越的用户体验方面的巨大潜力而受到越来越多的关注。数字技术在实现智能产品服务系统中的作用已被学者们进行了广泛研究。借助先进的传感器和物联网技术，众多异构物理产品无缝连接，称为智能连接产品。智能互联产品充当连接智能产品服务系统的物理和网络元素（如智能互联产品、用户和服务提供商）的交互界面，并感知与产品、用户和环境相关的信息。通过利用先进的计算技术（如云计算和边缘计算）和数据分析（如机器学习和知识图谱）收集的数据和信息，可以转化为有价值的知识和可操作的建议。获得的知识和建议奠定了在没有人类发明的情况下提供智能服务以实现自主和智能的基础，如远程监控和控制产品。凭借这些功能，智能产品服务系统具有更高的灵活性、效率和有效性，以创建比传统产品服务系统更好的用户体验。

从商业角度来看，智能产品服务系统可以被认为是一个以用户为中心的价值体系，旨在各种场景中创造出色的用户体验。用户体验是由与智能产品服务系统交互触发的整体、多维感知和响应。为了创建一个整体的用户体验，服务提供商已将智能产品服务系统的服务功能扩展到更广泛的范围，涵盖整个用户活动旅程。此外，智能产品服务系统使用户活动旅程中涉及的资源、环境和动作变得智能。对此，用户体验可以在多维体验属性方面进行提升，包括便利性、灵活性、自主性、个性化、趣味性、新颖性和亲密性。例如，用户可以随时随地访问和接收智能服务（如老年人远程健康监测服务），这让用户感到方便和灵活。用户还看重通过建立网络和虚拟交互环境所带来的新颖有趣的功能。例如，基于虚拟现实的智能服务允许用户与虚拟世界和数字化产品模型自由交互。此外，基于智能互联产品和其他数字渠道的持续交互，可以促进用户对与服务利益相关者和其他用户的亲密关系的感知，如服务提供商可以在用户需要帮助时提供实时和在线支持来解决问题。

习　题

一、填空题

1. 依据相关学者在 2019 年提出的观点，“智能”的程度可以具体划分为 4 个不同的层次，分别为：__________、__________、__________及__________。

2. 智能产品服务系统具有 4 种主要类型，分别为：__________、__________、__________及__________。

二、思考题

1. 请综合比较传统产品服务系统、工业产品服务系统及智能产品服务系统的相关概念及差异。

2. 请说明智能产品服务系统的设计特点和关键要素。

参考文献

Abdel-Basst M, Mohamed R, Elhoseny M. 2020. A novel framework to evaluate innovation value proposition for smart product service systems[J]. Environmental Technology & Innovation, 20: 101036.

Bisogni C, Cascone L, Castiglione A, et al. 2021. Deep learning for emotion driven user experiences[J]. Pattern Recognition Letters, 152: 115-121.

Bresciani S, Ciampi F, Meli F, et al. 2021. Using big data for co-innovation processes: Mapping the field of data-driven innovation, proposing theoretical developments and providing a research agenda[J]. International Journal of Information Management: 102347.

Chiu M C, Huang J H, Gupta S, et al. 2021. Developing a personalized recommendation system in a smart product service system based on unsupervised learning model[J]. Computers in Industry, 128: 103421.

Cong J C, Chen C H, Zheng P, et al. 2020. A holistic relook at engineering design methodologies for smart product-service systems development[J]. Journal of Cleaner Production, 272: 122737.

Hou L, Jiao R J. 2020. Data-informed inverse design by product usage information: a review, framework and outlook[J]. Journal of Intelligent Manufacturing, 31: 529-552.

Jaramillo G S, Mennie L J.2019. Aural Textiles. Hybrid practices for data-driven design[J]. Design Journal, 22: 1163-1175.

Jia G, Zhang G, Yuan X, et al. 2021. A synthetical development approach for rehabilitation assistive smart product-service systems: A case study[J]. Advanced engineering informatics, 48: 101310.

Magistretti S, et al. 2020. Design sprint for SMEs: an organizational taxonomy based on configuration theory[J]. Management Decision.1803-1817.

Rong J, Ji X, Fang X, et al. 2022. Research on Material Design of Medical Products for Elderly Families Based on Artificial Intelligence[J]. Applied Bionics and Biomechanics, 2022: 7058477.

Saunila M, Nasiri M, Ukko J, et al. 2019. Smart technologies and corporate sustainability: The mediation effect of corporate sustainability strategy[J]. Computers in Industry, 108: 178-185.

Song W, Niu Z, Zheng P. 2021. Design Concept Evaluation of Smart Product-Service Systems Considering Sustainability: An Integrated Method[J]. Computers & Industrial Engineering, 159: 107485.

Wang Y, Zhang H, Song M. 2020. Does Big Data Embedded New Product Development Influence Project Success? [J]. Research-Technology Management, 63(4): 35-42.

Wu C, Chen T, Li Z, et al. 2021. A function-Oriented Optimising Approach for Smart Product Service Systems at the Conceptual Design Stage: A Perspective from the Digital Twin Framework[J]. Journal of Cleaner Production, 297: 126597.

Yang B, Lliu Y, Liang Y, et al.2019. Exploiting user experience from online customer reviews for product design[J]. International Journal of Information Management, 46: 173-186.

Qu T, ZHANG Z, Huang G Q, et al.2020. A study on scheme-design framework and service-business case of product-service system driven by customer value [J]. IET Collaborative Intelligent Manufacturing, 2: 132-141.

ZHOU T, CHEN Z, CAO Y, et al.2022.An integrated framework of user experience-oriented smart service requirement analysis for smart product-service system development [J]. Advanced engineering informatics, 51: 101458.

ZHU G N, HU J.2021.A rough-Z-number-based DEMATEL to evaluate the cocreative sustainable value propositions for smart product-service systems[J]. International Journal of IntelligentSystems, 36: 3645-3679.

36氪研究院，2021 年中国机器人行业研究报告[EB/OL].(2021-12-22)[2023-08-04]. https://baijiahao.baidu.com/s?id=1719800435692225362&wfr=spider&for=pc.

叶亮亮，2019. 当产品经理遇到人工智能[M]. 北京：电子工业出版社.

华为技术有限公司，智能世界2023[EB/OL].(2021-09-22)[2023-08-04]. https://www-file.huawei.com/-/media/CORP2020/pdf/giv/Intelligent_World_2030_cn.pdf.

李培根，高亮，2021. 智能制造概论[M]. 北京：清华大学出版社.

知识产权与创新发展中心，2021. 脑机接口技术创新与产业发展 [C]. 中国信息通信研究院.

帕特里克·伯顿，陈龙．数字时代的数据和隐私 [EB/OL].（2021-06-21）[2023-08-04]. https://www.waitang.com/report/34081.html.

高飞，2020. 手把手构建人工智能产品：产品经理的 AI 实操手册 [M]. 北京：电子工业出版社．

贾亦赫，2020. 人工智能产品经理：从零开始玩转 AI 产品 [M]. 北京：电子工业出版社．

前瞻产业研究院，中关村大数据产业联盟．中国 AI 数字商业产业展望 2021-2025 [EB/OL].（2022-07-21）[2023-08-04]. https://www.xdyanbao.com/doc/m3dm2qqkw6?bd_vid=8003586786908817416.

孙效华，张义文，侯璐，等，2020. 人工智能产品与服务体系研究综述．包装工程 [J]，2020（10）49-61.

智源人工智能的认知神经基础重大研究方向．人工智能的认知神经基础白皮书 [EB/OL].（2022-07-21）[2023-08-04]. https://www.xdyanbao.com/doc/hrjsla31w6?bd_vid=11248874337271489429.

谭建荣，冯毅雄，2020. 智能设计：理论与方法 [M]. 北京：清华大学出版社．

后 记

深夜从床上起身，再度回到书桌前试图为本书做最后收尾总结。回顾这 10 年，我从产业界转换到学术界工作，身份也从工程师、研究员摇身转换为大学教授，后又经过 3 年转赴重庆市。在这巨大转变下，我仍始终关注“人—物—境”系统下，以人为本的产品设计思维如何融合前沿科技解决问题。而这段时间，正逢数字化与智能化转型，面临技术、需求、商业模式等不断快速变革，因此产品设计师需要不断吸收新知识与新思维，并不断从实践中持续地学习、提炼经验和自我迭代，才能随时保持竞争力。

追求更美好的生活是人性使然，在未来 10 年智能生活愿景中，数字世界和物理世界将无缝融合，智能化产品应用将全面渗透到人们生活中的每个角落，实现人与机器感知并双向交互。其带来的改变包括：对用户来说，能突破自身既有能力限制，享受智能化带来的易于使用、不受束缚和可持续的优势；对企业与政府来说，现有的资源和能力被重新组合，提升业务效率并创新运作与商业模式；对人类社会来说，塑造新型的经济和社会形态，推动人类朝着更文明的方向发展；就人类进化来说，无论过去、现在还是未来，探索未知世界都是创新的原动力。

在智能产品的自主感知、学习、自适应、决策、行为的系统能力慢慢走向成熟的今天，人们面临着一个新的瓶颈，就是如何让冰冷的装置拥有着人性的情感温度。因此，无论未来技术如何变化，科技始终以人为本，未来将是万物互融时代，身处虚实交织的体验下，如何融合科技和情感将是智能产品设计新的机遇和挑战。

展望这个波澜壮阔的史诗进程，期待各位读者加入这个新时代创变者（Changemaker）行列，让我们共同携手，勇于探索，用设计力量设想新生活，用创新思维将科技和场景有机融合，共同为未来创造更便捷、更多元、更精彩、更美好的智能生活，为未来的发展提供更好的解决方案。

最后，希望在本书的帮助下，读者能更快速地建立智能产品设计知识体系，在智能产品设计开发中，能够清楚地表达设计方案并有效地与技术团队对接协作，完美实现设计愿景。

作 者
四川美术学院设计学院
2023 年 1 月